解码三大数学常数

π的密码

3.1416，
一个朴实无华的数——永无止境又不循环，像宇宙一样没有尽头；
古老而又年轻，像一位活力四射的老寿星，见证着整个科学史的沧桑。
它一直都是个谜，令人感到神秘奥妙、玄机莫测，
诱惑人们永无止境地探索。

陈仁政 著

科学出版社

北京

内 容 简 介

本书生动详尽地叙述了从古到今人类对 π 不断加深的认识和艰难曲折的探索，以及有关 π 的各种知识：定义、名称、符号、性质……。林林总总的数值让人目不暇接，形形色色的算法引人拍案叫绝，多如牛毛的奇闻趣事让人心旷神怡，五花八门的名题、趣题使人赏心悦目，难解难破的谜团雾障令人梦绕魂牵……

本书不但把历史悠久、和人类如影随形的 π 融入整个数学以至科学之中，而且把人文精神融入其中，对提高人的综合素质，特别是培养人的健康心理大有裨益。

本书适合具有中等及以上文化的青少年或成人阅读，也是研究 π 的重要参考书。徜徉在 π 那"依旧"的"涛声"之中，感受阿基米德、祖冲之、贝拉德……的魅力，您会流连忘返。

"心会跟 π 一起走，说好不回头。"——看了这本书，或许您也会成为一个"π 迷"。

图书在版编目(CIP)数据

π 的密码 / 陈仁政著. —北京：科学出版社，2011
（解码三大数学常数）
ISBN 978-7-03-030884-9

Ⅰ．π… Ⅱ．陈… Ⅲ．数学—常数—普及读物 Ⅳ．O1-49

中国版本图书馆 CIP 数据核字(2011)第 073466 号

责任编辑：李 敏 赵 鹏 / 责任校对：何艳萍
责任印制：吴兆东 / 封面设计：黄华斌

科学出版社 出版
北京东黄城根北街 16 号
邮政编码：100717
http://www.sciencep.com

北京富资园科技发展有限公司印刷
科学出版社发行 各地新华书店经销

*

2011 年 5 月第 一 版 开本：720×1000 1/16
2025 年 1 月第十三次印刷 印张：18 1/4
字数：349 000
定价：68.00 元
（如有印装质量问题，我社负责调换）

丛 书 序

在美国加州谷歌公司总部的四座办公大楼中，有三座以数学符号命名："Pi"（圆周率 π）、"e"（自然对数的底）和"phi"（黄金分割数 ϕ）。可见这"三大数学常数"在这个大公司中的至尊地位。无独有偶，以色列数学史家伊莱·马奥尔在《无穷之旅——关于无穷大的文化史》一书中，也称它们为"三个最著名的无理数"。

然而，国内除了出版为数不多的关于 π，e 的小册子和个别关于 ϕ 小册子之外，至今还没有以较大篇幅介绍这"数学三圣"的系统丛书。从国外译介到国内的作品也是如此。"苔花如米小，也学牡丹开。"《解码三大数学常数》丛书（以下简称"丛书"）的作者经过断续 29 年的努力，抛出了这套丛书之"砖"，以期引出各界的"玉"。

本丛书除了"数学三圣"和涉及的数学内容之外，还把包括物理、化学、天文、地理、生物、医学、文学、美术、音乐、环保等众多领域的内容有机地结合在数学之中。这不但显示出数学的广泛威力，而且展现出各学科之间的水乳交融；在这个意义上说，"数学三圣"是承载整个科学的"诺亚方舟"。"数学，无处不在。"德国 2008 年科普活动以数学为主题的这个口号，为这种威力和交融画龙点睛。而德国联邦教研部长莎万在这个活动的开幕式上说，应该让公众，特别是让青少年认识数学的丰富多彩和重要意义——数学是所有自然科学的共同语言。

本丛书由浅入深、化难为易，力图把"可怕"变为"可爱"，以消除"数学是可怕的专业"的误解。

本丛书将人文精神融入"好玩的数学"以至整个科学之中。这样，不但精彩纷呈的内容和妙趣横生的情节引人入胜，让读者充分感受数学之真、之美、之乐、之用，而且对提升人的综合素质——特别是锤炼健康心理大有裨益。

本丛书有一千多位各领域的科学家、文学家、艺术家和政治家等"大驾光临",他们书写的人类可歌可泣的科学史和文化史,为我们留下了形形色色的宝贵财富。现在,先贤们的身影已经越来越模糊,但也越来越清晰——我们正在享受着这些财富带来的无穷福祉。当然,我们在"理所当然"和"习以为常"地享受这些福祉的同时,千万不能忘记这些财富本身的价值和意义:科学精神、科学思想、科学方法……

"天才和我们仅仅相距一步。同时代者往往不理解这一步就是千里,后人又盲目相信这千里就是一步。"对于这些"创造历史"的天才,日本"鬼才"小说家芥川龙之介在随想集《侏儒的话》中说,"同时代为此而扼杀了天才,后代又为此而在天才面前焚香。"我们相信,读者看了这套丛书之后,对这段关于天才与"我们"的精辟名言,能有更深刻的体会,从而"在你的心上,自由地飞翔",幸福地走过人生的"水千条山万座"而有所作为。正是:"今夜,我在看星光灿烂。明晨,我要画朝霞满天。"

陈仁政

2011 年 4 月 30 日

目　　录

丛书序

第1章　圆周率的定义——多角度给 π "拍照" 1
   1.1　没褪色的"黑白照"——从圆周长和直径定义开始 1
   1.2　还是"彩照"吸引眼球——各家定义"八仙过海" 2
   1.3　爱因斯坦能帮忙吗——盼着你的"三月小船" 3

第2章　圆周率的名称——世人给 π 改"绰号" 5
   2.1　古率（周三径一之率、径一周三之率） 5
   2.2　阿基米德数（阿氏率、亚氏率、弱率）、托勒密之值 6
   2.3　歆率 6
   2.4　衡率 7
      2.4.1　三个衡率 7
      2.4.2　$\sqrt{10}$ 的三件趣事 8
   2.5　徽率（徽术、阿利亚巴塔之值） 10
   2.6　承天率（皮延宗率）、蕃率、宗率、粗率（实用率、约率、"疏率"、强率）、智率（智术、陆绩率） 11
   2.7　祖率（祖冲之分数、密率、姜岌之率、奥托率、梅蒂尤斯数或安托尼兹数）、三率 14
   2.8　约率"摇身一变"成"疏率" 16
   2.9　误解祖率"祸"起三上义夫 17
   2.10　正数、朒数、盈数 17
   2.11　鲁道夫数 18
   2.12　圆率（圜率、周率、圆周法） 18

2.13 "数π"的称呼还会变吗 ··· 18

第3章 圆周率的符号——π也会"变脸" ································· 20
3.1 由两副"面具"组成的"脸谱" ··· 20
3.2 一副"面具""不经意"走进历史舞台 ··································· 21
3.3 摇身一变无人能识 ··· 23
3.4 圆周率的符号在中国 ··· 23
3.5 "不务正业"的π ··· 24

第4章 圆周率的性质——揭开π的"庐山真面" ····················· 27
4.1 人文初始之后对π的认识 ·· 28
4.2 无理数时期对π的认识 ·· 29
    4.2.1 无理数的发现 ··· 29
    4.2.2 无理数与π ·· 30
4.3 超越数时期对π的认识 ·· 33
4.4 寻找新规律时期对π的认识 ··· 34
    4.4.1 证明π是超越数之后 ·· 34
    4.4.2 π是简单正态数吗 ··· 35
    4.4.3 π是正态数吗 ·· 37
    4.4.4 π的奇趣数字中有奥秘吗 ····································· 38
    4.4.5 等待揭秘的π ·· 40

第5章 从1位到2 000万亿位——历史上如何算π ···················· 43
5.1 混沌初开之后——人类的第一个π值 ································· 43
    5.1.1 远古人用π=3 ··· 44
    5.1.2 不止是远古人用π=3 ··· 45
    5.1.3 无知或偏见闹笑话 ·· 47
5.2 从阿基米德到格林贝格——古典法算π及数值 ····················· 51
    5.2.1 并非轻而易举 ··· 52
    5.2.2 阿基米德割圆——223/71 < π < 22/7 及 π≈3.14, 22/7 ······ 53
    5.2.3 "数学之神"——阿基米德 ·································· 58
    5.2.4 编制弦表也得π——托勒密的3.141 6 ······················ 60

- 5.2.5 刘徽改进割圆术——3.14 或 3.141 6 ················ 60
- 5.2.6 祖冲之领先千年——355/113，3.141 592 6 < π < 3.141 592 7 ······ 66
- 5.2.7 享誉世界的科学巨匠——"云中之鹤"祖冲之 ············ 71
- 5.2.8 明清停滞——发人深省 ·························· 72
- 5.2.9 11 位和 18 位——萨马亚吉和罗曼的 π 值 ············ 74
- 5.2.10 17 位 π 值——阿尔-卡西惊天下 ·················· 74
- 5.2.11 从 10 位到 18 位——韦达也来凑"热闹" ············ 76
- 5.2.12 "以身殉 π"鲁道夫——刻在墓碑上的 36 位 π 值 ······ 77
- 5.2.13 割圆术画上"句号"——格林贝格的 40 位 π 值 ········ 78

5.3 微积分实现大突破——分析法算 π 及数值 ················ 80
- 5.3.1 从沃利斯到莱布尼茨——分析法算 π 开辟鸿蒙 ········ 80
- 5.3.2 由于"无事可干"——牛顿也来助兴 ·················· 82
- 5.3.3 分析法初显神威——夏普和马青的 72 位、101 位 π 值 ·· 84
- 5.3.4 东方也不甘落后——中日算 π 点滴 ·················· 86
- 5.3.5 从德·拉尼到黎赫特——113 位到 501 位 ·············· 88
- 5.3.6 可敬可怜山克斯——墓碑上的 708 位 π 值 ·············· 90
- 5.3.7 从弗格森到史密斯——人工算 π 纪录 1 121 位 ·········· 91

5.4 电子计算机算 π——"芝麻开花节节高" ················ 92
- 5.4.1 从 2 036 位到 100 万位 ···························· 93
- 5.4.2 算 π 方法的革命性大突破 ·························· 94
- 5.4.3 从 1 000 万位到 1 000 亿位 ·························· 99
- 5.4.4 最新纪录 2 000 万亿位 ···························· 100

5.5 从星条旗到芝麻——概率法算 π 及数值 ················ 106
- 5.5.1 星条旗上掷短针——蒲丰法游戏算 π ················ 106
- 5.5.2 并非只有掷针 ································ 109

5.6 "单摆公式"显神通——物理实验法算 π ················ 113

5.7 并不都要从"1"开始——计算 π 的单个数字 ·············· 114
- 5.7.1 花发欧罗巴，果结阿美利加 ······················ 114
- 5.7.2 π 有十进制的并行计算公式吗 ···················· 116

第6章 变"简"为"繁"出奇制胜——π 的无穷表达式 ... 119

6.1 神奇美妙的无限连分式 ... 119
6.2 和谐"奇怪"的无穷乘积式 ... 120
    6.2.1 韦达首开先河 ... 121
    6.2.2 沃利斯接过接力棒 ... 122
    6.2.3 日本人的研究 ... 124
6.3 变化莫测的无穷级数式 ... 125
    6.3.1 从莱布尼茨到牛顿 ... 125
    6.3.2 夏普、欧拉、斯坦维尔、普法夫的无穷级数式 ... 126
    6.3.3 无穷级数式在中国 ... 128
    6.3.4 无穷级数式在日本 ... 131
    6.3.5 神奇的拉马努金 ... 132
    6.3.6 无穷级数式一览 ... 135
6.4 算 π 妙招反正切式 ... 139
    6.4.1 反正切式一览 ... 139
    6.4.2 反正切式选证 ... 142
    6.4.3 求反正切式的十大妙招 ... 144
6.5 精彩纷呈的其他表达式 ... 145

第7章 "大明星"不是冒牌货——π 与名题 ... 148

7.1 π 与化圆为方 ... 148
    7.1.1 古希腊的热门话题 ... 148
    7.1.2 貌似成功的"福"倚"祸" ... 150
    7.1.3 "涛声依旧"两千年 ... 151
    7.1.4 从"困难"到"简单" ... 153
    7.1.5 此路不通时另辟蹊径 ... 154
    7.1.6 探索正未有穷期 ... 156
    7.1.7 汗水没有白流 ... 157
7.2 作图求 π "十面埋伏" ... 158
7.3 π 与超越数、希尔伯特第7问题 ... 164

7.4 π与近似计算 …………………………………………………… 166
7.5 π与连分数、最佳逼近理论 …………………………………… 167
7.6 π与弧度制 ……………………………………………………… 173
7.7 π、圆方率与大自然法则 ……………………………………… 175
7.8 π与空隙 ………………………………………………………… 177
7.9 π与转圈悖论 …………………………………………………… 179
7.10 鼓点声中的π ………………………………………………… 181

第8章 好伙伴形影不离——无处不在的π ……………………… 184
8.1 π与伯努利难题 ………………………………………………… 184
8.2 π与伯努利数 …………………………………………………… 186
  8.2.1 伯努利数 ………………………………………………… 186
  8.2.2 π与伯努利数 …………………………………………… 188
8.3 π与伯努利多项式 ……………………………………………… 189
8.4 π与"上帝创造的最完美的公式" …………………………… 191
8.5 π与曲线长度 …………………………………………………… 193
8.6 π与曲线图形面积 ……………………………………………… 194
8.7 π与旋转体体积 ………………………………………………… 196
8.8 "数学天空"任π飞 …………………………………………… 197
8.9 "科学海洋"任π游 …………………………………………… 198

第9章 增智能健身心——π的奇趣 ………………………………… 200
9.1 杀人魔逢π栽跟斗 ……………………………………………… 200
9.2 π中素数有几何 ………………………………………………… 201
9.3 π与素数的奇妙巧合 …………………………………………… 202
9.4 π与根式这样"多角恋" ……………………………………… 204
9.5 西文字母里藏迹隐踪 …………………………………………… 205
9.6 纵横图中的秘密 ………………………………………………… 206
9.7 "π痴"们如何编"π诗" …………………………………… 207
9.8 "老外"赋"π诗"万紫千红 ………………………………… 212

9.9 愚蠢的巴霍姆和精明的狄多女王 ··· 214
9.10 游览巴黎不妨光顾"π宫" ·· 216
9.11 谜语、游戏和π ··· 218
9.12 π与50,144,360的"天作地合" ······································· 221
9.13 π的"对称"这般神奇 ·· 222
9.14 π也是"天地英雄" ·· 223
9.15 π、"白色情人"和爱公同庆 ·· 226
9.16 π英雄击败"魔鬼机器" ·· 229
9.17 $e^{\pi\sqrt{163}}$ = 262 537 412 640 768 744 吗 ····················· 230
9.18 圆和球,两张天下最美的脸 ·· 231
    9.18.1 杨振宁和"金童玉女" ··· 231
    9.18.2 最完美的圆和球 ·· 234
9.19 随车移动的π ··· 236
9.20 假鼻子有了"兄弟版" ·· 238

第10章 难理解却易明白——研究π的价值何在 ············· 239
10.1 对数系理论作贡献 ·· 240
10.2 其他数学成就应运而生 ·· 240
10.3 计算机进展的指标和实用前的特殊试验手段 ······················· 242
10.4 认识"计算机影响数学"更加深刻 ··································· 245
10.5 培养记忆力的一种良方 ·· 246
    10.5.1 π迷们的背π之路 ··· 246
    10.5.2 质疑声之后的质疑 ·· 248
10.6 检验公式优劣的特殊手段 ·· 251
10.7 数学需要时刻严密吗 ··· 252
10.8 衡量一个国家的数学水平 ·· 254
10.9 感悟"认识自然不会穷尽" ·· 254
10.10 基础科研对急功近利说"不" ·· 256

第11章　反伪打假无尽期——谈圆算 π 也要讲科学 ……………… 259
11.1　π 是有理数吗——伯熙瓦自摆"乌龙" ……………………… 259
11.2　只有前 6 位相同——一个西部农民能完成"革命"吗 ……… 260
11.3　法律决定 π 值——不该发生的"笑话" ……………………… 262
11.4　"π 跟石头一起走，说好不回头"——金字塔的神话 ……… 264
11.5　美缘为何"终虚话"——倒霉的不仅是"白马王子" ……… 268

参考文献 ………………………………………………………………… 271
后记 ……………………………………………………………………… 277

第1章 圆周率的定义
——多角度给 π "拍照"

数学，作为人类思维的表达形式，反映了人们积极进取的意志，缜密周详的推理以及对完美境界的追求。

——美籍德国数学家理查德·柯朗

各家的圆周率：数学家说是圆周长和直径的比；工程师说约 3.14；物理学家说是 3.141 6，误差小于 0.000 3%；天文学家说是 3.141 592 65，误差约 1.146×10^{-9}。

1.1 没褪色的"黑白照"
——从圆周长和直径定义开始

小学数学书上说，圆周率 π 是（欧几里得）平面上圆周长和直径的比（值）。这种 π 的定义，是一张传统的"黑白照片"，但还没"褪色"——直到今天还在用。

当然，这张"黑白照片"还可以换个角度——从求圆面积和半径的比来定义。

任取半径是 R 的圆，画它的内接正 n 边形，并把多边形的面积记作 S_n。显然，当 n 无限增加时，内接正 n 边形接近于圆，p_n 接近于圆周长 C；同时，S_n 也就接近一个确定值，这个值叫圆的面积 A。也就是说，当 n 无限增加时，内接正多边形面积组成的无穷数列 S_3，S_4，S_5，S_6，…，S_n，…的极限是 A。

现在证明：圆周率 π 又是 A 和 R 的平方的比，即（1）$A = \pi R^2$ 成立。事实上，这时 $D = 2R$，而 n，a_n 和圆内接正 $2n$ 边形的面积 S_{2n} 之间，有（2）$S_{2n} = nRa_n/2$ 和（3）$p_n = na_n$ 的关系。其中（3）成立是显然的，下面我们来证明（2）也成立。

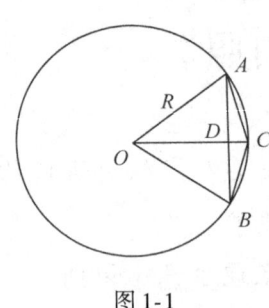

图 1-1

如图 1-1 画 $\odot O$ 的内接正 $2n$ 边形并连接它的中心和顶点，这 $2n$ 条连线就把它分成 $2n$ 个三角形。把其中相邻的两个三角形记作 $\triangle OAC$，$\triangle OCB$，这时，AB 与 OC 垂直相交于 D，于是有（4）$\triangle AOB$ 的面积 $= OD \times AB/2$ 和（5）$\triangle ACB$ 的面积 $= CD \times AB/2$。而 $AB = a_n$ 是圆内接正 n 边形的一边，又 $OD + CD = OC = R$。因此，从（4）和（5）就可以得到

（6）$\triangle OAC$ 的面积 $+ \triangle OCB$ 的面积 $= \triangle AOB$ 的面积 $+ \triangle ACB$ 的面积 $= (OD + CD) \times AB/2 = Ra_n/2$。

而圆内接正 $2n$ 边形是由 n 个这样的相邻三角形组 $\triangle OAC$，$\triangle OCB$ 拼成的，因此由（6）就得到（2）。

从（2）和（3）就可得到（7）$S_{2n} = p_n R/2$。

当 n 无限增加时，S_{2n} 趋向于 A，p_n 趋向于 C，所以（7）的两边就分别趋向于 A 和 $CR/2$，而 $CR/2 = \pi DR/2 = \pi R^2$，这就得到（1）。

于是，我们就换了一个角度——用圆面积来定义了 π。

1.2 还是"彩照"吸引眼球
——各家定义"八仙过海"

显然，原则上任何含 π 的公式都可用来定义 π。例如，由球体积公式 $V = 4\pi R^3/3$ 就可以得到 $\pi = 4R^3/(3V)$。于是可以说：圆周率 π 是球半径 3 次方的 4 倍和球体积 3 倍的比，等等。不过，很显然，这类定义不如 1.1 节的方法（用周长或面积来定义）方便，所以我们打算不继续这样给

第1章 圆周率的定义——多角度给 π "拍照"

它"拍照"。

我们要说的是另一类定义——给它拍几张打破"传统"的"彩照"。

数学家们都说 $\pi = 4\int_0^1 \sqrt{1-x^2}\,dx$,它的源头是英国数学家、密码专家沃利斯对单位圆面积的研究。稍懂微积分的人都知道,这个式子表示的是一个单位圆——半径为 1 的圆的面积。此外,还可以证明 $\pi = 2\int_0^1 \frac{dx}{\sqrt{1-x^2}}$。

在 1719 年,一位最先使用虚数的意大利业余数学家——法格纳诺的定义是:$\pi = 4\ln\left(\frac{1-i}{1+i}\right)^{\frac{1}{2}}$(即 $\pi = 2i\ln\frac{1-i}{1+i}$)。这个式子巧妙地把数学中最重要的 1,i,π,e 联系在一起了。

另一位波兰数学家朗斯基则别出心裁,说"数 π 的绝对意义是 $\frac{400}{i}[(1+i)^{\frac{1}{\infty}} - (1-i)^{\frac{1}{\infty}}]$"。

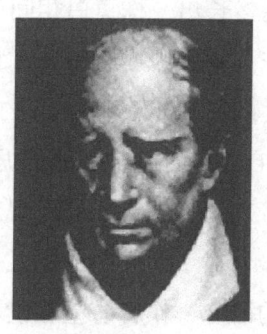

朗斯基

此外,如果某个数在 0 和 2 之间,而且它的余弦值为 0,那这个数的两倍就是 π。而我们知道,$\pi = 2\arcsin(1) = \arccos(-1)$。当然,在分析学中,π 也可以严格地定义为满足 $\sin(x) = 0$ 的最小正实数 x。

由上可见,不但从几何的角度可以给 π "拍照",而且从代数、数学分析、解析几何、三角等多个角度都可以给 π "拍照",从而得到一张张"回头率"高的"彩照"。其实,这正体现了"数学在它自身的发展中是自由的……数学的本质在于它的自由"。德国数学家乔治·康托尔这样说——这句话,也用德语镌刻在他的纪念碑上。

1.3 爱因斯坦能帮忙吗——盼着你的"三月小船"

乘着三月黑色的小船/爱因斯坦/……/从复杂的数学中崛起/矗立在

威廉姆斯

水仙花丛中/春风吹拂/从四个方向，有冷有热/摇曳着那些花朵。这是长诗《水仙花的圣·弗朗西斯·爱因斯坦》中的一小段，由美国著名诗人威廉姆·卡罗斯·威廉姆斯在1921年发表。

英文 Narcissus（水仙花），原指希腊神话中有绝世之美的那喀索斯——一个因自恋而临泉自照，然后死去的美男子。在他的尸体停处，突然长出一株黄白相间的花，就是人们所说的那喀索斯花即纯美的水仙花。威廉姆斯诗中"水仙花"，指思想自由纯美的爱因斯坦和他那革命性的广义相对论。诗的标题中的"圣·弗朗西斯"是法语人名，含"自由"之意，不但指思想自由的爱因斯坦，也隐喻爱因斯坦给美国人带来了关于自由的新观念。

对于圆周率的定义——不，不仅仅对"定义"，而是对整个圆周率的研究，作者盼望着读者您，也当一回"爱因斯坦"，驾驶"三月黑色的小船"，给我们"带来关于自由的新观念"，矗立在"凌波仙子"丛中吧！

第2章 圆周率的名称
——世人给 π 改"绰号"

除了变，一切都不能长久。

——英国诗人雪莱

2.1 古率（周三径一之率、径一周三之率）

人类最早使用的粗糙圆周率是3，这个值被后人称为"古率"。这"3"最早起于何时，已"穷远不可追问"。但在中国，木工师傅有句从古流传下来的口诀可以作证："周三径一，方五斜七"。这个口诀的意思是，直径为1的圆，周长大约是3；边长为5的正方形，对角线之长大约是7。

成书不晚于公元前1世纪的中国古书《周髀算经》的"卷上"，记述了约公元前1100年周公与商高的问答。其中有"商高曰'数之法出于圆方'"，下面有三国时代吴国的数学家赵爽大约在222年的注"圆径一而周三"的记载。此外，其他中国古代文献如《周礼考工记》中也有相同的记载。

"中国的牛顿"——魏晋时期的数学家刘徽在263年注《九章算术》，把圆周率称为"周三径一之率"，这是古率的又一个名称，它在一些文献中被叫做"径一周三之率"。由此可见，古率3在中国古代刘徽之前已广为流传。

刘徽

2.2 阿基米德数（阿氏率、亚氏率、弱率）、托勒密之值

古希腊数学家、物理学家阿基米德率先将 π 值算到两位小数 3.14。为了纪念他的这一伟大贡献，后人将 3.14 叫做"阿基米德数"或"阿氏率"。中国翻译家郑太朴翻译、商务印书馆于 1930 年出版的美国数学史家达维德·尤金·史密斯等写的《数论尺规作图及周率》一书，将阿基米德译为"亚几默德"，并把 22/7 称为"亚氏率"。

一些人称 3.14 或 157/50 为"弱率"。

希腊天文学家、地理学家、数学家托勒密在制作弦表时，得到的 π 值为 3.1416̇。中国桥梁学家茅以升在《中国圆周率略史》一文中，将它称为"托勒密之值"——原文为"Ptolemy（即中国盛称多禄某）之值"。不过，茅以升却说托勒密算得的 π 值是 3.141 552。

2.3 歆 率

公元 9 年孟夏，中国汉代数学家刘歆，制造了"律嘉量"（即"嘉量斛"或"律嘉量斛"）——"龠、合、升、斗、斛五量备于一器"的铜质圆柱形标准容器。由此，他得到圆周率近似值为 3.154 7 或 3.179 024 7，这两个值都叫"歆率"（或"刘歆率"）。下面分别说明来源。

3.154 7 是根据刻在嘉量斛上的铭文推算出来的。这段铭文是："方尺而圆其外，庣旁九厘五毫，幂百六十二寸，深尺，积千六百二十寸，容十斗"（1 斗 = 10 立方分米）。这是说这个容器的几何尺寸，而它的平面图形如图 2-1 所示。

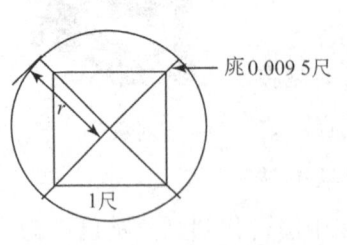

图 2-1

上述"庑"是指图2-1中正方形对角线的延长线上止于圆周的那一小段。由上述铭文可算得该容器的直径为：$\sqrt{2} + 0.009\ 5 \times 2$ 尺 $\approx 1.433\ 2$ 尺。由此算得圆的面积约 $\pi(1.433\ 2/2)^2 \approx 1.62$，即可算得 $\pi \approx 3.154\ 7$。

数学史家赫尔曼·舍普勒写的论文《π 的年表》说，"Liu Hsing"（刘歆）之父"Liu Hsiao"（刘向），在公元25年求得 $\pi \approx 3.16$。这是取 3.154 7 的过剩近似值。

如取不同"庑旁"，可得到另外一个歆率 3.179 024 7。

歆率虽然不很准确，但在中国却是第一个打破古率3而寻求更准确值的先导，所以被许多人提到，在中国数学史上占有重要地位。

不过，有人却认为"歆率"是一个误称。

2.4 衡　　率

2.4.1　三个衡率

中国东汉杰出的科学家、文学家和画家张衡著有中国第一部天文学的理论著作《灵宪》。在这本书中，他曾取 π 为 $730/232 = 3.146\ 551\cdots \approx 3.146\ 6$。

此外，唐代《开元占经》一书中，还载有张衡的 π 为 $92/29 = 3.172\ 413\cdots \approx 3.1724$。

数学家张衡是一位世界公认的"如此全面发展"的古代科技泰斗，成就不胜枚举。例如，他制

张衡

成世界上第一架能较准确测定天象的仪器——浑天仪。他还在132年制成了用于测报地震的地动仪。为了纪念这位"在世界史中亦所罕见，万祀千龄，令人景仰"的科学家对科技的重大贡献，国际月面地名命名委员会把月球背面东经112°、北纬19°的一座环形山命名为"张衡山"，

还把 1802 号小行星用他的名字命名。

说到"张衡山",使人联想起一件趣事。这就是,月球上以人名命名的中国古代科学家,本书搜集到的共 5 人,而对圆周率有研究的竟在其中占了 3 人!

这 5 人除张衡外的 4 人是:祖冲之、郭守敬、万户、石申。

此外,张衡还在《算罔论》中取 π 为 $\sqrt{10}$ = 3.162…≈3.16 +。他是 129 年得到 $\sqrt{10}$ 的。

以上这三个值(730/232,92/29,$\sqrt{10}$)都应该称为"衡率"。不过,有人说的"衡率"却专指 $\sqrt{10}$。

2.4.2　$\sqrt{10}$ 的三件趣事

1. 相隔 10 多个世纪的"第二次握手"

$\sqrt{10}$ 作为圆周率的近似值,最早出现在公元前 6 世纪印度耆那教的经典中。后来,公元 6~12 世纪的几位印度数学家又和它"第二次握手":瓦拉哈米希拉在约 505 年,婆罗摩笈多即梵藏在约 628 年《婆罗摩笈多文集》中,马哈维拉即大雄或摩诃毗罗在约 850 年的《计算纲要》中,被称为"印度王"的婆什迦罗(即婆什迦罗二世)在约 1150 年。

此外,阿拉伯数学家花拉子米在约 825 年,19 世纪日本幕府时代即将结束前期的日本数学家们,也用过 $\sqrt{10}$ 作为 π 值。

2. $\sqrt{10}$ 是怎么来的

一个奇怪而有趣的问题是:历史上为什么 $\sqrt{10}$ 被许多人作为 π 值呢?这里虽不能满意地回答,但是可以设想,除了"10"这个"规则"的整数应该和"规则"的圆相联系外,更重要的是:中世纪流行着一种常被采用的平方根近似公式为 $\sqrt{a^2+b} = a + \dfrac{b}{2a}$,由此易算出 $\sqrt{10} = \sqrt{3^2+1} = 3 + \dfrac{1}{2\times 3} = 3.16…$。有的中国数学家也认为,"圆"就是应

第2章 圆周率的名称——世人给π改"绰号"

该天然地和(开)"方"联系在一起。

那么,张衡是用什么方法得出 $\sqrt{10}$ 的呢?他的算法记载在《九章算术·注》中,大致内容如下。

东汉时代,还没有发现球体积的准确算法,所以在一个很长的时期内,人们都误以为球体积和它的外切圆柱体积之比,等于该圆柱体积与它的外切立方体体积之比,还等于平面圆面积与它的外切正方形面积之比;而且这三个比值都是3:4。由此可得:球体积与它的外切立方体体积之比为 $3^2:4^2=9:16$,于是得到球体积公式是 $V=9D^3/16$。《九章算术·少广》"开立圆术"(即由球体积求直径的方法)就用 $D=\sqrt[3]{16V/9}$,但此时所得的直径太小。

张衡在注《九章算术》时曾做了一个金球,想用它来校正该书中球体积计算的巨大误差。但他对上述理论上的错误并没有觉察,以为问题出在π值上,就只着眼于纠正π值。他说 $V\neq 9D^3/16$,而是 $V=9D^3/16+D^3/16$,即 $V=5D^3/8$,于是 $D=\sqrt[3]{8V/5}$。可见,他本想将球体积公式改得更准确些,然而却适得其反而"南辕北辙":$5D^3/8-\pi D^3/6 > 9D^3/16-\pi D^3/6$。但他却由此推得球体积与它的外切立方体体积之比为5:8;然后,再照《九章算术·注》中的方法得到圆面积与它的外切正方形面积之比为 $\sqrt{5}:\sqrt{8}$,即 $(\pi R^2):(4R^2)=\sqrt{5}:\sqrt{8}$,由此算得 $\pi=\sqrt{10}$。

张衡的浑天仪(左上)和地动仪

3. "用事实说话"

在约 1825 年、中国清代数学家王元启、钱塘等也用过 $\sqrt{10}$ 作为 π 值。这里也有一段趣闻。

钱塘认为，刘徽等的割圆术绝不可能得到准确的 π 值，而自己创造的 "π 值" $\sqrt{10}$，才 "甚合数理之自然"。中国清代知识渊博的杂家和数学家阮元等著的《畴人传》，则在《钱塘传》的后面写道：秦九韶也以 $\sqrt{10}$ 作为圆周率，和钱塘的值正好相同，这正是 "盖精思所到，阐合古人也"。成书于 1799 年的《畴人传》，是一部 46 卷本的记述中国历代天算家学术活动的传记集，主要由阮元编撰。因为 "家业世世相传为畴"，并认为中国古代天文学家和数学家多是师承家学，所以有 "畴人" 一词。

不但 $\sqrt{10}$ "甚合数理之自然"、"盖精思所到"，还能用 "事实" 证明它不可改变的正确性——1786 年中举人的清代江宁人谈泰就是其中的一个。他做了一个直径为一丈的大木板，再用篾尺量它的周长，正好是三丈一尺六寸多一点，于是他认为 "钱塘周率为至当不可易"。不过，谈泰还不是最早用 "用事实说话" 的人，早行人是 1580 年中进士的明代数学家邢云路。用茅以升在《中国圆周率略史》中的话说，是 "云路欲以度量所得，抹煞古人诸率，所见甚浅……然以实验求率，邢固第一人矣"。当然，"老外" 也有这样做的——例如英国数学家德摩根在一个故事中提到的主角。这位主角拿出一个直径 12 英寸（1 英寸合 2.54 厘米）的盘子，沿着直尺滚动一圈之后，就 "正好" 得到 π = 3.140 625。这位主角还得意地说："古往今来的大学者们都求不出 π 值，我就只好亲自出马了。"

2.5　徽率（徽术、阿利亚巴塔之值）

刘徽用他独创的 "割圆术"（又称 "徽术"），将 π 值计算到小数点后2位（157/50）或4位（3 927/1 250），即3.14或3.141 6。这两个值都被称为"徽率"或"徽术"。而宋代数学家李籍的《九章算术音义》一书中，则专门称157/50即3.14为"徽术"。

公元499年，印度数学家阿利亚巴塔也求得π≈3.141 6，所以茅以升等把它称为"阿利亚巴塔之值"。

2.6 承天率（皮延宗率）、蕃率、宗率、粗率（实用率、约率、"疏率"、强率）、智率（智术、陆绩率）

中国东晋与南北朝时期南朝宋的天文学家和数学家何承天，于443年编制《元嘉历》时，在《浑天象体》一书中说："周天三百六十五度三百四分之七十五天，天常西转一日一夜，过周一度，南北两极，相距一百一十六度三百四分之六十五强，即天径也。"可见他得到了 $\pi \approx \dfrac{365+\dfrac{75}{304}}{116+\dfrac{65}{304}+} \approx \dfrac{111\ 035}{35\ 329} - \approx 3.142\ 9 -$，这个数与22/7很接近，不少人称它为"承天率"。

那么，何承天为什么要去研究"周天"即天体一周的长度呢？原来，古代中国的数学以实用为依据和归宿——算π也不例外。比如，朝廷上的历法家用π推算历书，各级官吏也必须懂得计算（圆柱形）谷仓的容积，这就越来越需要更为精确的π值。如果在这类计算问题上官员们有什么闪失，轻则丢掉乌纱帽，重则赔上脑袋瓜；而更重要的是，一个农业社会中的皇帝和庶民都关心这件大事——何时降雨、雨量多少等，从而历朝

何承天

历代都重视修订历法。否则，误差很大的 π 值会害了历书，而无法准确预知四季雨露；风不调雨不顺事小，饥民造反摇撼江山基业就是大事了。传说汉高祖刘邦认为秦朝的覆亡与秦历不准确有关，上台后就立刻找来当时的历法大家张苍重订了历法。

在舍普勒的《π 的年表》中，还记有"450. Wo（China）3. 1432 +. Geometer."。这是指"几何学家（Geometer）"何承天在 450 年得到 3. 1432 +。但是，《钱宝琮科学史论文选集》一书说："日人三上义夫据 Muramatsu's Sanso 于 1664 年说，何承天率为 3. 1432 +，当有桀误。"另外一个疑点是：450 年时，何承天已谢世 3 年。三上义夫是一位曾深入研究日本数学史和中国数学史的日本数学史家。

《三国志·吴志》、《晋书·天文志》、《宋书·卷二十三·天文志》等中国古书，都记有"庐江王蕃善数术，制浑仪，立论考度曰，考之径一不啻周三，率周百四十二，而径四十五"等内容。浑仪是中国古代的一种测量天体的天文仪器。可见三国时代吴国数学家王蕃的 π ≈ 142/45 = 3.15，所以这个值被称为"蕃率"。王蕃得到它的时间约 250 年。

此外，《隋书》和《宋书·律历志·何承天传》等，都有南北朝数学家皮延宗认为 π = 3 不准确，要"设新率"的记载，但他算得的 π 值"已不可考，是仅雪泥鸿爪，供后人惋惜而已"。这个"已不可考"的 π 值，人们将它称为"宗率"。事实上，《律历志》将刘歆……皮延宗并列，那么将他们的名字都与 π 联系在一起就很自然了。这里的"雪泥鸿爪"，指难以找寻的、已经远逝的事物，来自北宋时代的大诗人苏轼的《和子由渑池怀旧》：人生到处知何似/恰似飞鸿踏雪泥/泥上偶然留指爪/鸿飞哪复计东西/……

《钱宝琮科学史论文选集》指出，"方以智谓 π = 52/17，及程大位《算法统宗》所指'智率' 25/8"。这里的"智率"又叫"智术"，因明末哲学家、思想家、数学家方以智得名。52/17 和 25/8 都叫智率。程大位也是明代数学家，因为大约在

程大位

1578 年发明了世界上第一把卷尺,被誉为"卷尺之父"。

智率 25/8,还被美国数学史家达维德·尤金·史密斯于 1923 年出版的名著《数学史》一书称为"陆绩率"。但清代数学家阮元在《畴人传》中却说,王蕃认为中国三国时期吴国的数学家陆绩仍沿用"周三径一"的旧率。

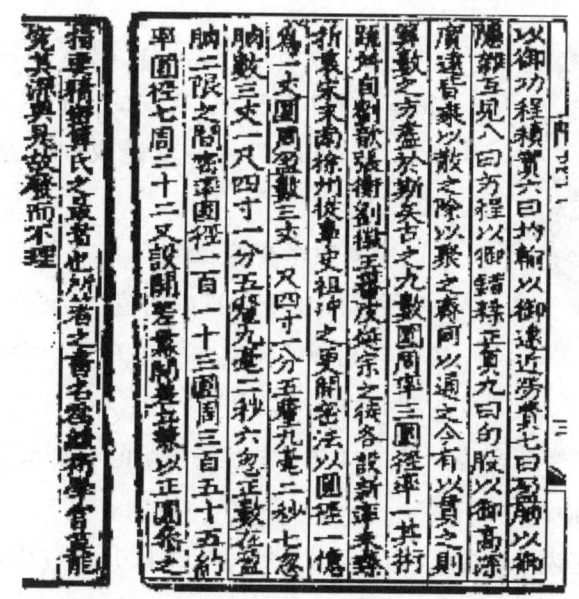

1306 影印本《隋书》中关于祖冲之圆周率的记载

根据二十四史之一的《隋书》卷十六《志》第十一《律历》记载,中国南北朝时期的数学家祖冲之在他的名著《缀术》——即《缀经》中给出"约率"22/7。舍普勒的《π 的年表》将"约率"译为"inaccurate"——意思直译为"不准确的(值)"。这个值被印度数学家婆什迦罗称为"粗率"和"实用率"。这两个名称都记载于他 1150 年写的《丽拉瓦提》一书中。"丽拉瓦提"意思是"美丽",相传是他的妻子或第二个女儿的名字。

中国数学家孙炽甫还称 22/7 为"强率"。

从弱率 3.14 是 π 的不足近似值,和强率 22/7 是 π 的过剩近似值来看,"弱"指"不足","强"指"过剩"。

2.7 祖率(祖冲之分数、密率、姜岌之率、奥托率、梅蒂尤斯数或安托尼兹率)、三率

祖冲之

在《隋书》中,还记载有祖冲之得到的"密率"355/113。舍普勒的《π的年表》将它称为"accurate"——直译成中文是"准确的(值)"。

中国数学史家梁宗巨在《数学历史典故》一书中说,这个"准确的值",又被三上义夫在1913年出版的英文本《中日数学发展史》中称为"π的祖冲之分数"。此外,三上义夫与达维德·尤金·史密斯合著,于1914年在芝加哥出版的《日本数学史》中,也有同样的称呼。

梁宗巨还说,后来,中国著名桥梁学家茅以升在《中国圆周率略史》一文中写道:"冲之密率,千载以(梁把原文"而"误为"以"——引者)后,西洋始有发见……日畴三上义夫,以此率源于中国,尝有建议,拟命为'祖率'。他年举世景从……"(影印件见图2-2)。其后,三上义夫于1926年在《东洋学报》上发表的论文《中国算学之特色》中,又反过来引用茅以升这段话,说"予在拙著《中日数学发展史》中,言此率称祖率为适当"。这篇论文由中国教育家林科棠译为中文后,于1929年刊于商务印书馆出版的《万有文库》第37页。三上义夫在同一时期的日文著作《东西数学史》第104页中提到这件事,也引了上述茅以升的文章。这就是"祖率"一词的来源。

也就是说,"祖率"是三上义夫1913年在《中日数学发展史》中称"π的祖冲之分数值"355/113的中译名,而这一中译名最早出自茅

第2章 圆周率的名称——世人给π改"绰号"

> 五分九厘二毫有奇,即是千寸径之周围也.以一百一十三乘之,果得三百五十五,故言其法精密."按冲之密率,千载而后,西洋始有发见.其时彼都,雅引为最精,则中国圆率为世界之先,何有疑义.惜国学不振此率已为西人剽窃,即近代学子,亦几忘其所自.古人心血斯等流水,为可悯已.且嘻三上义夫,以此率源于中国,当有建议提命为祖率他年举世景从,亦所以酬先民之苦志者矣.吾国算学君子亦有闻风兴起者乎.德嗟森木谓四位以内之数无两数相与,较此为密者,则祖率之精之简,固是空前绝后者也.'数理精蕴',采定此率,为近代算籍援用之祖.然持以入算,仍不多见.中国泥古不变之习,为厉者此,殆亦科学衍援之原欤.

图2-2

以升的《中国圆周率略史》——专指祖冲之的密率即355/113。

由此可见,"祖率"这个名称来自于三上义夫,是指"π的祖冲之分数值",也就是"密率"355/113。而且,"祖率"绝不是指祖冲之的22/7,355/113,3.141 592 6 < π < 3.141 592 7 这三项算π成果,也绝不是指圆周率。

茅以升还在《中国圆周率略史》一文中,将古率、徽率、密率合称"算书三率"。

此外,在婆什迦罗的《丽拉瓦提》中,也有"密率"一词,不过,他不是指的355/113,而是指3 927/1 250。

在祖冲之以后大约一千年的1573年,出生在今德国马德堡的荷兰数学家瓦伦丁·奥托也发现了355/113,所以德国人称这个值为"奥托率"。此外,安托尼兹在1585年也得到355/113,所以这个值又被称为"安托尼兹率"。由于梅蒂尤斯用十进制小数表示并在1625年公布了他父亲发现的这个值,所以也被有些人称为"梅蒂尤斯数"。

更晚的1674年,日本数学家古郡之政也用过355/113。

有人说,中国还将圆周率称为"密率"。但显然这里的"密率"已不是指 355/113 了。

中国唐代数学家李淳风在他注《九章算术》一书中，添上"按密率"计算所得的答案。而他取的圆周率是 22/7，显然他误以为 22/7 是"密率"。因此，后人误认为 22/7 是"密率"的不少，这都是李淳风等注释的谬误引起的。

茅以升在《中国圆周率略史》中说："有某校校刊，误为姜岌之率。"这里"姜岌之率"在是指祖冲之的密率 355/113。这里提到的姜岌，是活动在东晋和后秦时期的天文学家和数学家——大约在 380 年，他发明了月食冲法，还在太元 9 年（385）"更造《三纪术》"。

从"粗率"（"约率"——误称为"疏率"）22/7 没有"密率"355/113 准确来看，前者"粗"、"约"、"疏"指"粗略"，后者"密"指"精密"。

2.8 约率"摇身一变"成"疏率"

不少人将祖冲之所说的约率即 22/7 称为"疏率"。这种称呼对吗？

梁宗巨在《数学历史典故》中说："22/7 明明写的是'约率'，但相当多的文章却误写成'疏率'。这可能出自一个偶然的印刷上错误（或笔误）。如章克标《算学的故事》（开明书店，1935）p.140 正确地写成约率，但在 p.201 上却误写为疏率。"这里提到的"百岁老人"章克标，是中国著名的"海派"代表作家，早年与文学家、语言学家林语堂等一起创办《论语》杂志的文化人，曾当过武侠小说作家金庸的老师。

遗憾的是，"改名换姓"后的"疏率"却广为流传并持续至今。

中国数学家华罗庚的疏忽，是这一误称流传至今的重要原因。

在《人民日报》1951 年 2 月 10 日第 3 版上，华罗庚在《数学是我国人民所擅长的学科》（被 1951 年出版的《认识伟大的祖国》等书转载）中提到，"（祖冲之）用 22/7 及 335/113 作疏率和密率"。接着，他在 1951 年 4 月 2 期第 23 页《北京教师月报》上发表的"旧珍宝，新光芒"一文中,也有类似写法。后来,大量的报刊书也沿用了疏率这一名称。

其实,华罗庚在 1962 年 6 月出版的《从祖冲之的圆周率谈起》一书中,已经将这种叫法改正过来,并把《隋书》的原文列在书前,又在密率和约率的下面加上了重点号,以引起注意。可以想象,在这 11 年之中,一定有许多人看到过华罗庚的"疏率";而且,他们在 11 年后不一定看到了"约率"下面加的重点号,并悟出是在提醒人们注意。于是,一定有不计其数的人引用过"疏率",并通过媒介传播开来,成为难以阻挡的"潮流"!

这可不是危言耸听。直到现在,仍有不少媒体采用疏率这一错误的名称——从"黎民百姓"到"大方之家",都有在这"潮流"中"不幸遭难"的。例如,多达 288.6 万字的巨著《数学百科辞典》,也有"祖冲之(5 世纪)得到 22/7(疏率)"的不妥记载。

2.9 误解祖率"祸"起三上义夫

由 2.7 节知道,"祖率"这个名称来自于日本数学史家三上义夫,而且是专指"密率"355/113。

但是,国内外不少人却对祖率和密率存在许多误解:误把"圆周率"当成"祖率",笼统地把祖冲之的三项算 π 成就(得到 $3.141\,592\,6 < \pi < 3.141\,592\,7$,得到约率为 22/7 和密率为 355/113)说成"祖率",把 $3.141\,592\,6 < \pi < 3.141\,592\,7$ 当成"祖率",把密率的精度说成 10 位小数,把 355/133 与 $3.141\,592\,6 < \pi < 3.141\,592\,7$ 混为一谈……

看来,这"祸"是起于三上义夫了,但我们自己是否也"粗心"了点呢!

2.10 正数、朒数、盈数

《隋书》中还记载有祖冲之的另一成果:$3.141\,592\,6 <$ 正数 $<$

3.141 592 7。并且将 3.141 592 6（小数后第 7 位取不足近似值）称为"朒数"，3.141 592 7（小数后第 7 位取过剩近似值）称为"盈数"，将准确值称为"正数"。显然，这里"朒"指不足，"盈"指过剩。

2.11 鲁道夫数

长期生活在荷兰莱顿（当时属德国）的数学家鲁道夫·范·西尤莲（以下称"鲁道夫"），一生算 π，最终赶在 1610 年除夕辞世之前，将 π 算到 35 位小数。

在他死后的墓碑上，刻有他的这一 π 值；另一种说法是，只刻了最后 3 位即第 34～36 位值 "2～8～8"。为了纪念他的贡献，这个 36 位的 π 值在德国和欧洲其他一部分国家，被称为"鲁道夫数"。

2.12 圆率（圜率、周率、圆周法）

在用汉字的中国和日本，原来没有圆周率的专门符号，而有"圆周率"、"周率"、"圆周法"（日本用"円"，相当于中国的"圆"）等各种名称。

此外，在近代，中国还有称圆周率为"圆率"、"圜率"的；可见当时对它的称呼很不统一。在这里，"圜"字的音、义都同"圆"。"圜"的另一个含义是"环绕"，此时音读"环"。

2.13 "数 π"的称呼还会变吗

在英语里，圆周率没有一个简洁的名称：简单一点叫"数 π"（number π），详细一点叫"圆周长和直径的比"。

由以上圆周率的 30 多个"绰号"，可大致分为以下四类：以发现（计算）者命名，如亚氏率；以近似程度命名，如约率；以多个名称合

第 2 章 圆周率的名称——世人给 π 改"绰号"

起来命名，如三率；以其他原因命名，如古率。

但在中国，除"圆周率"仍"在岗"外，其余"绰号"多已"下岗"。

那么，"π"这个名称还会不会变呢？我们无法知晓，但不妨用美国演员、漫画家、专栏作家威尔·罗杰斯的话来回答："没有什么是永恒的。"这段话，见英国天文学家、理论物理学家、数学家约翰·达维德·巴罗写的《不论——科学的极限和极限的科学》一书。当然，"没有什么是永恒的"这句话本身，就是一个有趣的悖论：如果认为这话错误，那这话当然就是错误的；如果认为这话正确，那这话当然也就不是永恒的——这话也就错误。类似的悖论还有："一切皆有可能。"

第3章　圆周率的符号
——π 也会"变脸"

符号是人与人之间传达信息的运载工具。

——恩格斯

川剧中的"变脸"技惊四座，π 也是这样一个"百变金刚"。美国数学教育家、数学史家威廉·沙夫在《π 的本质和历史》一书中说："在所有的数学符号中，最神秘、浪漫，被人误解最深，却最吸引人的符号，也许就是 π 了。"那就让我们来看一看 π 是如何"变脸"的吧。

3.1　由两副"面具"组成的"脸谱"

奥特雷德

考虑到 π 和 δ 分别是希腊文圆周（περιφερια）和直径（διαμετρον）的第一个字母，所以英国数学家奥特雷德在1600年用 π 作周长、用 δ 作直径的符号。他还在1647年出版（1631年初版）的《数学指南》一书中，用 π/δ 表示圆周长和直径的比。这个 π/δ 是有史以来第一个圆周率的符号，这一符号成为其后人们用 π 表示圆周率的先导。虽然当时 π 在 π/δ 中表示的是圆的周长，δ 在 π/δ 中表示的是圆的直径，但 π 和 δ 并不是分开定义的，而是以 π/δ 这形式一起出现的。

接着，以让贤于自己的学生牛顿而流芳百世的英国数学家、剑桥大学教授艾萨克·巴罗，和苏格兰天文学家、数学家达维德·格雷戈里，都用 π 表示过圆的周长，从而使 π 成为一个单独的符号。艾萨克·巴罗采用这一符号的年代不详，因为记录这件事的文献在他生前并没有出版，而是在他死后近 200 年的 1860 年才出版的。达维德·格雷戈里是发现著名的"格雷戈里级数"的詹姆斯·格雷戈里的侄儿，他采用这一符号的时间是 1697 年。此外，他还用过符号 π/ρ（这里 ρ 表示半径），这就是说，他用过 π/ρ 这个符号来表示过圆周率的 2 倍。

另外，还有人用 c/r 来表示过圆周率的 2 倍，这里的 r 是圆的半径。

3.2　一副"面具""不经意"走进历史舞台

1655 或 1656 年，英国数学家沃利斯在牛津（一说伦敦）出版了名著《无穷算术》，书中用小方块"□"（即希伯来文 men）表示 4/π 或它的近似值：4/3.141 49。

首先只用一个字母来表示圆周率的，是德国数学家约翰·克里斯托弗·斯图姆。他在 1689 年用 e 来表示圆周率。不过 e 在后来却用于表示自然对数的底。

在求圆周率的值的过程中，人们常用直径为 1 的圆，就是前述 $\delta=1$，这样 π/δ 就变成了 π。这样，英国数学家、作家威廉·琼斯，首先就在 1706 年出版于伦敦的《新数学引论》一书的第 243, 263 页上，使用 π 来表示圆周

琼斯

长和直径之比——圆周率。但琼斯这一开天辟地的符号并没有立即得到广泛流传和使用。

其后，瑞士数学家雅格布·伯努利（1654—1705）即詹姆斯·伯努利，曾用 C 表示过圆周率。1734~1739 年，欧拉曾用 c 或 p 表示圆周率，用 g 表示圆周率的一半。其间的 1736 年，他也用过琼斯的符号

π。由此可见，欧拉用的圆周率符号在这几年间也没有固定。

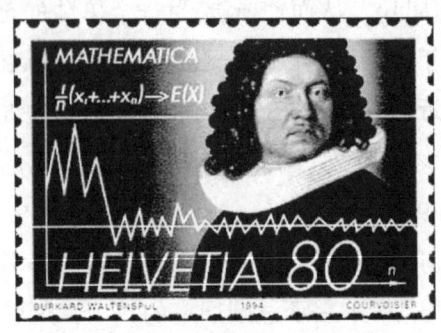

邮票上的雅格布·伯努利

接着，雅格布·伯努利的侄儿——也就是他的大弟尼古拉·伯努利即尼古拉第一（1662—1716）的儿子尼古拉·伯努利即尼古拉第二（1687—1759），在1742年给欧拉的一封信中，也采用了π这个符号作圆周率。经过德国数学家哥德巴赫在1742年和其他人倡用，自1748年后，用π表示圆周率才逐渐被人们接受、采纳、欢迎而被确定下来。到了1794年，法国数学家勒让德在巴黎出版《初等几何》一书时，欧洲的数学家几乎都开始用π表示圆周率了。其后便得到广泛流传使用。

勒让德

对琼斯用π表示圆周率的旷世创举，应该有深刻的哲学思辨、历史钩沉和人文思考。出生在瑞士的美国著名数学家和科学史家卡约里，在1928年出版的《数学符号史》一书中大加赞赏："对他而言，这只是一件稀松平常的小事；但这件小事却使他名垂青史。他若无其事地跨出这划时代的一步——没有鸿篇大论的介绍，π就从希腊字母中走进了数学历史的舞台……"对这番饱含感叹的赞赏，我们想起了英国哲学家弗朗西斯·培根的名言："随之我们会看到智慧和学问之碑是怎样远比权力或武力之碑更加长垂不朽……"是的，一心想流芳千古的人，大多淹没在苍茫的历史云烟之中而不知所终，或者遗臭万年而被人不齿；而"不经意"者，往往和人类温馨相随，用无数冬夏丈量着春秋——直到地老天荒！此外，数学符号那动人心弦的重要性和无与伦比的"才华"也显现得淋漓尽致。于是，德国数学家费利克斯·克里斯琴·克莱因感慨万端："符号常常比发明它们的数学家更能推理。"

3.3 摇身一变无人能识

π 的上述"脸谱"大多是用人们熟悉的"颜料"——希腊文和拉丁文勾画，太"貌不惊人"了，于是有人别出心裁，要给它戴一副不同凡响、使人过目不忘的特殊"面具"。其中就有下面这位美国人。

为了强调 π 的重要性和它"天上地下，唯我独尊"的地位，美国数学家本杰明·皮尔斯曾在 1859 年采用"℘"表示圆周率 π，用"℮"

皮尔斯

表示自然对数的底 e。但"遗憾"的是，"阳春白雪，和者盖寡"——这些符号没有得到通行，就被淹没在历史的长河之中而"芳踪难觅"，以至于鲜为人知……

皮尔斯是哈佛大学著名的天文学、数学教授。在他之前，美国的数学并不受人关注，经过他和吉布斯等的努力，才使美国在数学领域的地位日益显得重要。"数学是引出必然结论的科学。"这是皮尔斯对数学的理解和定义。

3.4 圆周率的符号在中国

在中国，清代数学家李善兰在 1859 年的《代微积拾级》一书中，用"周"表示圆周率。而中国清代 19 世纪后期的两位数学家邹立文和

李善兰

刘永锡，与来华的美国长老会传教士狄考文，于1855年合译的《形学备旨》（原作者是美国数学家伊莱亚斯·罗密士）10卷，以及邹立文、生福维于1891年合译的《代数备旨》13卷（狄考文原著）中，则采用"⊓"来表示圆周率。

直到20世纪初，中国数学著作由竖排改为横排，才比较统一地以π表示圆周率。例如，1932年出版的《初级混合算学》一书中说："圆周与直径之比，平常表示以π。"

由上可见，古今中外的圆周率，曾有π/δ，π/ρ，c/r，□，e，g，c，p，℘，周，⊓等多副"脸谱"。而π，则是琼斯在1706年首先使用并至今仍"坚守岗位"的圆周率符号。

3.5 "不务正业"的π

既然π是圆周率的符号，那它就应该"专心致志"，"坚守岗位"了。可是，历史上它却几次"不务正业"，"跳槽""下海"。

在17世纪，法国数学家赫里岗用π来表示两个数的比率。例如，用"2π3"表示"2∶3"。而德国数学家卡斯特纳则用π表示圆周。此前英国数学家沃利斯也这样做过——1685年，他在描述旋转物体的重心时，也用π表示圆周。卡斯特纳还用"1∶P"表示直径和圆周的比率，不过他后来却"朝三暮四"：时而说 $\cos u = \pi$，$\sin u = P$；时而又说π是某方程中第 $n+1$ 项的系数。当然，到了1771年，他也不再标新立异——而是从善如流地用π表示圆周率了。

到了1799年，意大利数学家鲁菲尼则用π表示阶乘——"$\pi = 1 \times 2 \times 3 \times 4 \times \cdots \times m$"。但在几年以后，π的大写符号Π就取代了π，成为阶乘的符号。1811年，三位德国数学家高斯、雅可比、韦伯都开始用 $\Pi(n)$ 表示 n 的阶乘了。后来，高斯又曾用Π表示连乘。

第3章 圆周率的符号——π 也会"变脸"

后来，π 把身子往旁边一偏，还是一个"身兼数职"的"要员"——$\pi(n)$ 表示 $\leq n$ 的所有素数的数目，如 $\pi(10)=4$；而高斯在 15 岁时发现的素数定理中也用到 $\pi(n)$：

$$\lim_{x \to \infty} \frac{\pi(n)}{n/\ln n} \approx 1。$$

邮票上的高斯

π 还代表所有不能被某素数的平方整除的数。

此外，大多数麦金塔电脑的程式设计师，都是用 π 作原始程式的副档名，如"mycode.π"。

在物理学中，有著名的 π 介子和 π 定理；在化学中，有著名的 π 键。

对"不务正业"的 π，当代美国数学家、美国数学家谢尔曼·斯坦因在《数的力量》一书中，倒是"赞赏有加"："拜托各位，请不要一提到 π，就想到圆周率。π 也是很多数值的代表符号。它代表所有不能被某素数平方整除的数，也是一个重要的统计学方程中的符号。除此之外，π 还被用在许多地方。数学的有趣之处，就在于这些看似无关，却又相关的地方。"

《数的力量》的趣闻，是催生了一首著名的诗。美国诗人汉娜·斯坦因是谢尔曼·克·斯坦因的妻子。她作为"第一读者"，对《数的力量》第 23 章《π 是一块蛋糕——是不是?》饶有兴味，在同丈夫侃侃而谈之后，写下了诗歌《献给一位数学家的爱》，表达了他们对 π 扮演的诸多角色的惊叹。下面是附在《数的力量》第 23 章末的这首诗摘抄：我习惯地认为/π 只是一种方式/把圆测量/现在你告诉我/π 在气态液态的世界里/到处潜藏/你说得对/π 在到处/像一位没有理性的老大叔/周游全国/玩着纸牌的戏法勾当/π 将它的拇指伸入奇数的染缸/从它的藏身之处/在平方根中/平方根下/π 把道路照亮/它高视阔步地走过黑洞和红移/它出没于电子之间/空穴之乡/π 期待着思维的降临/期待着有一支笔突然击撞/当他的奥妙/放射到/坚韧不拔的求索的心房/我请问你/是 π 把整个宇宙紧扣在一起/莫非他是上帝下凡……

第 4 章　圆周率的性质
——揭开 π 的"庐山真面"

每一种新的进步，都必然表现为对某一种神圣事物的亵渎。

——马克思

π 的性质怎样？这是一个人们研究了几千年的问题。

关于圆周率的性质及人们对它进行研究的历史，不同的数学史家研究方法不同。

例如，舍普勒在《π 的年表》中，按年代先后，集中了各家研究的成果，列出了有关 π 的从公元前 3000 年到公元 1949 年期间的 123 个条目。

又如，在美国数学史家达维德·尤金·史密斯等著的《数论尺规作图及周率》一书中，将 π 的历史分为以下三个时代：

《π 的年表》首页

（1）自古时至17世纪中期，这个时代大都是求一个正方形等于一个已知圆等的努力，或用目前的初等教科书中所述的那种纯粹几何方法，来求π的近似值。

（2）自发明微积分起，到德国数学家兰伯特证明π是无理数为止，即约17世纪60年代至18世纪60年代的100年，这一时代的特色，是解析方法替代了古代的几何法；并认为其中著名的研究者为牛顿、莱布尼茨、詹姆斯·伯努利和约翰·伯努利两昆仲、欧拉等。这个时代求π值的方法，不再用古代的"竭尽法"，而用无限级数及无穷乘积等。

兰伯特

（3）从18世纪中期至20世纪，其特色是探求π的性质，即是否为有理数、代数数、超越数等。

本书采用另一种研究方法：分别研究π的定义、名称、符号、性质、和人类辞别洪荒以来计算π的数值及其计算方法等，并在表5-3中列出43种π值，让读者有多角度的、系统详尽的了解。

下面要说的π的性质，指的是π是一个什么样的数。例如，它是整数还是分数？是常数还是变量？是有理数还是无理数？等等。人们对π由浅入深的认识大致经历了下述"人文初始之后"、"无理数"、"超越数"、"寻找新规律"这4个时期。

4.1 人文初始之后对π的认识

混沌初开，人文伊始——人类告别了茹毛饮血的年代。肯定在不久的"结绳而始，契木为文"的时代，人们就在生活和生产实践中认识到π是一个常数。例如，古希腊数学家欧几里得在《几何原本》一书中，就提到π是常数。中国公元前的古书《墨子》中也有"小圆之圆与大圆之圆同"的记载。这里的"圆"，古代也写作"圜"。《周髀算经》中"径一而周三"的记载,也认为π是一个常数。

虽然古人一直笃信π是一个常数,而且知道它的近似值,但是其准确值却无人知晓。多数国家的古人最早都认为π是一个整数3。在中国,除上述《周髀算经》等书籍之外,大约在1世纪的《九章算术》中也是这样认为的。古希腊、巴比伦、埃及、印度、日本的史料中也是这样记载的。例如,希伯来人的《两个编年史》中就有π≈3的记载。

这种π≈3的认识,大致持续到刘徽之前,即约3世纪。不过,古希腊是个例外——因为阿基米德在公元前200多年就科学地求得实用而较准确的π值3.14了。

4.2 无理数时期对π的认识

4.2.1 无理数的发现

中国的无理数时期,可认为大致从刘徽即约3世纪开始。他不但认识到$\sqrt{2}$,$\sqrt{50}$等开方不尽,称之为"不可开";还认识到π应是"至然之数"。当然,当时"无理数"的概念尚未形成,他也不知道π是无理数。不但如此,中国古代数学中一直没有"无理数"这一概念,所以它是"舶来品"。在古巴比伦和埃及,也没有这一概念。

毕达哥拉斯

希帕索斯

无理数最早是由古希腊数学家毕达哥拉斯学派中的希帕索斯发现的。他发现边长为 1 的正方形的对角线长 $\sqrt{2}$ 不是有理数，即不能用任何两个整数的比表示，是无限不循环小数。当时叫"没有比"或"不能表达"，后来叫"不可通约量"。但是，由于毕达哥拉斯学派笃信"万物皆依赖于整数"的神学观点和哲学理念，怕这一发现和泄密对其造成毁灭性的打击，于是将希帕索斯追杀后抛进大海，以惩罚他对上述发现的泄密。另一说是，将他逐出学派，并立了块墓碑，好像他已经死了。由此可见，虽然"无理数"中"无理"这一沿用至今的"进口货"名称欠妥，但将"无理"二字用在维护神权、害怕真理的这个学派上却正好合适。

不过，发现无理数的秘密最终还是广为流传开来。古希腊科学家、哲学家亚里士多德揭示了 $\sqrt{2}$ 的无理性。古希腊哲学家、数学家柏拉图说，他的老师、古希腊数学家西奥多罗斯，还证明了 3~17 之间（除 4，9，16 外）各整数的算术平方根的无理性，并提出了无理数的基本思想。

无理数的发现，推翻了早期希腊人的以下信念：给定任何两条线段，必定能找到也许是很短的第三条线段，使得给定的两条线段都包含这条线段的整数倍。这就引发了"第一次数学危机"；并导致古希腊数学从重视"数"到重视"形"（几何）的转变——以至于后来柏拉图学园门口有著名的"不懂几何者免进"的牌子。

4.2.2 无理数与 π

1. 中世纪的无理数与 π

约 1300 年，中国宋末元初的天文学家、数学家赵友钦用割圆术求 π 时指出："若节节求之，虽至千万次，其数终不穷"，说明他对 π 的性质的认识，实际上已接近无理数的边缘了。

在 14 世纪，英国数学家布拉德瓦丁最早采用"无理"一词后，至十六七世纪，欧洲人逐渐将无理数纳入运算。荷兰科学家西蒙·斯蒂

第4章 圆周率的性质——揭开 π 的"庐山真面"

文、两位英国数学家沃利斯和哈里奥特、法国数学家笛卡儿等都承认无理数。

但另一些数学家，如德国的斯蒂费尔对它的认识则是矛盾的：一方面，运用它能证明有理数所不能证明的某些结果，因此"不能不承认它们的确是数"；另一方面，"没有一个无理数能被准确掌握"，因而它"也不是一个真正的数"。这位斯蒂费尔的两个趣闻轶事是：他在 1525 年写的一些著作中认为，一个对角线为 10 的正方形和一个直径为 8 的圆的面积近似相等，由此得到 $\pi = 3.125$；煞有介事地预言 1533 年 10 月 3 日为"世界末日"。听了这种宣传，他的狂热追随者们毁掉或消耗掉所有的财物，惶惶不安地等待着这一天的来临。由于这一蛊惑人心的预言和传播被视为异端邪说的新教，他这个新教牧师被当局投入监狱。

此外，法国的帕斯卡、英国的艾萨克·巴罗和牛顿还认为，$\sqrt{3}$ 等只能理解为几何上的量。

无理数的本质特征是"无限不循环"，由于在各种形式的 π 的级数展开式中，始终没有找到一个递减的几何级数，也一直没有找到 π 的"莱布尼茨级数和"（见 5.3.1 小节）的公式，对 π 值进行的"马拉松"式的计算竞赛中，也一直没有发现任何循环迹象。于是，认为 π 可能是有理数的希望逐渐消失了。事实上，早在十五六世纪，印度数学家尼拉堪塔·萨马亚吉就确信 π 是无理数了。

2. π 是无理数的证明

苏格兰数学家詹姆斯·格雷戈里是第一位企图证明 π 是无理数的人。不过。他巧妙的证明不很严密，因而不太令人满意。

此外，法国数学家托马斯·范特·德·拉尼也在 17 世纪末对 π 的无理性作出过推断，这一推断在半个多世纪以后，才由兰伯特证明。

1737 年，欧拉给出了用无限连分数计算平方根的一般方法，并将自然对数的底展开成三种无限连分数。

1761 年（1768 年发表），兰伯特向柏林科学院提交论文，初步证明了 π 也是无理数。他用欧拉的方法，并从欧拉发现的

$$\frac{e-1}{2} = \frac{1}{1} + \frac{1}{6} + \frac{1}{10} + \frac{1}{14} + \cdots$$

和英国数学家布龙克尔子爵发现的

$$\frac{4}{\pi} = 1 + \frac{1^2}{2} + \frac{3^2}{2} + \frac{5^2}{2} + \cdots$$

入手，先得到后人以他姓氏命名的两个连分式：

$$\frac{e^x-1}{e^x+1} = \frac{1}{2/x} + \frac{1}{6/x} + \frac{1}{10/x} + \cdots, \quad \tan x = \frac{1}{1/x} - \frac{1}{3/x} - \frac{1}{5/x} - \cdots \text{。}$$

兰伯特研究了这两个式子的性质之后，得到以下两个定理。

定理 4-1 如果 x 是 0 以外的有理数，则 $\tan x$ 必然是无理数；反之，如果 $\tan x$ 是 0 以外的有理数，则 x 必然是无理数。

定理 4-2 如果 x 是 0 以外的有理数，则 e^x 必然是无理数；反之，如果 e^x 为 1 以外的有理数，则 x 必然是无理数。

最后，他设 $x = \pi/4$，则 $\tan x = 1$；因为 1 是有理数，所以由定理 4-1 知道，$\pi/4$ 必然是无理数，因而 π 也必然是无理数。

埃尔米特

不过，兰伯特的上述证明并不十分严格。

1794 年，法国数学家勒让德在巴黎出版了《初等几何》一书，对兰伯特的不严格证明予以补证，从而给出了 π 和 π^2 是无理数的严格证明。勒让德还在这本书中写道："很有可能，数 π 不能包含在代数的无理数中，亦即它不能是其系数全部为有理数的有限项的代数方程的根。"他的这一猜测表明他已意识到 π 为超越数；同时，这一猜测最终导致无理数的分类。

此后，法国数学家埃尔米特在 1873 年，纳格尔在 1941 年，尼文在 1947 年，美国数学史家斯特洛伊克在 1969 年，克尼格斯贝格在 1990 年，施罗德在 1993 年，斯蒂文斯在 1999 年，都分别给出过"π 是无理数"的证明，至今未被推翻。

认识了 π 是无理数，从理论上彻底解决了求 π 精确值的问题。从理论上讲，人们尽管可以求得它准确到任意有限位小数的值，但实际上永远不可能得到准确值——有无限多位。

4.3 超越数时期对 π 的认识

前面说过，勒让德在 1794 年猜测 π 可能不是有理系数方程的根。这类猜测在更早的时候，使莱布尼茨用二进位制证明 π 的超越性，但没有成功。

1873 年，因为从小右腿跛瘸，一生总是拄着拐杖的法国数学家埃尔米特，首次开创性地证明了某一个著名数学常数——自然对数的底 e 是超越数。埃尔米特是一位在"不及格学科"（数学）中奋斗并在逆境中取得巨大成功的残疾人。例如，他在技术学院念了一年以后，法国教育当局忽然下一道命令："肢障者不得进入工科学系"，他只好转到文学系——这里的数学已经容易很多了，结果他的数学还是不及格。但这依然没能阻挡他的长期坚守——例如当助教就当了 25 年，被称为"骑在蜗牛背上的人"。结果是，他用 200 部（篇）论著奉献给人类——包括分别在 1863 年和 1873 年出版的《椭圆函数理论》与《分析教程》。在此，我们有一句充满哲理的箴言："缓步的骆驼在沙漠中比飞驰的骏马更早到达终点。"这和法国著名作家巴尔扎克的名言有异曲同工之妙："人类所有的力量，只是耐心加上时间的总和。"

埃尔米特的证明在数学界引起了巨大的反响，也炒热了"π 是否也是超越数"的话题。有人曾要他继续研究这个问题，但他没敢尝试，就婉言拒绝说："我可不想自找麻烦，去证明 π 是否为超越数。如果有人要去尝试，我衷心祝愿他们成功。但先要声明一下，他们一定会吃尽苦头的。"连不会轻言放弃的埃尔米特也"不想自找麻烦"，由此可见证明难度之大。

您还甭说，还真有想"吃尽苦头"、坚信"波涛在后岸在前"的一个人——德国数学家林德曼，而且还渡过"苦海"，到达成功的"彼岸"。

林德曼

1882年，林德曼在连续函数的意义下，用欧拉公式 $e^{i\pi}+1=0$，终于证明了 π 是超越数。林德曼的方法与9年前埃尔米特的方法好似一对双胞胎。埃尔米特知道这克服了他的"9年之痒"以后，非常高兴。

不过，林德曼的同胞克罗内克对此却不以为然。他曾在1882年写信给林德曼说："你把π研究得非常透彻，但那又怎样？既然无理数不存在，你又何必去钻研这种问题？"看来，林德曼不但有"偏向虎山行"的胆量，而且有"任凭弱水三千，我只取一瓢饮"的专一，是一个"不到黄河心不死"的人——科学就"怕"这种人。

不过，林德曼的证明是冗长的。即使要简单表达，也依然十分困难。后来，许多数学家都对这个证明进行了简化或给出了初等证明。

4.4 寻找新规律时期对 π 的认识

4.4.1 证明 π 是超越数之后

除了认识到 π 是无理数、超越数外，它的数值排列还有没有什么规律呢？它与其他数又有什么联系呢？…… 于是，对 π 的性质的探索进入寻找新规律时期。

在电子计算机发明之后，在理论上已可将 π 算到任意多位准确值了。计算出越来越多位数的 π 值的原因之一就是为了取得涉及 π 的"正态性"的统计信息。

一个实数在它的十进制小数展开式中，所有10种（指0，1，2，…，9）数字以相等的频率出现时，被称为"简单正态的"；如果所有同样长的数字块以相等的频率出现时，被称为"正态的"。"正态"

又称"正则"或"正规"或"正常"。简单正态又称"单纯正态"。分别具备以上性质的数被称为"正态数"和"简单正态数"。这些概念是由法国数学家博雷尔提出来的,他认为"几乎所有的"数都是正态的。正态的也可以解释成任意长为 n 的一串十进制数字的极限频率为 10^{-n}(二进制类似)。例如,当 $n=2$ 即两位数时,任意一个两位数的极限频率都是 1%;类似,任意一个一位数的极限频率都是 10%。

博雷尔

那么,π 是不是简单正态数或正态数呢?

4.4.2 π 是简单正态数吗

π 是简单正态数吗

1873 年,英国数学家威廉·山克斯算出 707 位小数的 π 值。1946 年,当时在曼彻斯特的英国数学家弗格森宣布这个 π 值有误。为什么这 70 多年内没有人去怀疑威廉·山克斯的 π 值,而恰好这位弗格森要去核算呢?这是由于弗格森笃信 π 是简单正态数。但他经过统计发现,上述 π 值的前 608 位 π 的小数值中各数字出现的频率相差很大(表4-1),特别是其中"7"出现的 44 次远少于平均值 60.8 次。这种情况,要么说明 π 不是简单正态数,上述 π 值正确;要么说明 π 是简单正态数,上述 π 值有误。经过一年认真核算,终于发现山克斯的 π 值从小数点后 528 位起开始出错,这一位的"4",已被他误为"5"。

表 4-1　山克斯算出的前 608 位 π 值中各数字的频率

π 值中的数字	0	1	2	3	4	5	6	7	8	9
各数字的频率	60	62	67	68	64	56	62	44	58	67

注:"各数字的频率"指相应数字出现的次数,其和为 608。

不过,最早发现山克斯的 π 值中"7"出现次数太少的,很可能不是弗格森。因为"在概率论方面非常有名的 D. 莫尔干发现山克斯的结果中'7'非常少见。他说'出现这种情况的概率是 1/45,也就是说算错的可能性很大'。"这里指的是,他在研究了 π 的前 600 个数后,发现 7 出现的次数为 50 次,比"应该"出现的 60 次少。这里的"D. 莫尔干"就是英国数学家德摩根。1973 年,法国女数学家让·吉劳德和芳旦娜小姐一起,又对 π 的前 100 万位值作了统计(表 4-2),发现最大的相对频率偏差发生在数字"6"上,但也仅为 -0.452‰,即不到 1/200。这就更使人们有理由相信,π 是简单正态数。21 世纪初,两位美国数学家达维德·哈罗德·贝利和理查德·克兰达尔指出:"圆周率的无限小数包含了各种数字符串的组合。"他们说,从 π 值中任取同一长度连续小数的字符串(如 87435 与 30752,或 451 和 862 等),它们出现的频率是一样的——有点类似"平均分布"的意味。

表 4-2　100 万位 π 值中各数字的频率偏差（$=10^5$ - 实际出现的次数）

数字	0	1	2	3	4	5	6	7	8	9
偏差	-41	-242	+26	+229	+230	+359	-452	-200	-15	+106

注:相对频率偏差 = 频率偏差 /10^5。

表 4-3 是 π 小数点后 2000 亿位中各数出现的次数,从中可以看出,各数出现的频率偏差很小:其中偏差最大的数"8"的相对频率偏差也不到 0.015‰。

有人将 π 的前 126 位值制成图 4-1(只画出前 15 位),并在数 4 与 5 之间画一条虚线,则可看到该线上下的点大致一样多。这说明 0～4 这 5 个数和 5～9 这 5 个数出现的概率大致相同。他还考察了 π 的前

1 000位小数，发现0～9中任意两个数所组成的两位数都至少出现过一次。

表4-3　2000亿位π小数值中各数出现的次数

数字	该数字出现的次数	数字	该数字出现的次数
0	20 000 030 841	1	19 999 914 711
2	20 000 136 978	3	20 000 069 393
4	19 999 921 691	5	19 999 917 053
6	19 999 881 515	7	19 999 967 594
8	20 000 291 044	9	19 999 869 180

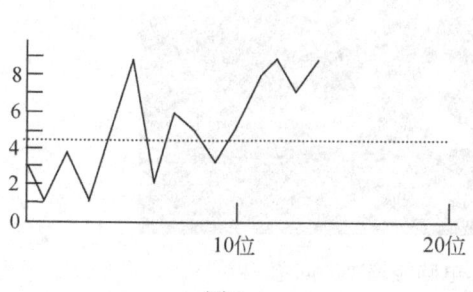

图4-1　　　　　　　　　　　霍夫斯塔特

π是不是简单正态数？这是一个至今尚未解决的难题。要解决它，显然不能仅仅依靠统计，还应在理论上有所突破。当然，我们不应该忘记爱因斯坦那句名言："理论的建立是没有逻辑途径的。"

不过，"严格地说，π/4的小数部分算不上是'乱数'，它是人们基于刻意目的所创造出来的一个'拟乱数'。"美国数学家、《科学美国人》杂志"数学游戏"专栏撰稿人霍夫斯塔特在1979年出版的《哥德尔、埃舍尔、巴赫——一条永恒的金带》一书中更胸有成竹地说："数学中充斥着这种有目的的伪随机案例。从古到今，有很多人都自以为发现了'纯随机事件'，但却不知道它自有一套深邃的规律。"

4.4.3　π是正态数吗

荷兰数学家布劳威尔，为了逻辑上和哲学上的目的，提出了一个困难的问题:"在 π 的十进位展开式中,是否有 1 000 个相继的数字全为 0?"如果 π 是正态数,那么 1 000 个 0 的数字块绝不只出现一次而是无限多次,而且其出现的平均频率为 $1/10^{1000}$。哇!这是一个"超级天文数字"的倒数。回答布劳威尔的问题绝非探囊取物,而回答 π 是不是正态数的问题恐怕会更会"难于上青天"。至今,这些问题仍然是悬案。要解决它们,显然不能只依靠电子计算机。

π:也许不是电脑能解决的问题……

这正如美国数学史家伊夫斯在 1971 年出版的《重访数学界》一书中所说:"这当然不是电脑能解决的问题……目前很多人认为电脑无所不能。这类问题的存在,或许能点醒他们。"不过,数学家们笃信 π,$\sqrt{2}$、欧拉常数 γ、自然对数的底 e 等,都是正态数,还用电子计算机把它们算到小数点后许多位。

这种研究的价值之一在于,正态性能够成为科学计算的伪随机数发生器的基础。虽然这种研究至今仍长路漫漫,但人们相信,π 的研究会揭示出解决正规性问题的新方法。

4.4.4 π 的奇趣数字中有奥秘吗

1993 年移居加拿大西蒙·富拉泽大学的苏格兰数学家彼德·波尔文曾在 1996 年说过:"圆周率自有它的魅力,让人忍不住要多看它几

第 4 章 圆周率的性质——揭开 π 的"庐山真面"

眼。它的数字排列完全不按章法，没有任何规律。从数学的观点看来，这正意味它包含了所有的规律"。

事实果真如此吗？

虽然至今人们还没有解决 π 的正态性方面的问题，但却从计算出的多位 π 值中发现了一些有趣的、甚至可能包含奥秘的现象。例如，从 π 的小数点后第 710 100 位起连续出现 7 个

彼德·波尔文

"3"即 3 333 333，第 3 204 765 位又连续出现 7 个"3"；小数点后的前 1 000 万位中，有 87 处同一数字连续出现 6 次的——例如从第 762 位起，就连续出现 999 999。说起这 762 位起的 6 个 9，还有一个有趣的专门名词——费曼点。美国物理学家、1965 年诺贝尔物理学奖得主费曼曾在一次演讲中说过，他想背 π 的值一直到多个 9 为止，做一个"帅气的结尾"。

费曼

而从 24 658 601 位起，连续出现了 9 个"7"，连续出现 9 个"6"或 9 个"8"的情况也有；但连续出现 9 个相同数字的概率很小。同一数字连续出现 9 次的概率仅为 $1/10^8$。此外，从第 995 998 位起，第一次出现 23 456 789 连升的序列；从第 523 551 502 位起，第一次出现 123 456 789 连升的序列；从第 2 747 956 位起，第一次出现 876 543 210 连降的序列；而从 26 160 634 位起，第一次出现数字排列为 2 109 876 543。

据计算，按 0 到 9 这个升序排列的概率很小，仅为 $1/10^9$，这就至少要查找 10 亿位 π 值——实际首次出现在第 17 387 594 880 位——170 多亿位小数处。而降序 0 987 654 321 则出现在第 42 321 758 803 位——

400多亿位小数处。有人认为，如果要用目光进行扫描，是根本不可能发现的。

π的奇趣数字中有奥秘吗

前6位π值314 159是个素数；有人统计过，在π的前1 000万位数中，该数至少出现过6次。π的前1.335 54亿数位中，π的前7位值3 141 592仅出现过4次；π的前8位数字31 415 926则仅出现过1次。人们还发现，从π的小数点后第52 683位起，出现了14 142 135这个数，而它正好是$\sqrt{2}$的前8位数字。此外，自然对数的底e的前11位数字，则出现在π的45 111 908 393位小数起的位置；而e的前6位数字271 828，在π的前一千万个数字中出现了8次。

像这种π中有素数、π中有π、π中有$\sqrt{2}$、π中有e的趣味现象，也是人们乐此不疲的话题。那么，这其中有奥秘吗？

著名的法国思想家、文学家罗曼·罗兰曾说过一句很有哲理的话："一切都是有序中的无序。"而控制论的创立者和奠基人、美国数学家维纳也"三句话不离本行"："数学的伟大使命是在混沌中发现有序。"其实，如果把"混沌"简单理解为"无序"，那这两句话连起来就更完美：有序中存在无序，无序中蕴涵有序——这对π的数字也适合，人们也乐此不疲地不断发现其中的有序和无序……

4.4.5 等待揭秘的π

法国数学家刘维尔在1844年指出，对无理数β，如果对任意一个自然数n，都存在整数p和q，使不等式$0 < \left| \beta - \dfrac{p}{q} \right| < \dfrac{1}{q^n}$成立，那么，这些$\beta$都是超越的。这类$\beta$型的无理数就称为刘维尔数。

第4章　圆周率的性质——揭开π的"庐山真面"

1953年，德国数学家马赫勒尔证明了π不是刘维尔数，即π不是刘维尔数类型的超越数，而是另一种类型的超越数。

1977年秋，四色定理的证明者之一、出生于柏林、当时在美国伊利诺伊大学的哈肯提出猜想：π的前 n 位数不可能成为完全平方数。他估计这一猜想不成立的概率仅仅是 10^{-9}。但他却不能证明猜想是否成立。那么，真的前 n 位π值构成的自然数不可能是一个完全平方数吗？这等待人们揭秘。

刘维尔

表4-4给出了另一些有趣的数字序列在小数点后出现的位置，其中最后一个数字序列为自然对数的底 e 的前11位数字。这种联系还有吗？如有，有规律吗？

π与e的数字联系还不仅如此。有人在发现π与e十进制小数的第13位9，第17位2，第18位3，第21位6，第34位2……都相同之后猜测，π与e的十进制数字平均每10位会有1次雷同，这一猜测至今没有被证实或被否定。

英国数学家、哲学家罗素说过一句简单而富于哲理的话："不知经过了多少年，人类才发现一对锦鸡与两天同是数字2的例子，此时数学就诞生了。"仿此，我们也说：不知要过多少年，人类才会知道当年神秘的π，原来是这个样子！

日本高中几何课本说：π是"文明的标志"。其实π也是美的标志，正如德国作曲家贝多芬所说："为了更高的美，没有一个规律是不可以打破的。"为了更高的美，我们可以打破任何"戒律清规"，自行其是。一位数学家也说："你可以搞你的一套π和e。"这说明π和e的理论和性质可以是形形色色的。

我们在开掘π这一深深的丰富的数学宝藏之时，不必为别人说你搞"数字游戏"而惴惴不安，因为正如法国大文豪巴尔扎克所说："没有数字，我们整个文明大厦将坍塌成碎片。"

表 4-4 有趣的数字序列

数字序列	该序列出现的位置
01 234 567 891	26 852 899 245
	41 952 536 161
	99 972 955 571
	102 081 851 717
	171 257 652 369
01 234 567 890	53 217 681 704
	148 425 641 592
432 109 876 543	149 589 314 822
543 210 987 654	197 954 994 289
98 765 432 109	123 040 860 473
	133 601 569 485
	150 339 161 883
	183 859 550 237
09 876 543 210	42 321 758 803
	57 402 068 394
	83 358 197 954
10 987 654 321	89 634 825 550
	137 803 268 208
	152 752 201 245
27 182 818 284	45 111 908 393

于是，美国数学家普利斯顿于1992年在《纽约客》杂志上发表的《圆周率的山》中，不无调侃地说："圆周率有规律吗？这个问题和'死后有来生吗？'一样，你死后就知道了。"

我们相信，不必等到"死后"，因为有您。"王侯将相，宁有种乎？"——π 等待着您去揭秘。

第5章 从1位到2000万亿位
——历史上如何算 π

> 计算 π 值，大概是在古代数学的范畴中，唯一仍能让现代数学家苦心钻研的问题。
> ——伦·伯格伦、乔纳森·迈克尔·波尔文、彼德·波尔文

π 值是多少和它是怎么算出来的？这是许多人感兴趣的问题；对此，国内外论著颇丰且高论迭出。但归纳起来主要有 4 种：割圆术、分析法、"沙-波法"、椭圆积分法。本章撷百家之智做管窥蠡测。

5.1 混沌初开之后——人类的第一个 π 值

这里所说的混沌初开后的第一个 π 值，是指 3——也许人文初始之后不久，人类就由原始的测量得到这个近似 π 值了。

3 与 π 真值的绝对误差为 0.141…，相对误差为 4.507…%（本书中的这两种误差都取绝对值）。可能当代人会无情地嘲笑古人的"无能"——"怎么这样大的误差！"其实，这种嘲笑大可不必，因为后人曾不止一次"不如"古人。例如，在 1753 年，法国警卫官卡尤萨斯还认为相对误差达 27.323…% 的 π=4 正确呢！原来，他割了一块圆形草皮，把它剪成方形，从中领悟出"原罪"和"三位一体"——正弦、正方形、圆三者的联系，发现圆面积等于其内接正方形面积，从而得到 π=4。他说，如果有人发现他的错误，他将奖给 30 万法郎。他"说到不如做到"，真的向法院付出 1 万法郎定金。但是，最终掌管奖金的理

事们,却没有让任何人得到这笔奖金。这件事,被英国数学家德摩根写在《谬论集》(又译《矛盾集》)一书中。

考虑到古代科技水平远逊于当代,笃信有"长江后浪推前浪"的客观规律,就不会去嘲笑"死在沙滩上"的"前浪"了。

5.1.1 远古人用 π=3

3 被古代世界许多国家普遍采用。

不少中国古书中谈到"3"这一古率。比如,《九章算术》题:"今有圆田,周三十步,径十步。问田为几何?"又如,南宋数学家秦九韶的《数书九章》中也有 π=3。

基督教经典《圣经》中的《旧约圣经》即《旧约全书》里《列王纪》记载,所罗门王建造宫殿,"又铸了一个铜海"(盛水的圆柱形大容器),"高五肘、径十肘、围三十肘"。这里的"径"、"围"分别指圆的直径和周长;"肘"即"腕尺",一肘约合 0.5 米。显然,《圣经》在这里认为 π=3。这段文字描述的事发生在公元前 950 年前后。这一史实也记载于希伯来人的《两个编年史》中。而希伯来人至少在公元前 500 年时还在用 π=3。

约公元前四千年,在西亚的底格里斯河和幼发拉底河之间新月形的美索不达美亚平原上,居住着以苏美尔人和阿卡德人为主的一些民族。到汉谟拉比统治时期(公元前 1792~前 1750),巴比伦人统一了上述两河流域,人们才习惯地称此地为"巴比伦"——大体相当于今伊拉克。从当地出土的大多数泥版书表明,在不晚于公元前 2500 年时,巴比伦人已取 π=3 了——当时他们用 $S=3R^2$ 算圆面积。

泥版书也称泥板书,是古代的一种文字记录。把楔形文字刻在黏土板上,经过干燥(一说烧结)后呈硬书版。这种书写方式主要流行在西亚和克里特岛上。年代大致在公元前两千年,和公元前 600~前 300 年这两个时期。19 世纪初,考古学家经过系统的发掘,发现了约 50 万块这种大到课本、小到香烟盒大小的泥板书;经鉴定,其中有 300 块上面的内容是纯数学的。一块叫"普林顿322"的泥版书（长、宽、厚各约13厘米、9厘米、2厘米）比较有名，现存于纽约哥伦比亚大学图书馆。约1922年，纽约出版商乔治·普林顿收藏过这块自编号为"322"的泥版书。

 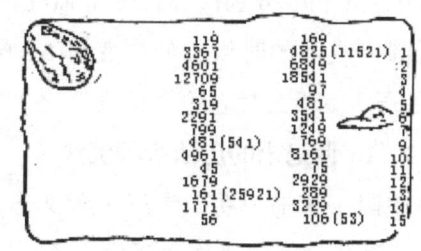

普林顿322号泥版书（左）和已换为现代符号的这块泥版书

古印度人、日本人也使用过 $\pi=3$。

在古希腊，人们用3作为圆周率的值，大约持续到阿基米德之前。

对于3（和22/7）这样的值，出生在西班牙、死于埃及的中世纪著名犹太哲学家拉比·摩西·本·迈蒙在12世纪评论说："我们无法求出这个圆周率，但可以估计出它的近似值。科学家常用约值22/7。既然他们无法求得正确值，就干脆用一个整数3代替，得到'圆周是直径的3倍'这一公式，并把它作为测量的依据。"

3这个π值虽然粗糙，然而在古代低下生产水平的粗略计算中，一般还是可以满足需要的，所以也被使用了许多年。例如，中国直至东汉时期，朝廷还明文规定以圆周率3作计算的标准数值。

5.1.2　不止是远古人用 $\pi=3$

然而，"学者锺古，三其谬矣。"——来自推测、经验或很不准确测量的π值3，显然不能满足更高的要求。不过，不是每个人都能这样正确认识的，以下举出几个实例。

1. 惊雀铃没带来"福祉"

廊檐屋角下的惊雀铃、金盏花编出的花冠、巨石雕成的神像、被沾满泥巴的双脚踩得吱吱作响的大理石砖……在印度,这样的场景随处可见。人们对神佛充满了敬意,希望得到上天垂青、降临福祉……

然而,"福祉"是不会自动"降临"的,印度数学家马哈维拉给出椭圆周长 $L=2(2a+b)$ 和面积 $S=b(2a+b)$ 这两个粗糙的近似公式。在公式中,a 和 b 分别代表长短半轴的长。我们看到,即使让其中 $a=b$,即椭圆变成圆的时候,公式变为 $L=6a$ 和 $S=3a^2$,也只相当于 π = 3;如果 $a \neq b$,那么对应的"π值"比3的误差还要大。

2. 13世纪末的历法折戟沉沙

中国《宋书·卷二十三·天文志》中,有"文帝元嘉十三年,诏太史令钱乐之……又作小浑仪,径二尺二寸,周六尺六寸"的记载。元嘉(424~453)是南朝宋的一个年号,钱乐之是当时的一位律历学家。此外,在《隋书·卷十九·天文志》中,也有"前赵孔挺,造浑天仪,双规内径八尺,周二丈四尺"的记载。赵孔挺是南北朝时期(420~589)的科学家。从这两处记载可见,π = 3 一直用到南朝宋和隋代即约5~7世纪!

元代数学家、文学家王恂受命和郭守敬、杨恭懿等编制《授时历》。但是,在他们用北宋科学家和政治家沈括的"会圆术"计算的时候,却仍然用 π = 3,因而导致较大的误差,并最终使这个历法在使用不久之后就宣告失败。当然,"会元术"的误差也是《授时历》折戟沉沙的原因之一。而这一事件发生在13世纪末!

3. 中世纪和以后西方的3

不过,并不是每个13世纪以后的人都能正确理解 π = 3 的误差。墨守《圣经》词句的人把3看成是"上帝""圣定"的,所以有人说:在近代,有一个国家的议会企图把3法定为圆周率。联系到11.3节说的故事,我们有理由猜测,这里的3,是11.3节中"3.2"这个"π值"的误写;而"一个国家的议会",则是"美国印第安纳州议会"。

直到18世纪,不少人还认为 π = 3。例如,法国学者奥利维尔·德·赛勒斯就说:"在某圆内作一个正三角形,再以三角形的边长为边长,作一个正方形。他将圆和正方形放在天平的两端,发现它们的质量相等,因此它们的面积也相等。由这项实验的结果,可以算得 π = 3。"这件趣事,德国数学家赫尔曼·恰哈尔·汉尼拔·舒伯特在1898年出版的《数学随笔与游戏》一书中有记载。

舒伯特

到了19世纪也是如此:一位叫马拉卡尔内的意大利人,于1825年在巴黎出版了一本研究化圆为方的书《几何解法》,也用到 π = 3。此外,在1862年,美国人劳伦斯·斯卢特尔·本森企图证明正方形周长与等面积圆的直径之比是 $\sqrt{12}$。由此可以算出他的 π = 3。但他同时又相信大家公认的 π ≈ 3.141 592…。他的"三角恋",使人哭笑不得。

不但如此,还有人写诗"赞美" π = 3。例如,哈维·卡特就曾写了这样的"五行诗":这是我最喜欢的工作/替圆周率找个新的值/就用3好了/和3.141 59相比/它不是简单多了?这首诗,记载于美国作家、诗人威廉·斯图尔特·巴宁-古德的《有趣的五行诗》一书中。

5.1.3 无知或偏见闹笑话

1. "郭守敬之前只知道 π = 3"

1833年,英国人纳林在伦敦出版的天文学方面的书《配图例说天文学简史》说:"在这个古老的民族中,纯粹科学一直处于低劣状态。传教士们发现,在13世纪郭守敬称雄之前,他们认为圆径与圆周之比正好是1比3……直到他们受到欧洲人的指导之前,没有前进一步……"但事实是,正如英国生化学家和科学史家李约瑟所说,纳林"把郭守敬提到无可复加的地位",但却对刘歆、张衡、刘徽、王蕃、皮延宗、祖冲之等中国人的工作一无所知。

类似,苏格兰地理学家默里在1836年出版的《中国》一书中也说,在郭守敬之前,中国人并不知道比3更好的圆周率近似值。而法国汉学家毕瓯则在1839年12月的《博学者杂志》上，误说中国金、元时期的数学家李冶在解《益古演段》第一题时，用圆周率22/7入算。

当然，这也并不全是纳林等的错。因为纳林是在看见到1723年4月到达北京的法国著名耶稣会传教士、汉学家宋君荣于1729年在巴黎出版的一本书名很长的数学书上的记载之后，才这样说的。其后，又一位法国的东方学家塞迪洛，也把这类说法写进他于1845年9月在巴黎出版的一部两卷本数学书中。以上广为流传的荒唐的说法，成了19世纪英国著名哲学权威和数学家休厄尔所写《逻辑学史》的依据。而意大利数学史家洛利亚受塞迪洛的影响，则在1920年发表的论文《中国人对数学的贡献》中，质疑祖冲之工作的独创性。洛利亚还在他于1929年出版的《从文明之源到19世纪的数学史》一书中，戴着有色眼镜把关于中国数学的那一章取名为《中国之谜》，再次表达这种质疑。

看来，"郭守敬之前只知道 π=3"这类说法，似乎成了西方学者贬低中国科技成就的"撒手锏"。

2. 不凡的郭守敬

郭守敬

纳林提到并推崇的郭守敬是元代数学、天文学家，被称为"中国的第谷"。1276年，元世祖忽必烈接受了他和王恂共同的老师刘秉忠的倡导，主张改革历法、建立新天文台，郭守敬和王恂受命担当此任。他们在北至西伯利亚、南至西沙群岛设立了27个观测站，进行大规模的"四海测量"。他算出一年的时间仅差26秒（相对误差仅$8/10^5$）。他设计制造了包括"简仪"在内的近20种先进天文仪器。他主编的《授时历》一书在1280年完成，并在次年正式颁行。他创立了推算"赤道积度"、"赤道内外度"的新方法，从而实现了黄道坐标到赤道坐标的换算。这一成就解决了中国历代天文学家未能解决的问题。而且从数学角度看，这等于开辟了通往球面三角法的途径。

第5章 从1位到2000万亿位——历史上如何算 π

郭守敬的这些成就，被包括李约瑟在内的许多中外学者推崇，国际月面地名命名委员会也把月球背面西经134°、北纬8°的一座环形山命名为"郭守敬山"。

3. "中国人伪造祖冲之的成就"

对祖冲之得到的密率，来华的比利时耶稣会教士赫师慎，也在发表于1926年的《阮元的〈畴人传〉》一文中毫无根据地说："难道就没有可能，一些抄写者受爱国之心驱使，在这早期著作的后来版本中插入这样的说法？"他还进而断言："应该修改三上义夫的名著《中国算学之特色》中得到的结论。"于是，他成为第一个说祖冲之算 π 成就是假的，是明末西洋数学传进中国之后伪造的，并明确否定三上义夫结论的人。

另有一类西方人，则用傲慢和偏见看待中国数学。例如，曾任英国在华商务监督、香港总督的约翰·弗朗西斯·戴维斯，和美国汉学家、传教士出身的外交官塞缪尔·韦尔斯·威廉，在各自介绍中国数学的著作中，一点也没有提到刘徽和祖冲之计算圆周率的重大成果。

4. 无知与偏见难掩太阳的光芒

不过，即使在西方，上述谬误或歪曲也不可能永久流传。

"默里关于中国的圆周率知识的结论，是毫无根据的臆测。"1847年来华的英国传道会基督教传教士、著名汉学家伟烈亚力，于1852年在上海的英文周报《北华捷报》（《字林西报》前身）上发表了著名的论文《中国科学札记：数学》，对默里这样评论。论文还提到了祖冲之的22/7 和刘徽的 157/50——这是西方学者第一次提到这两个值。

伟烈亚力

赫师慎发表《阮元的〈畴人传〉》之后两年，三上义夫就在发表该文的同一刊物上撰文，驳斥了赫师慎的谬论："祖冲之率 355/113 载于《隋书》……东京 Seikado 图书馆藏有它的1530年左右修订的元刻本。在这个版本中，祖冲之率的那段话赫然在目……"而中国现存的《百衲本二十四史》的《隋书》是影印元大德丙午（1306）年的刻本，那时西方人根本不知道这样精确的圆周率。宋朝的两位数学家李籍、王应麟各自著的《九章算术音义》和《玉海》44卷，也引用了祖冲之的圆周率，文字都和《隋书》一样，这些都在明末之前好几百年，可见赫师慎之说纯属无稽之谈。更早，北周武帝（543—578）保定元年（561年）玉斗，也以3.141 592 6入算。

坦普尔和他著的书的中译本封面

斯特洛伊克

此外，法国汉学家马伯乐于20世纪三四十年代，汉名富善（一说善富）或富路德的美国哥伦比亚大学汉学家古德里奇于1948年，都在各自论著中肯定了刘徽和祖冲之关于圆周率工作的首创性。

接着，从1954年开始，李约瑟在剑桥大学出版社开始出版7卷本《中国科学技术史》英文版的第一册。这套书以较准确的史实，揭示上述一些西方学者的谬误。这样做的还有美国记者罗伯特·坦普尔。李约瑟称赞他的《中国：发明与发现的国度——中国科学技术史精华》一书对《中国科学技术史》进行了"精彩的提炼"。这本指出了祖冲之等算π成就的书，有中译本在1995年由21世纪出版社出版。

李约瑟的著作引发了西方学者对中国古代数学的浓厚兴趣。20世纪六七十年代，出生在荷兰鹿特丹的"百岁寿星"——美国数学史家斯特洛伊克、伊夫斯、斯韦茨等，也都在各自的论著中客观评价了刘徽和祖冲之关于圆周率的工作。

5. 值得深思的《缀术》失传

祖冲之父子博大精深的巨著《缀术》，被唐初列为"十部算经"之一,在各算术教科书中学习时间最长(4年),在朝鲜和日本等国也作过课文。但它竟在流传几百年后大约在11世纪失传了!

《缀术》失传不但造成了祖冲之算 π 的具体方法无从知晓,也使其他内容被埋没,这是数学界的重大损失。但同时也引出一个问题:为什么比它更早的文献——例如欧几里得的《几何原本》,却能流传至今呢?这耐人寻味——擦亮这面历史之镜,会照亮未来。

失传的原因之一是《缀术》艰涩难懂——这种情形在数学史上并不罕见。例如,法国数学家德扎格在1639年只印了50本的《圆锥曲线论稿》一书,是研究射影几何学的开山之作,但因异常艰涩难读,不久全部佚失,让这门学科放慢发展步伐100多年。这样,才有法国数学家蒙日和他的学生庞斯列等,在19世纪初及其后射影几何学的"复兴"或"再生"。不过,《圆锥曲线论稿》比《缀术》幸运:1845年,法国数学史家沙勒偶然发现了德扎格的学生拉希尔有《圆锥曲线论稿》的手抄本,就把它发表在1864年出版的德扎格著作集中;更幸运的是,约1950年,法国建筑史家莫伊西在巴黎国立图书馆发现了它的原版。由此可见,要让成果广泛流传,不但要有价值高的"内容",而且要有包括通俗、优美语言在内的良好的"形式"——这对书籍、文章的作者同样适用。在这方面也有成功的先例:牛顿的《光学》一书充满韵味,甚至使诗人也爱不释手。

此外,祖冲之的成就领先其他人近千年,后人又没有《缀术》原件,于是一些西方学者产生的误解或偏见就广为流传,可见保护历史文献极其重要。

5.2 从阿基米德到格林贝格——古典法算 π 及数值

人类最早算 π 的科学方法是古典法——形形色色的"割圆术"。

所谓割圆术,就是先作出圆的边数较少的内接正多边形或外切正多边形(有时两者都作),通过计算其边长进而求出周长或面积(有时两者都求），再将正多边形的边数增加一倍，重复上述计算；再增加，再计算……这样，当边数无限增加时，算出的这些正多边形的周长（或面积）就接近圆周长（或面积）了；由此就可根据圆周长（或面积）公式求得 π 值。

5.2.1 并非轻而易举

1. 测量得不到精确 π 值

也许有人会认为，得到准确 π 值易如反掌——只要按某种公式或方法多花点时间和精力计算就行了。当代人的这个看法在原则上并没有错，一些人也的确是这样干的。但问题是，古人们并不一定找到了正确的公式或方法；而且用速度远逊于当今电子计算机的人工计算，有限的时间和精力使他们力不从心，无法在算 π 的道路上高歌猛进。因此，得到多位精确 π 值对他们来说，依然是镜花水月。

也许还有人会认为，得到准确 π 值是很简单的测量问题：用尺子量一个圆的直径和周长，再把两者相比就行了；要得到更准确的 π 值么，那将圆画大点，尺子的精度高点就行了。但是，你千万不要以为这是"锦囊妙计"。

假定有一个直径为 100 毫米的圆，周长应约 314 毫米。如果用一条有刻度的细线来量的话，可能就不一定得到这个值：量出 1 毫米的误差是很普通的，那时算出的 π 值将不会优于 3.13~3.15；加之直径也可能发生 1 毫米的误差，这时得到的 π 值将不会优于 313/101 ≈ 3.09 和 315/99 ≈ 3.18。显然，用此法求到的 π 值将不一定是 3.14，可能是 3.10~3.18 间的某一个值——碰巧也会得到 3.14，但这个值在计算者的眼里丝毫不比 3.10~3.18 间的其他值更"美丽动人"。

使用类似的实验方法，无论如何也得不到比较实用、准确的 π 值。加大圆和用更准确的尺子也无济于事，因为这时也必将发生各种误差。由此我们更加清楚，为什么古人长期对 π 更准确的值是多少，始终是一团雾水。事实上，我们已经在 2.4.2 小节中看到谈泰的测量对上述观点的力证。

2. 现代人也会误解

1997年，美国出版的《神奇的π》一书说："拿支精度为0.1毫米的金属尺，就能测量出圆周率是3.1415+。"这种说法正确吗？

首先，用精度为0.1毫米的金属尺量出圆的直径和周长，要想得到0.1毫米或0.1毫米以内的误差值非常困难——甚至不可能。其主要原因在于圆周是曲线，而金属尺的刻度处是直的，两者并不"吻合"——我们无法像游标卡尺或千分尺那样"卡住物体"来精确测量；而不在于金属尺的精度——即使精度达到0.1微米也无济于事。

其次，即使我们的测量误差只有0.1毫米，用前面测直径为100毫米的圆的计算方法，得到的π值仅仅在3.138和3.146之间，而不能一定得到3.1415+。这里，$3.138 \approx 314.1/100.1$，$3.146 \approx 314.3/99.9$。

由此可见，有的现代外国学者依然误以为测量法可以得到足够准确的π值，并不仅仅是古代中国人谈泰。

看来，美国数学家爱德华·卡斯纳和匈牙利-美国数学家詹姆斯·罗伊·纽曼在1940年出版的《数学和想象力》一书中的说法有趣而正确："希腊哲学家发现2的平方根是无理数时，他们高兴地宰了100只公牛庆祝。如果他们发现π是超越数的话，一定会为这个更伟大的发现宰杀更多公牛。数学家再次证明常识是错的。"

5.2.2 阿基米德割圆——$223/71 < \pi < 22/7$ 及 $\pi \approx 3.14$，22/7

"最好的方法是把直径乘以22/7，这是最迅速最简单的方法。"大约在825年，阿拉伯杰出的数学家、天文学家花拉子米在名著《代数学》一书中说，"只有上帝才知道比它更好的方法了。"由此可见，距今一千多年前的花拉子米对22/7是多么推崇！那么，这22/7是什么人得到的呢？这个人就是古希腊数学家、物理学家阿基米德。

阿基米德是割圆术的开山鼻祖，我们的叙述自然从他开始。

1. 阿基米德科学割圆

1）科学割圆的数学思想

阿基米德科学割圆的数学思想是：圆周长介于这个圆的内接多边形和外切多边形之间，当这些多边形的边数增多时，圆周长和它们的周长相差越小；因此，通过计算这些多边形的周长来接近圆周长——只要多边形的边数增多到某种程度，就能得到符合精确度的圆周长进而得到一定精度的 π 值。

这里要说明的第一点是，上面说的圆的内接多边形和外切多边形，可以是一般多边形，可以是正多边形，但实际上都用正多边形，因为这样可以简化计算。要说明的第二点是，上述数学思想隐含着一个数学定理：外围更大的凸多边形（包括凸曲线形）的周长更大。

2）如何科学割圆

阿基米德求得 223/71 < π < 22/7 和 3.14，22/7，载于他的名著《圆的度量》——一篇只包括三个命题的论文中。阿基米德求 π 时进行了一系列复杂的计算，使用了不等式 $\frac{265}{153} < \sqrt{3} < \frac{1351}{780}$。他没有说明来源，后人只好作出种种推测，很多数学史家认为他是用不等式 $a \pm \frac{b}{2a \pm 1} < \sqrt{a^2 \pm b} < a \pm \frac{b}{2a}$ 推出来的。他求 π 的过程大致如下。

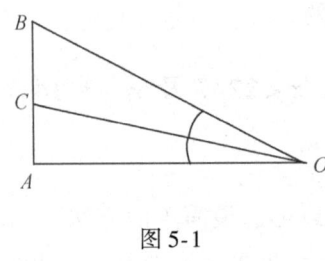

图 5-1

如图 5-1 所示，O 为圆心，AB 为 $\odot O$ 的外切正 6 边形一边的一半，OA 为半径，$\angle AOB = 30°$，OC 是 $\angle AOB$ 的角平分线。显然，此时有 $\frac{OB}{AB} = 2$，$\frac{OA}{AB} = \sqrt{3} > \frac{265}{153}$。把这两个式子相加，就得到 $\frac{OA + AB}{AB} > \frac{571}{153}$。又 $\frac{OB}{OA} = \frac{CB}{AC}$，$\frac{OA + OB}{OA} = \frac{AC + CB}{AC} = \frac{AB}{AC}$ 或 $\frac{OA + OB}{AB} = \frac{OA}{AC}$。这个式子与前面的 $\frac{OA + AB}{AB} > \frac{571}{153}$ 比较，就得到 $\frac{OA}{AC} > \frac{571}{153}$。

第5章 从1位到2000万亿位——历史上如何算 π

从这个不等式出发，立刻可以推出圆外切正6边形、正12边形的周长与直径之比的上界。同样，计算圆内接正多边形的边长，可以确定比值的下界。利用比例关系和勾股定理重复上述过程，一直算到96边形，最后就得到

$$\frac{223}{71} < \frac{6336}{2017\frac{1}{4}} < \frac{\text{内接正96边形周长}}{\text{直径}} < \pi$$

$$< \frac{\text{外切正96边形周长}}{\text{直径}} < \frac{14688}{4673\frac{1}{2}} < \frac{22}{7}。$$

由此可得出 $223/71 < \pi < 22/7$。实用上取较简单的 $22/7$，而不取 $223/71$。

3）由科学割圆得到的几个结论

①阿基米德科学而准确地首次确定 $223/71 < \pi < 22/7$。②取 π 两位实用值为 3.14 或 22/7。③理论上指出了一种可以求得任意准确度的 π 值的方法——割圆术即"古典方法"。④第一次在科学中提出误差估计及其精确度和如何确定的问题，即用上下界确定近似值；这与其后祖冲之用盈朒二限确定 π 值的范围，有异曲同工之妙。

这样，阿基米德就在这里树立了一块伟大的数学丰碑。于是，来者对阿基米德是如何科学割圆的研究，就没有停止过——从1654年荷兰科学家惠更斯在莱顿发表的论文《圆大小的发现》，到德国数学史家海因里希·德里于1932年出版的书《100个著名初等数学问题——历史和解》。

此外，由割圆术中出现的圆内接正多边形周长 p 和面积 a，圆外切正多边形周长 P 和面积 A，它们的边数 n，可以建立一组有趣、优美、妙不可言的"平均"等式：调和平均 $\frac{2}{A_{2n}} = \frac{1}{A_n} + \frac{1}{a_{2n}}$ 与 $\frac{2}{P_{2n}} = \frac{1}{P_n} + \frac{1}{p_n}$，几何平均 $p_{2n} = \sqrt{p_n \times P_{2n}}$ 与 $a_{2n} = \sqrt{a_n \times A_n}$。

证明这4个式子并不复杂且限于篇幅，它们的证明留给有兴趣的

读者。

4）安提丰和布里森的启示

阿基米德是从什么地方得到启示，从而采用割圆术求 π 的呢？这是一个谜。在他之前，古希腊数学家安提丰和布里森，在研究"化圆为方"的问题时，曾分别采用圆的边数不断增加的内接和外切正多边形面积接近圆面积的方法。阿基米德很可能从中受到启发。

2.《圆的度量》中的"圆方率"

在阿基米德的《圆的度量》中，还记有他研究圆的另外两项成果：①证明了圆的面积为 πR^2；②圆面积与其外切正方形面积之比"圆方率"约为 11∶14。这两项也是很了不起的成就。下面仅对 11∶14 加以分析。

《圆的度量》第 1 页

第一，11∶14 是如何得来的？设想他取 π ≈ 22/7，于是 π∶4 ≈ (22/7)∶4 ≈ 11∶14，其中 π 为单位圆面积，4 为它的外切正方形面积。由此就得到 11∶14。

第二，11∶14 与更准确的比值（3.141 593∶4）的相对误差，仅约 0.040 23%。由此可见，用 11 和 14 这两个"简单"的整数，就如此准确地勾勒出圆方率，这是很巧妙的。

第三，由最佳逼近理论（见 7.5 节）可以断定，在两位数中，再也找不到比 14 更小的两个整数之比，能更准确地接近圆方率真值了。虽然多如牛毛的、比 14 更大的两个整数的比（如 355∶452），都比 11∶14 更接近圆方率真值，但这些整数都比 14 大得多。事实上，由最佳逼近理论可知，比 22/7 更接近 π 的由尽可能小的整数构成的数是 179/57（见 7.5 节）。此时的圆方率为 179∶228，与圆方率真值的相对误差约 0.039 53%，和上述 0.040 23% 差不多；而这 179 和 228 分别比 11 和 14 大得多。由此可以看出 11∶14 的优越性：比它"大十多倍"的 179∶228 与圆方率真值的相对误差，竟和它相差无几。

第四，公元 97 年，意大利罗马建筑师弗朗丢斯也用 22/7 作为 π 值。他在研究了输水管道的截面积之后说："正方形管道比与它相切的圆形管道的截面积大 3/11，或者说圆管道截面积比方管道小 3/14。"这里的 11 和 14，正是阿基米德的值。由此可见，时隔 300 多年的两次计算是如此之吻合，我们不得不赞叹这"英雄所算略同"和科学的"殊途同归"。

3. 阿基米德成果的"余波尾浪"

古希腊数学家阿波罗尼奥斯在求圆面积的书《快速算出法》中，用较好的方法改进了阿基米德的 π 值。

此外，阿基米德"π≈22/7 巨浪"的余波持续了一千多年。希腊数学家海伦在约公元前 1 世纪、祖冲之在 5 世纪中叶、婆罗摩笈多在 628 年、花拉子米在约 825 年、迈蒙在 12 世纪、意大利罗马数学家坎帕纳斯在 1250~1260 年间将欧几里得的《几何原本》译成拉丁文并作补充和注释的时候，也都独立发现或采用过 22/7。德国萨克斯索尼的主教阿尔伯特在《圆的求积》一书中也写道：圆周和直径的比正好是 22/7。1475 年，意大利画家弗兰切斯卡出版了《论五种标准人体》一书，其中也提到 π≈22/7。1503 年，意大利（？）数学家特拉贡伊斯姆斯出版了一本名为《圆求方》的书，这本书中也使用 π≈22/7。此外，秦九韶在他的名著《数书九章》中引用的三个 π 值中也有 22/7（另外两个是 3 和 $\sqrt{10}$）。直到 1876 年第 15 期著名的英国《自然》杂志上，英国人埃里克·卡里克还在《洞察圆面积的秘密》一文中，给出 22/7。

最后，在 1663 年，日本人村松茂清在《算术》一书中，说明用圆内接多边形求近似圆周长的方法，这虽不足为奇，但在日本却是一个创举。他虽然算出了 π 的 7 位小数（一说 11 位：3.141 952 648 77），但不知是否正确，因此只公布了 3.14（一说 3.141 6）。日本数学家萨多色各在他于 1666 年出版的一本书（日本第一部介绍中国古代解高次方程的方法等的数学著作）中，也用 3.14 作 π 值。1683 年，日本数学家奥田有益的《新编算数记》一书中，也用到 3.14。而此前 1674 年他的同胞古郡之政则用 22/7 和 157/50 的形式使用了 3.14。

5.2.3 "数学之神"——阿基米德

阿基米德

1842 年，德国历史学家、数学史家内塞尔曼首先在《希腊代数学》一书中，把代数学符号化的历史过程划分为三个阶段：起于约 250 年希腊数学家丢番图时代的"文词代数"，完全不用符号；约 15 世纪的"简写代数"，采用缩写；约 16 世纪的"符号代数"，大多用符号。阿基米德在丢番图之前四五百年，当时计数方法十分落后，根本没有阿拉伯数字和其他现在的数学符号，只能用"文字"表示"数学"。因此，美国数学史家伊夫斯说："我们不得不承认阿基米德是一个非常能干的计算者。"

在古希腊文明璀璨的满天繁星中，有一颗最耀眼的科学巨星——阿基米德。他的狂热崇拜者、罗马时代意大利的博物学家大普林尼在《自然史》一书中，称他为"数学之神"。

美国著名数学史家埃里克·坦普尔·贝尔在《数学人物》一书中称："任何一张开列有史以来三个最伟大的数学家的名单中，必定包括阿基米德，而另外两位通常是牛顿和高斯。不过，以他们的宏伟业绩和所处的时代背景来比较，或拿他们影响当代和后世的深邃久远来比较，还应首推阿基米德。"

德国数学家莱布尼茨也不吝溢美之词："了解阿基米德和阿波罗尼奥斯的人，对后代杰出人物的成就，就不再那么钦佩了。"

第5章 从1位到2000万亿位——历史上如何算π

阿基米德的一切都是人们津津乐道、永不枯竭的话题之源——例如那个受洗澡水溢出的启发,光着身体在大街上边跑边喊"知道了",最终发现浮力定律的故事。

阿基米德得意地发现,圆柱内切球的体积和表面积都分别是这圆柱的2/3,于是这个球柱相切的图形,按照他的遗嘱被刻在他的墓碑上。

阿基米德:洗澡水溢出启发浮力定律

大约100年后的公元前75年,罗马著名的政治家、作家西塞罗,在西西里担任财务官去叙拉古收税的时候,去凭吊了这位伟人之墓。但没有人告诉他墓地在哪里——叙拉古人深知,正是罗马将军马塞拉斯带领的军队攻占叙拉古城后,他的部下将阿基米德杀害的。西塞罗只好亲率仆从用镰刀劈开杂草丛生的小径寻找,终于发现高出杂树不多的小圆柱形的墓碑,上面刻着那个图形。西塞罗还将这位他钦佩的"敌人"的墓地修整一新。但年长日久,几个世纪之后,随着城市的发展,这个古迹似乎永远消失了。然而,在历经约两千年沧桑之后的1965年,奇迹再现——人们终于在修建叙拉古的一座饭店用铲土机挖地基时,碰到了这块墓碑……

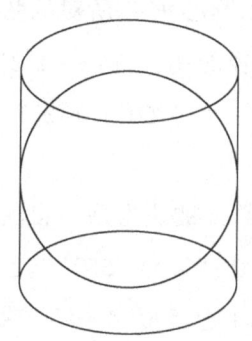

阿氏墓碑:球柱相切图

往事如烟,叙拉古人终于如愿以偿地为这位空前绝后的伟人重建了茔墓。现在还有一个人工凿砌成的石窟,宽约10米,内壁长满了青苔,被说成是阿基米德之墓,但却没有任何能证明其真实性的标志了……

假定阿基米德真能再生,他会发现正如法国数学家柯西所说:"人虽逝去,业绩永存。"斗转星移,世事沧桑,阿基米德的"追星族"狂热依旧,这对科学来说,则是被证明了的普遍真理和幸运的大事。

5.2.4 编制弦表也得 π——托勒密的 3.141$\dot{6}$

纪念托勒密的邮票

今属埃及的古希腊亚历山大里亚,是当时世界的科学、文化中心,希腊科学家托勒密就长期求学且居住在这里。大约 150 年,他写了一本 13 卷的《数学汇编》。这本书中有一个弦表——正弦函数表的雏形。他以圆半径的 1/60 作为 1 个长度单位,把每 1 个单位(记作 1^P)又分为 60 分,把 1 分(记作 $1'$)又分为 60 秒(1 秒记作 $1''$)。由此,他算出圆心角 1°所对的弦长是 $1^P2'50''$,于是圆内接正 360 边形的周长与直径的比,就是($1^P2'50'' \times 360$):120^P,即 π ≈ 3.8′30″ ≈ 3 +(8/60)+($30/60^2$)≈ 377/120。这就得到 π ≈ 3.141$\dot{6}$。

托勒密的这个 π 值,比 3.14 几乎多了两位小数,被认为是"自阿基米德以来的巨大进步"。不过,有人说他的 π 值是"3.141 552",也有人说他的 π 值是"211 872 /67 441 ≈ 3.141 590 4…"或"195 882/62 351 ≈ 3.141 601 5…";但都没有说明来源。

此外,前述印度的婆什迦罗,在大约 1150 年也给出 π ≈ 754/240 = 3.141$\dot{6}$。

5.2.5 刘徽改进割圆术——3.14 或 3.141 6

三国时代的魏晋数学家刘徽,被一位中国当代学者列为"中国第一代知名数学家"。他发明了一种不同于阿基米德割圆的割圆术——徽术。这载于他在 263 年开始注释的所示的《九章算术·注》(图 5-2)中。但他是如何具体算得 π 值 3.14 或 3.141 6(=3927/1250)的,却各有不尽相同的说法。为了叙述方便,我们用 R(=1),A 分别代表圆的半径和面积，a，p，S 分别代表圆内接正多边形的边长、周长、面积；T 代表圆外接正多边形的面积，n 代表这些正多边形的边数。

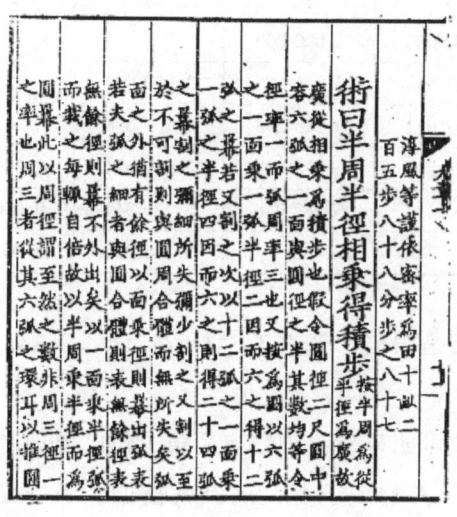

图 5-2

1. 刘徽割圆得到 3.14 的三种说法和得到 3.141 6 的两种方法

1）得到 3.14 的三种说法

第一种说法。说刘徽的算法分为三个步骤。

（1）先算得圆内接正 6 边形的边长为 1，再由他用勾股定理证明的倍边公式 $a_{2n} = \sqrt{2R^2 - R\sqrt{4R^2 - a_n^2}}$，求得圆内接正 12，24，…，直到 96 边形的边长 a_{96}。

（2）由 $S_{2n} = nRa_n/2$ 求得 S_{96} 和 S_{192} 的值。

（3）由"刘徽不等式"确定 π 的范围，进而求得 π 值 3.14。这里所说的刘徽不等式，指 $S_{2n} < \pi < S_{2n} + (S_{2n} - S_n)$，也写作 $S_{2n} < \pi < S_{2n} + \Delta S$——可由刘徽原文译成的现代公式 $S_n < \pi < S_{2n} + 2(S_{2n+1} - S_{2n})$ 推得。

将他得到的一系列数值列成表 5-1，从最后一行可以看出 $3.141\ 024 < \pi < 3.142\ 704$。

表 5-1

圆内接正多边形边数 n	每边的长 a_n	周长 p_n	面积 S_{2n}	面积差 $S_{2n}-S_n$	$S_{2n}+(S_{2n}-S_n)$
6	1.000 000	6.000 000			
12	0.517 638	6.211 656	3.000 000		
24	0.261 052	6.265 248	3.105 828	0.105 828	3.211 656
48	0.130 806	6.278 688	3.132 624	0.026 796	3.159 420
96	0.065 438	6.282 048	3.139 344	0.006 720	3.146 064
192			3.141 024	0.001 680	3.142 704

那么，刘徽又是根据什么由 3.141 024 < π < 3.142 704 来确定 3.14 的呢？

原来，由此式可明显看出小数点后第三位已出现差异，因而是不可靠的，可靠的只有 3.14。于是，刘徽就按四舍五入法取不足近似值，得到 3.14。他又由 $S_{2n} < π < S_{2n} + (S_{2n} - S_n)$ 和上述不等式判定"此率尚微少"，即 3.14 是不足近似值。

第二种说法是，刘徽用割圆术求出半径为 10 寸的圆内接正 192 边形面积 314 平方寸之后，代入准确的圆面积公式 $A = πR^2$，就得到 π ≈ 3.14。

刘徽

但是，中国数学史家郭书春对上述两种说法持有异议。他认为，刘徽首先用无穷小分割法和极限思想，证明了《九章》中圆内接正 n 边形的面积公式即圆面积公式 $S_n = A = p_n R/2$——"半周半径相乘得积步"，是割圆术的主旨。再用同样的割圆程序求出半径为 10 寸的圆的内接正 192 边形面积 314 平方寸之后，代入上述公式得到近似圆周长 $p_n = 62.8$ 寸，最后再与直径 20 寸相比，就得到近似的 π 值 3.14。他还指出上述第二种说法的失误在于，刘徽在求 π 时还没有证明准确圆面积公式 $A = πR^2$，因而不可能用它求π。这是第三种说法。

2）得到3.1416的两种方法

第一种说法是，来自刘徽的割圆术——算到圆内接正3072边形的面积求得。

第二种说法是，来自对刘徽一段话的推测得来的两种解释。刘徽说："差幂六百二十五分寸之一百五，以十二觚之幂为率，消息。当取此分寸之三十六，以增于一百九十二觚之幂，以为圆幂三百一十四寸，二十五分寸之四。"其中"觚"、"幂"分别相当于现在的"边"、"面积"。

第二种说法的第一种解释是，这段话说圆面积是 314 + 4/25 = 314.16，由此得到 π≈314.16/100 = 3.1416，这里的100是半径10的平方。

第二种说法的第二种解释是由于刘徽在求157/50的时候，已经算出半径为10寸、面积为 S 的圆内接正192边形的面积 S_{192} = 314 + (4/625)平方寸，$S_{192} - S_{96}$ = 105/625 平方寸，S_{12} = 300 平方寸、S_6 = 150$\sqrt{3}$ 平方寸 = 259.8 平方寸，并估计 S 与 S_{192} 大致相等，即 S = 314.1 平方寸，因而得到 $(S - S_{12}) : (S_{12} - S_6)$ = (314.1 - 300) : (300 - 259.8) = 0.3507。

又设 $(S - S_{192}) : (S_{192} - S_{96})$ = $(S - S_{12}) : (S_{12} - S_6)$，这就有 $S = S_{192} + (S_{192} - S_{96})(S - S_{12}) : (S_{12} - S_6)$。将前面各数据代入这个式子，就算得 π≈3927/1250。这就不但注释了刘徽的"以十二觚之幂为率，消息"一语，而且知道了他算得3927/1250的方法——"以十二瓤之幂为率"。

但是，这个假设得到的结果是否可靠，刘徽觉得大有问题。因此他不嫌烦琐，再仔细推算到圆内接正1536与3027边形的面积，这时他应该得到 S_{1536} = 314.1584 平方寸，和 S_{3072} = 314.1591 平方寸；因而得出 3.141591 < π < 3.14598，准确到小数点后4位就得到 π≈3.1416 = 3927/1520。所以他说"得三千七十二觚幂而裁其微分，数亦然，重其验耳"。

然而，这种说法也值得商榷。首先，上述解释中的 S 一会儿是 314.1 平方寸，一会儿又是 314+4/25 即 314.16 平方寸，相互矛盾。其次，假设 S 为 314.1 平方寸不合理，因为显然 S 应比 S_{192} 大，而上面的数据是 $S<S_{192}$。再次，设 $(S-S_{192}):(S_{192}-S_{96})=(S-S_{12}):(S_{12}-S_6)$，显然会有很大的误差。由互相矛盾的参数，不合理的假设和误差很大的算式要想得到准确到小数点后 4 位的 π 值，是不可想象的。如果得到了，那真是巧合。

2. 刘徽与阿基米德工作的简要比较

有人从阿基米德的方法去想象刘徽的方法，觉得阿基米德用圆内接和外切正多边形的边长两面夹的方法，比刘徽只用圆内接正多边形面积的方法好些。但实际情况并不是这样。刘徽虽然只算 S_n 和 S_{2n} 而不算 T_n 和 T_{2n}，但他不是简单地从一面去接近圆，而是如下所述，用一面接近圆起到两面夹的效果。

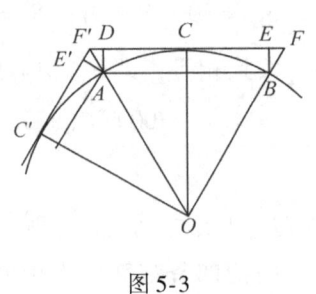

图 5-3

图 5-3 中的 AB 为 a_n，C 为弧 AB 的中点，则弦 AC，BC（没有画出）分别为 a_{2n}。因此，$S_{2n}-S_n=nS_{\triangle ACB}$。矩形 $ABED$ 的 DE 边与弧 AB 相切于 C，则 $\triangle ADC$ 与 $\triangle BEC$ 面积之和等于 $\triangle ACB$ 的面积。于是有 $S_{2n}-S_n=nS_{\triangle ADC+\triangle BEC}$。又因为五边形 $OADEB$ 盖住了圆扇形 $OACB$，所以 n 个这样的五边形必然盖住圆面，即 $\pi<S_{2n}+nS_{\triangle ADC+\triangle BEC}=S_{2n}+(S_{2n}-S_n)$。又因为 $S_{2n}<\pi$，于是前述 $S_{2n}<\pi<S_{2n}+(S_{2n}-S_n)$ 被证明。所以圆面积 πR^2 为 π。由此可见，刘徽用一面接近圆起到两面夹的效果。

古代称弧与弦的中点间的线段为"矢"。由图 5-3 可见，刘徽也用到矢，所以一些文献称刘徽的割圆术为"弧矢割圆术"。

由图 5-3 也可以明显看出，四边形 $E'F'DA$ 被刘徽从圆的外切正多边形中除去。剩下的图形（图 5-4）被称为"类齿轮盘"。这样，$S_{2n}+(S_{2n}-S_n)$ 比相同 $2n$ 边的外切正多边形的面积要少 n 个小四边形，所以在计算同样多的边数时，刘徽法得到的 π 值上下限（分别为3.142 704, 3.141 024），都分别比阿基米德法得到的 π 值上下限（分别为 3.142 857, 3.140 845）准确些：3.142 704 < 3.142 857, 3.141 024 > 3.140 845。

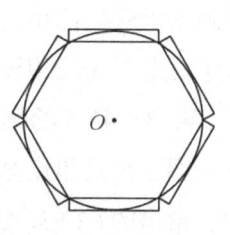

图5-4

这里，阿基米德的 3.142 857 和 3.140 845，则分别由 22/7 和 223/71 算出。这是刘徽法比阿基米德法更先进的第一点。

第二，刘徽法不必计算 T_{2n}（这对应于阿基米德计算外切正多边形周长），所以计算程序更简便，工作量少一些。

第三，虽然两人都是用两面夹的方法来确定 π 值的范围，但不难看出，刘徽法比阿基米德法更机智巧妙。

当然，阿基米德法也有优势。例如，他思路简明：只算周长，不算面积；而刘徽既要算边长，又要算面积，显得繁杂；而且阿基米德比刘徽早约四五百年；等等。

3. 刘徽割圆的意义

刘徽不但求得准确到小数点后两位的 π 值3.14，而且把它用于实际计算。理论与实践结合是科学家追求的目标之一，也是体现科学成果和科学家价值的重要方面。

数学家们说，刘徽割圆"含有原始的极限思想"、"含有积分学思想的萌芽"、"创造了无穷小分割法"、"创造出算 π 的正确方法"，哲学家们说体现了化曲为直、直曲转化的哲理。这些看法无疑是正确的。

但是，以上看法却没有完全指出刘徽割圆术的独特之处。刘徽割圆术的独特之处在于，它的主旨是证明"半周半径相乘得积步"，即证明了圆的面积公式是 $A = Rp_n/2$——当 n 无限增多时 $p_n/2$ 即"半周"。即他将圆分成无穷多个以圆内接正多边形每边为底，以圆心为顶点的等腰三角形（所谓"觚而裁之"），而圆面积就是这些小三角形面积之和。也就是说，他已经用正确的方法得到正确的圆面积公式了。虽然圆面积公式阿基米德早已得到，但刘徽却是独立得到的。由此可见，刘徽是中国数学史上首先运用极限思想成功地解决具体问题的人。

4. 3.141 6 的续篇

图 5-5 是印度数学家阿耶波多在 499 年著的《阿耶波多历数书》中，给出的 62 832/20 000 = 3.141 6。但有人却说，这个值是 530 年得到的，并指出："不知道他的这一结果是怎样得来的。这可能是来自某个较早的古希腊材料，也可能是计算内接正 384 边形周长的结果。"舍普勒的《π 的年表》也说，是通过计算正 384 边形周长得到的，但时间却是 500 年。另有人说"在 3～5 世纪，中印交往频繁，有理由相信某些科学知识会流传到印度去。从时间上看，阿耶波多比祖冲之晚 47 年，比刘徽晚两个多世纪，很有借鉴的可能。"

चतुरधिकं शतमष्टगुणं द्वापष्टिस्तथा सहस्राणाम् ।
अयुतद्वयविष्कम्भस्यासन्नो वृत्तपरिणाहः ॥

图 5-5　阿耶波多的圆周率

又如，印度数学家婆什迦罗在《丽拉瓦提》中写道："直径乘以 3 927 除以 1 250 所得的商是密率；而直径乘以 22 除以 7 为粗率或实用率。"即 π = 3 927/1 250 = 3.141 6 和 π = 22/7。这也是某些科学知识可能是由中国传到印度去的佐证。不过，这里的"密率"并不是指祖冲之的密率 355/113。

此外，花拉子米大约在 800 年，奥地利数学家波尔巴赫在 1460 年（公开于 1541 年他英年早逝之后），中国清代数学家王锡阐在 1651 年著的《晓庵新法》中，日本数学家礒村吉德在 1683 年，也得到或用过 3.141 6。

5.2.6　祖冲之领先千年——355/113，3.141 592 6 < π < 3.141 592 7

中国南北朝时南朝的科学家、数学家祖冲之，在宋大明六年即 462

年上表论历,这之前几年,他和他的儿子祖暅写了一本叫《缀术》的书。书中载有他得到的密率355/113,"正数"的盈朒二界即 3.141 592 6 < π < 3.141 592 7,约率22/7这三个算π成果。在这一节,只叙述"355/113"和"评价祖冲之的算π成就"。

1. 355/113 的精确度

355/113 展开成小数的值是 3.141 592 920 3…,其小数循环节为 113 − 1 = 112 位。显然,它只与π值的前6位小数吻合。但美国坦普尔著的《中国:发明与发现的国度——中国科学技术史精华》中译本第291页说:"数学家祖冲之父子求得的圆周'密率'为3.141 592 920 3,达10位小数(据《隋书·律历志》记载,祖氏的'密率'为355/113,精确到六位小数,相当于算出:3.141 592 6 < π < 3.141 592 7——译者注)。"这段原话有以下两个主要失误。

一是祖冲之的密率不是"3.141 592 920 3",而是"355/113",其精确度不是"10位小数",而是6位小数。

二是355/113并不"相当于算出:3.141 592 6 < π < 3.141 592 7"。该书之所以误把355/113"相当于"3.141 592 6 < π < 3.141 592 7,是把祖冲之三个算π成就中的两个——得到355/113与3.141 592 6 < π < 3.141 592 7 混为一谈。

2. 祖冲之的算π成就点评

1)π值领先近千年

首先,祖冲之求出π的"准8位"近似值,不但当时最精确,而且保持了世界纪录近千年。直到1424~1430年间,才由阿拉伯数学家阿尔-卡西以17位π值打破。而他的密率,则直到1573年才由奥托和安托尼兹在1585年重新发现。

奥托和安托尼兹是如何各自发现355/113的?德国语言学家、数学史家库茨研究后得知,奥托在1573年早于安托尼兹得到355/113,可能是从22/7和托勒密的377/120两者"折中"——分子分母各自相减得到的。而安托尼兹的方法,则由他的儿子在1625年发表他父亲发现的

355/113 时予以说明——先用阿基米德法求出 336/106 < π < 377/120，然后取分子分母各自的算术平均值。

此外，日本数学家关孝和在 17 世纪末也发现了密率。关孝和用的则是调日法：从 3 和 4 开始，累用调日法多次，即由 $(3\times97+4\times16)\div(1\times97+1\times16)$ 得到 355/113。

由此可见，祖冲之的密率领先了世界一千多年。

关孝和

2）精确美妙的 355/113

355/113 作为密率具有创造性，简单易记，准确、有趣。这些，不但在数学史上是长盛不衰的美谈佳话，而且与许多成果密切相关，下面举例说明。

阿基米德虽然得知 233/71 < 22/71，但 223/71 却并不是 π 的一系列渐近分数中的某一个。而 355/113 的创造性恰好就在这点——它是 π 的最佳渐近分数中较简单准确的一个：虽然 π 的另一个渐近分数 333/106 的"简单程度"与它差不多，但相对误差却约是它的 312 倍；而相对误差仅比 355/113 约小 0.2% 的另一渐近分数 52 163/16 604，却比它"复杂"得多。事实上，355/113 是在分母小于 16 604 的所有分数中，最接近准确 π 值的分数。可见阿基米德没能像祖冲之那样"更上层楼"。同样是数字 1，2，3，…的"差之毫厘"的不同"组合"，就"相去天渊"，我们再次体会到了数学的无穷奥妙！

355/113 便于记忆是显而易见的。将最小的三个奇数 1，3，5 各重复一次后"平均"斩为两段。再让大的"住楼上"，小的"住楼下"就行了。有趣的巧合是，它的分子和分母，都可以用"完全平方数"表示出来：$355/113=(7^2+9^2+15^2)/(7^2+8^2)$。更奇妙的巧合是这个等式右边的数：7，8，9 是连续的自然数，而 7+8=15！

355/113 的准确程度，可从以下实例看出。假设一个圆的直径是 10

千米,用它算出的圆周长比真值多出不到3毫米!事实上,355/113与π的真值的相对误差仅约$9/10^8$。

祖冲之逝去1500多年了,也许后来的许多人还不知道他的英名,但他的355/113却长久被人关注——赵友钦就是其中典型的一个。

因为赵友钦是宋室汉王十二世子孙,所以宋朝灭亡后,怕受到新王朝元朝的迫害,被迫浪迹江湖,隐逸道家,成了著名的"疯子"——也是中国古代卓越的科学家。在他所著的五卷本《革象新书》第5卷《乾象周髀(法)》篇中,在叙述了历代各家所取用的π值3,22/7,157/50,355/113等之后,认为"圆径一尺而周围三尺,则三尺尚有余,围三尺而中径一尺为不足,盖围三尺径一尺是六角田也","径一百一十三而周围三百五十五最为精,求日周天径是此法也"。同时,还认为355/113这个值"至当不可易",并在书中用这个值进行计算。他是经过如下计算后认为355/113是"最精"的。在图5-6的圆内作一个正方形(只画出其中的两边AB和AE)内接于圆,设圆的直径为10丈,经过12次将正方形倍边后得圆内接正$4 \times 2^{12} = 16\,384$边形,求得它的周长为"3141寸5分9厘2毫有奇"。由此就得到π = 3.141 592 +。

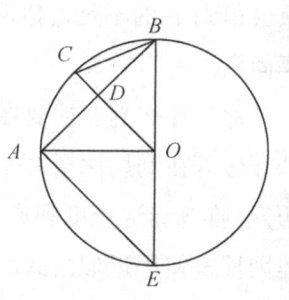

图5-6

赵友钦将3 141 592 +取不足近似值3.141 592乘以113,得到354.999 89,再取其最接近的整数355,就得到=355/113。由于355是354.999 89的过剩近似值,正好"弥补"了刚才3.141 592 +舍去的那一点,所以取355也是合理的。他的具体算法如图5-6。设直径 $BE = d$,AB既是刚开始的圆内接正方形的一边,也同时代表倍边后的圆内接正多边形的一边。因为 $OC \perp AB$ 而且交 AB 和圆于 D 和 C,显然 BC 必为⊙O内接正$2n$边形的一边。设 $AB = a$,则 $AE = \sqrt{d^2 - a^2}$。而 $CD = OC - OD$,即 $CD = OC - \dfrac{AE}{2}$,由此得出 $CD = \dfrac{1}{2}(d - \sqrt{d^2 - a^2})$。这样,

在直角三角形 BCD 中,就可以求得 $BC = \sqrt{DC^2 + BD^2} = \sqrt{\dfrac{d - \sqrt{d^2 - a^2}}{2} + \left(\dfrac{a}{2}\right)^2}$。

赵友钦就是通过这个公式,一次次由圆内接正 n 边形边长求得 $2n$ 边形的边长,最终求得 16 384 边形周长的。

有人说:"(赵友钦)所列出的:赤道周天(为)365.2575,中径(为)116.265 1,是按 π 取 355/113 入算的,这是一个过剩近似值,但他未能指明。"这是赵的小缺点。因为 365.2575/116.2651 = 3.141 591 9 < π,这与 355/113 > π 是互相矛盾的。如上述"365.257 5"改为"365.257 6",则有 365.257 6/116.265 1 = 3.141 592 7,这个值就大于 π,而且更接近于 355/113。事实上,他求 π 用的是圆内接正多边形,只会得到 π 的不足近似值,而没有像刘徽得 3.14 时那样明确指出"此率尚微少"。

那为什么赵友钦要在祖冲之之后约 1000 年再来研究 π 值呢?原来,郭守敬等在利用沈括的"会圆术"和 π=3 进行有关计算,编制《授时历》、推算赤道积度和赤道内外度的时候,虽然方法是全新的、正确的,但因反复使用近似公式和 π=3,致使周天直径、太阳赤经、赤纬误差较大。赵友钦再次算 π,正是为了驳正《授时历》的这些缺点。

3) 领跑世界的中国数学

祖冲之研究 π 的前述成果,还标志着中国数学在当时的领先地位——不仅仅是算 π。为什么阿基米德早于刘徽几百年就得到类似的结果,而其后古希腊数学却没重大进展呢?而中国在刘徽、祖冲之时代却呈现数学的繁荣、跃进的局面呢?中国学者梅荣照认为主要有以下三个因素:刘徽法比阿基米德法简捷,中国的筹算比古希腊的算法优越,刘徽以后有祖冲之父子这样出色的继承者。李约瑟也在《中国科学技术史》中指出:"在这个时期,中国人不仅赶上了希腊人,并且在公元 5 世纪祖冲之和他的儿子祖暅的计算中又出现了跃进,从而使他们领先了一千年。"由上可见,先进的筹算和杰出的人才一旦采用了科学的、先进的方法，不仅算 π 成就辉煌，而且数学也会领先。不但如此，联系到祖冲之和他同时代人的科学成就，就能看到当时科学的繁荣、发达。

5.2.7 享誉世界的科学巨匠——"云中之鹤"祖冲之

"上联是'孙行者'，请对下联。"答案是"祖冲之"。

"爷爷洗淋浴，猜一中国古代科学家。"答案也是"祖冲之"。

这是近年某联欢会中的两个"镜头"。由此可见，直到今天，祖冲之依然是我们心中的科技明星。

当然，姓祖的古人也因祖冲之而自豪，一幅佚名撰的祖姓宗祠通用对联就是明证。"名垂青史圆周率，楫击中流报国心"——上联典指祖冲之，下联典指晋朝名将祖逖闻鸡起舞，立志北伐，渡江击楫，暂复中原……

祖冲之是一位中国南北朝时期南朝宋、齐两朝的高级官员——长水校尉（享受四品俸禄），也是涉猎广泛、成就卓著的杰出科技人物。除了卓越的数学成就之外，他在天文方面创立了中国古代的优秀历法之一——《大明历》；在机械设计方面仿制了指南车、创制了水碓磨、千里船等；精通音律；注释了许多经典，写过文学作品《述异记》10 卷；等等。因此，近现代中外都认为他是一颗璀璨的科技巨星。

在中国，1955 年就发行了包括祖冲之在内的"四大文化名人"的纪念邮票。另外三位是张衡、一行、李时珍。南京紫金山天文台在 1977 年决定，将 1964 年 11 月 9 日由该台发现的 1 888 号小行星命名为"祖冲之星"，得到国际天文学联合会批准。2000 年 10 月 10 日，在祖冲之的故里河北省涞水县的祖冲之中学，召开了"纪念祖冲之逝世 1 500 周年学术讨论会"，中外学者 80 多人到会。出席研讨会的中国科学院院士吴文俊、席泽宗等大家，还为新落成的祖冲之纪念馆揭了幕。

在《镇江赋》中，记载着"更有'三星''双璧'与'二米'，赫赫功德照汗青"的溢美之词。这里的"三星"指"祖冲之星"、"沈括星"、"茅以升星"三颗小行星；"双璧"指南北朝时期的（两位镇江

纪念祖冲之的邮票

人）刘勰的《文心雕龙》与萧统的《文选》两部著作；"二米"指书画双绝的北宋时代米芾、米友仁父子。

在国际上，1959 年 11 月 4 日苏联用"月球 3 号"火箭首次拍下月球背面的照片后，国际天文学联合会 IAU 就将位于月球东经 148°、北纬 17°的一座环形山，命名为"祖冲之山"。巴黎"发现官"科学博物馆的墙壁上著文介绍了祖冲之求得的圆周率。莫斯科大学内排列的世界上最著名的科学家塑像中有祖冲之铜像，大学礼堂的走廊上镶嵌有祖冲之的大理石塑像。至于为他作传、作画者更是不计其数，例如，美国历史学家吉利斯皮主编的《科学家大辞典》，就为他立了传。

可见，由于祖冲之在世界科技史上的巨大成就，使他的世界名人地位为国际公认，得到了很高的荣誉。这正如茅以升在《中国圆周率略史》中所说，祖冲之的 π 值真是"精丽罕俦，千古独绝，皎皎不群，如云中之鹤"。当然，他的其他成就也如巨龙腾飞。

5.2.8 明清停滞——发人深省

遗憾的是，后来中国学者们对祖冲之算 π 的成就却没有继续研究、发展，出现了元代中叶以后这个方面甚至整个数学开始落后的局面。

对明代的落后，钱宝琮说："算学较前代退化，算式涉周率者，都墨守旧率 3，或 22/7。对于周率研究，非特不能得其真旨，一二好奇之士，且各逞臆说妄创新率。朱载堉以 π 为 $\sqrt{2}/0.45$，邢云路谓 π = 3.126，又 π = 3.121 320 34，陈荩谟谓 π = 3.152 05，方以智谓 π = 52/17，及程大位《算法统宗》所载'智率'25/8。诸率于数十年之间（1540~1590）光怪陆离，先后发现，可见明儒之浅陋矣。"这里提到

第5章 从1位到2000万亿位——历史上如何算 π

的朱载堉和陈荩谟,都是明代数学家。

明代万历年间(1573～1620),西方传教士大批来华。这样,才有大约在1606年秋至次年春,明朝大臣、科学家徐光启和1582年来华的意大利传教士利玛窦完成前6卷欧几里得《几何原本》的译稿,后9卷由英国传教士伟烈亚力和李善兰在1857年(已是清代)共同译完这些译稿的合作。才有徐光启、历法家李天经等提倡西法历算、共同撰写《历书》137卷的举动。这样,这种落后状况才开始改变。

在清代,法国传教士张诚、白晋在1687年来华后,当上了康熙皇帝的老师;1659年来华的比利时传教士南怀仁、1622年来华的德国传教士汤若望等被清廷聘用。南怀仁、汤若望还分别参与编纂《数理精蕴》一书和掌管钦天监工作。他们带来了西方的割圆术,此时中国学者才开始接受西方传来的科学,使中国的割圆术等研究进入新的阶段,数学闭塞落后的状况才多少有些改观。

西方的割圆术最早传入中国,是在明末。《测量全义·卷五》"圆面求积"中,介绍了阿基米德的结果,有所谓"今士法",记有 π 的上下界都在小数点后20位,但没有证明。据李俨说,"今士"就是 Van den Cirkel 或 Ludolf van Ceulen(鲁道夫)。此外,《数理精蕴·下》中由圆内接、外切正多边形也求得 π 的20位小数,但计算时只取了3.141 592 65。

$π ≈ 3.141\,592\,653\,589\,793\,238\,462\,643\,186\,367\,472\,279\,514$,是清代秀水的数学家朱鸿算得的,但后15位都错了,所以他只得到25位准确 π 值,显然在当时也不先进。在1820年,他被任命为湖南粮储道,因与巡抚不和,改任候补道。这位"精于数学,能融贯中西数学"的学者尚且如此,当时数学的落后就可见一斑了。

中国原来领先的数学在元、明以后开始落伍的原因很多,其中不思进取、夜郎自大、闭关锁国、盲目排外的失误,最终导致清代割地赔款、丧权辱国,令人警醒。

法国皇帝拿破仑曾经说过:"数学的进步和完善与国家的兴旺是密

切关联的。"此话不无道理。

5.2.9　11位和18位——萨马亚吉和罗曼的π值

在十五六世纪，印度数学家萨马亚吉曾算出 π = 3.141 592 653 6，得到 11 位的准确 π 值。

1593 年，阿德里安·范·罗曼应用古典割圆术，通过计算圆的正 2^{30} = 1 073 741 824 边形，将 π 算至小数点后 17 位，其中小数点后 15 位正确。1597 年，他又算到了 17 位正确的小数，得到 18 位 π 值。

在 16 世纪，荷兰、比利时这些"低地国"的版图与现在并不一致：当时，现在比利时的一部分——例如布鲁日，就属于荷兰。因此，说他是比利时人或荷兰人都对。准确地说，他是荷兰或尼德兰安特卫普的人。

5.2.10　17位π值——阿尔–卡西惊天下

阿尔–卡西

大约在 1424 年，出生在卡尚——今伊朗德黑兰以南约 200 千米的阿拉伯数学家、天文学家阿尔–卡西，算出了 18 位 π 值 3.141 592 653 589 793 2…，但只有前 17 位正确。这不但打破了祖冲之保持了近千年的算 π 世界纪录，而且使晚于他的前述萨马亚吉、阿德里安·范·罗曼和后面要提到的韦达、惠更斯等的算 π 成果黯然失色。

阿尔–卡西的成果，发表在他 1424 年 7 月写成（1430 年发表）的《圆周论》一书中。他是算出圆的正内接和正外切 3×2^{38} = 805 306 368 边形周长，来求得 π 值的。虽然他用的原理与阿基米德的基本相同，但在计算中却采用了下述更为巧妙的、不同于阿基米德的方法。

阿尔–卡西首先在图 5-7 中半径 $R = 60$ 的圆内，定义弦的系列 c_1，

c_2，…，c_n，…的值，而它们所对的弧依次为 120°，150°，165°，… 其通式为 180° − 60°×2^{1-n}。直径 AB 的长是 D，E 是 $\overset{\frown}{BC}$ 的中点。他依据的是 $AE^2 = AB(AB + AC)/2$。这个式子，用 c_n 和 R 来表示，就是 $c_n = \sqrt{R(2R - c_{n-1})}$。显然，容易算得每一边的长 $a_n = \sqrt{D^2 - c_n^2}$。由此，进一步算得圆内接正 $3×2^n$ 边形的周长。类似地，可以算得圆外切正 $3×2^n$ 边形的周长。

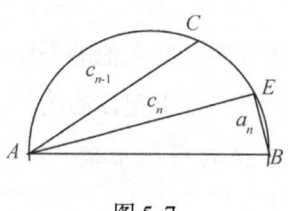

图 5-7

具体计算的时候，阿尔-卡西造出了 28 个大的表格，并依次计算了 $n = 1$，2，3，…，28 时的结果。此时取 $D = 2$，就有

$$c_{28} = \sqrt{2 + \sqrt{2 + \sqrt{2 + \cdots \sqrt{2 + \sqrt{3}}}}},$$

这就得到

$$a_{28} = \sqrt{2 - \sqrt{2 + \sqrt{2 + \cdots \sqrt{2 + \sqrt{3}}}}}。$$

用 a_{28} 之长乘以边数 $3×2^{28}$，就得到圆内接正 $3×2^{28}$ 边形的周长。他用同样的方法算了圆的正外切 $3×2^{28}$ 边形的周长。用 P_{28} 和 p_{28} 分别代表这个圆的正外切和正内接 $3×2^{28}$ 边形的周长，那它们的算术平均值 $(P_{2n} + p_{2n})/2$，这就是阿尔-卡西算得的圆的近似周长。

最后，他借用六十进制角度的表示法，就得到

$$2\pi \approx 6° \ 16'59''28^{\mathrm{iii}}1^{\mathrm{iv}}34^{\mathrm{v}}51^{\mathrm{vi}}46^{\mathrm{vii}}14^{\mathrm{viii}}50^{\mathrm{ix}}。$$

这里，"6°" 表示整数，后面是六十进制分数。他在《圆周论》的第 8 节中，又把这个值折合成十进制，就是 $2\pi \approx 6.283\ 185\ 307\ 179\ 586\ 5$，进而得出 $\pi \approx 3.141\ 592\ 653\ 589\ 793\ 25\cdots$。它的误差是 $(P_{28} - p_{28})/p_{28} = (2R - c_{28})/c_{28}$。

阿尔-卡西的这个 π 值，一般认为是在阿拉伯数学中第一次出现的小数。因此，这位当时世界上最大的天文台——撒马尔干天文台的主要创始人之一，就成了除中国人以外第一个使用小数的人。当然，距阿

尔－卡西之前5个世纪的阿拉伯人阿尔－乌格利迪西，已经认识到小数的重要性，并在他的书中使用，但没有被大家接受。

近3个世纪以后的1712年，关孝和已死，其弟子发表了他生前发现的16位准确π值。

5.2.11 从10位到18位——韦达也来凑"热闹"

1579年，法国数学家韦达在《数学法则或三角法及附录》（也译《数学定律，应用于三角形》）一书中，用阿基米德的割圆术，通过计算圆的外切和内接正 3×2^{17}（= 393 216）边形，得出 3.141 592 653 5 < π < 3.141 592 653 7。从而得到π的10位准确值 3.141 592 653。虽然这一成果并不先进，但他是通过三角函数求出的一个非常有趣恒等式——"无穷乘积式"

$$\frac{2}{\pi} = \prod_{n=1}^{\infty} \cos \frac{\pi}{2^n}$$

$$= \cos \frac{90°}{2} \times \cos \frac{90°}{4} \times \cos \frac{90°}{8} \times \cdots$$

$$= \sqrt{\frac{1}{2}} \times \sqrt{\frac{1}{2} + \frac{1}{2}\sqrt{\frac{1}{2}}} \times \sqrt{\frac{1}{2} + \frac{1}{2}\sqrt{\frac{1}{2} + \frac{1}{2}\sqrt{\frac{1}{2}}}} \times \cdots$$

来计算的。它被不同的人分别称为有史以来的第一个有关π的"分析表达式"、"分解表达式"、"无穷乘积表达式"。

韦达不但坚持利用这一表达式算π，而且用分析式和无穷乘积表达式刻画π，给数学家们指出了一个崭新的计算、研究π方向，使π第一次从"形"——几何的"枷锁"中摆脱出来，进入"数"——几何以外的其他数学领域。

1593年，韦达在他的《数学问题面面观》一书中，通过上述无穷乘积式计算圆的外切和内接正 2^{30} = 1 073 741 824 边形将π算到18位小数。因为准确π值的第18位小数是8应"五入"，所以他的第17位小数"3"应为"4"。这样，他就以18位π值破了阿尔－卡西大约在一个半世纪以前创造的纪录。

韦达有许多传为佳话美谈的故事。其中一个是解出了阿德里安·范·罗曼于1593年在《数学思想》一书中提出的一个45次方程。故事说,荷兰驻法大使(一说来自荷兰的特使)对国王亨利四世说,法国没有能够解这一方程的数学家。亨利四世找到韦达,韦达解了出来。为此,亨利四世奖给他500法郎。不过,韦达的解中只给出23个正根而忽略了负根——记于他1595年的《回答》一书中。

韦达

韦达并不是一个职业数学家——年轻时在家乡当过律师,后来从事政治活动,以符号代数方面的突出贡献,被尊为欧洲的"代数学之父",是16世纪法国最杰出的数学家,来凑算π的"热闹"也并非"不务正业"。

5.2.12 "以身殉π"鲁道夫——刻在墓碑上的36位π值

1596年,德国-荷兰数学家鲁道夫通过对圆的外切和内接正2^{30}边形的计算,也得到16位准确π值。他一生算π的工作早已开始——1585年就通过计算圆的正192边形得到$π<3.14205<1521/464$,1586年他又得到$3.14103<π<3.142732$。

鲁道夫还在算得16位准确π值的同一年即1596年,算到小数点后20位。他将这个值刊登在他出版的书封面上本人的画像下边,很是自豪。他也是用割圆术,计算圆的内接与外切正$60×2^{33}=515\ 396\ 075\ 520$边形的周长,得到这个值的。

其后,鲁道夫又殚精竭虑算了14年,在他逝世的1610年将π算到小数点后35位。他也是计算了圆的内接和外切正$2^{62}=4\ 611\ 686\ 018\ 427\ 387\ 904$边形的周长,才得到这个值的,花费的精力和时间也就可想而知了。1615年,他的遗孀(第二任妻子,第一任妻子在1590年辞世)出版的

书中刊载了这个 π 值。

鲁道夫

1540年1月28日，鲁道夫出生在德国希尔德斯海姆，因家庭经济拮据，没有上过大学。自学成才后，曾在有名的莱顿大学任数学、建筑学、军事科学教授，还于1594年在莱顿办了一所建筑学校。他在数学界的众朋友多中，西蒙·斯蒂文和阿德里安·范·罗曼对他的事业帮助很大。

"莱顿大学城，月色凉如冰。"日本的一位俳句作者曾这样咏叹创立于1575年的莱顿大学——一所世界著名的学术性大学。大学汉学院的图书馆是荷兰唯一的一所中文图书馆，藏书量居欧洲各国中文图书馆中的第一位。该校也是荷兰唯一设有中文专业的大学。

鲁道夫在1610年的最后一天与世长辞，被安葬在莱顿市的杨德·帕特中心教堂即圣彼德教堂的墓地里。他费尽毕生精力的36位 π 值成为墓碑的全部碑文，可惜这碑早已丢失。德国人很自豪他们有这样一位"任凭弱水三千"，但只"取一瓢饮"而彪炳史册的同胞，所以把圆周率叫做"鲁道夫数"。

1722年，日本数学家镰田俊清用"内外夹攻，逼近圆周率"的方法，算出了 π 的24位小数值。显然，他比鲁道夫落后多了。

5.2.13 割圆术画上"句号"——格林贝格的40位 π 值

1. 割圆术画上"句号"

由鲁道夫"以身殉 π"才算到36位的事实可以知道，如果不改进方法，要想得到更准确的 π 值，是"难于上青天"的。

时代很快就产生出这样一种方法。德国–荷兰物理学家、数学家斯涅耳，在1621年对算 π 的古典方法作了一种三角上的改进，从原来由古典方法所得出的任何一组 π 的界限，都可以推出一组新的准确得多

第5章 从1位到2000万亿位——历史上如何算 π

的界限 $n\dfrac{3\sin\dfrac{\pi}{n}}{2+\cos\dfrac{\pi}{n}} < \pi < n\dfrac{2\sin\dfrac{\pi}{n}+\tan\dfrac{\pi}{n}}{3}$。他用这一方法，只算到 $2^{30}=1\,073\,741\,824$ 边形，就算出了鲁道夫得到的 π 小数点后 35 位值，而用古典法只能算得 15 位小数。如果算到 96 边形，斯涅耳法能得 7 位小数，而古典法只能得 2 位。不过，虽然斯涅耳对自己的理论深信不疑，但却找不出证明方法。

在 1630 年，死于意大利罗马的奥地利耶稣会天文学家、数学家格林贝格，利用斯涅耳的方法得到了 40 位 π 值。这是用多边形周长算 π 最后的重要成果。

斯涅耳死后 28 年的 1654 年，荷兰科学家惠更斯才在《圆大小的发现》中，给出了斯涅耳法的正确证明。

斯涅耳　　　　　　　惠更斯

斯涅耳在荷兰来顿时，是鲁道夫最有名的学生，以发现光学中的折射定律而声名远扬。斯涅耳还把老师的两本数学书翻译成拉丁文，使他们在世界上的数学界中更被接受。师徒二人相互配合同唱"π 歌"，这也是圆周率历史上的一段佳话。

从前面的叙述可以看出，中西割圆术稍有不同，但本质一样。中国主要由圆内接正多边形逼近圆求 π，西方则常用内接与外切正多边形两面"夹攻"，以算术平均求 π。有的求面积，有的求周长，有的求面积比。

2. "句号"不是句号

不过,话不能说绝。1979 年,中国数学工作者俞文魷、陈开明将圆内接和外切正多边形的边,用二次抛物线逼近,再由祖暅原理证得 $\frac{4}{3}T_{2n} - \frac{1}{3}S_n < \pi < \frac{1}{3}S_{2n} + \frac{2}{3}T_{2n}$。其中 S 和 T 分别为圆内接、外切正多边形的面积,n 为边数。他们从正 6 边形割到 384 边形的时候,就得到 3.141 592 6。而从正方形割到 256 边形,就得 3.141 592 61 < π < 3.141 592 66。这显然比此前的割圆术效率高得多。可见割圆术又"老树发新枝",也许还有潜力可挖。

此外,数学家理查森提出的外推极限法,用圆内接正多边形的周长来逼近圆周长,比刘徽算 π 的方法快得多。例如,要得到 3.141 592 7,外推极限法只要把圆的正 6 边形倍边 5 次,而刘徽法则要倍边 12 次!

5.3 微积分实现大突破——分析法算 π 及数值

5.3.1 从沃利斯到莱布尼茨——分析法算 π 开辟鸿蒙

1650 年,英国数学家沃利斯利用类比、归纳和极限的方法,从计算圆的面积入手,得出 $\frac{\pi}{4} = \frac{2 \times 4 \times 4 \times 6 \times 6 \times \cdots}{1 \times 3 \times 3 \times 5 \times 5 \times \cdots}$,载于他的名著《无穷算术》中。在这本书中,还载有英国皇家学会第一任会长、数学家布龙克尔,由上述公式导出的 π 的连分数表达式

$$\frac{\pi}{4} = \cfrac{1}{1} + \cfrac{1^2}{2} + \cfrac{3^2}{2} + \cfrac{5^2}{2} + \cfrac{7^2}{2} + \cdots,$$

即

$$\frac{4}{\pi} = 1 + \cfrac{1^2}{2} + \cfrac{3^2}{2} + \cfrac{5^2}{2} + \cfrac{7^2}{2} + \cdots。$$

不过,这两个好朋友各自发现的上述式子,都没有实际用于大规模算 π。

第5章 从1位到2000万亿位——历史上如何算π

这是雄壮优美的分析法算π乐章正式诞生之前的"前奏曲"。

1671年2月15日,詹姆斯·格雷戈里公开了他发现的公式:

$$\arctan x = x - \frac{x^3}{3} + \frac{x^5}{5} - \frac{x^7}{7} + \frac{x^9}{9} - \cdots \quad (-1 < x \leq 1)。$$

布龙克尔

公开的简单经过如下。

1669年,牛顿在他的《分析学》一书中给出了 $\arctan x$ 的级数展开式,并将结果告诉了当时皇家学会秘书科林斯,科林斯立即将这一结果通报给皇家学会会员、当时在圣安德鲁大学任数学教授的詹姆斯·格雷戈里。他在1671年2月15日复信报告了自己的工作,说他不但在1668年得到了上述式子,还得到 $\tan x$,$\sec x$ 的级数展开式。事实上,他还先后得到 $\mathrm{arcsec} x$,$\ln\tan x$,$\ln\sec x$ 等函数的幂级数展开式,如

$$\ln\frac{1+x}{1-x} = 2x + \frac{2x^3}{3} + \frac{2x^5}{5} + \cdots。$$

但遗憾的是,詹姆斯·格雷戈里在关键的时候,却"雪拥南关马不前"了——当时始终没有意识到,他在1668年发现的上述公式已经为算π开辟了一个新的时代。如果设式子中的 $x=1$,就得到了

$$\frac{\pi}{4} = 1 - \frac{1}{3} + \frac{1}{5} - \frac{1}{7} + \frac{1}{9} - \cdots。$$

1673年,莱布尼茨在独立发现前述格雷戈里展开式之后,才发现这个式子。他在1674年给英国皇家学会第一任两秘书之一、商人奥尔登伯格的信中通报了这一式子——后人把它称"莱布尼茨公式"或"莱布尼茨级数和"。它标志着用分析法中的反正切式算π的开始。第一任两秘书的另一位,是医学家威尔金斯。

莱布尼茨公式是如此著名,以至于在美国数学家霍夫斯塔特的《哥

莱布尼茨

德尔、埃舍尔、巴赫——一条永恒的金带》里一段关于圆周率的有趣对话中，也可以找到它。

但是，用莱布尼茨公式算 π，则嫌收敛太慢，工作量太大。例如，要求出 3.14 要算 628 项。而要求出 π 的第 6 位小数，就不多不少正好要取 2×10^6 项。下面对此加以简单说明。

对各项绝对值单调减少的收敛交错级数，只用前面一些项计算它的和，所产生的截断误差，不会超过被舍弃的第一项的值。所以如果假设舍弃的第一项的值为 $1/a_{2n+1}$，则由小数点后第 6 位准确值的一个单位为 10^{-6} 知道，$1/a_{2n+1} < 10^{-6}/4$，就解得 $a_{2n+1} > 4\times10^6$，由此算得 $a_n = 2\times10^6$，即 200 万项！舍去的第 2 000 001 项的值 $<10^{-6}$，已不影响舍入误差。

要算 200 万项才能得到 7 位准确 π 值，这"太可怕了"！所以并没有人实际用这种方法去大规模算 π。

5.3.2 由于"无事可干"——牛顿也来助兴

1676 年，牛顿发现了一个反正弦函数的展开式：

$$\arcsin x = x + \frac{x^3}{2\times3} + \frac{3x^5}{2\times4\times5} + \frac{3\times5 x^7}{2\times4\times6\times7} + \cdots 。$$

他设式子中的 $x=1/2$，就得到

$$\frac{\pi}{6} = \frac{1}{2} + \frac{1}{2\times3\times2^3} + \frac{3}{2\times4\times5\times2^5} + \frac{3\times5}{2\times4\times6\times7\times2^7} + \cdots ,$$

并用它算出 π 的 14 位小数。

此前的 1665 年，他用算 π 更快的公式

$$\pi = \frac{3\sqrt{3}}{4} + 24\left(\frac{1}{3\times2^2} - \frac{1}{5\times2^5} - \frac{1}{2\times7\times2^8} - \frac{1\times3}{2\times3\times9\times2^{11}} - \frac{1\times3\times5}{2\times3\times4\times11\times2^{14}} - \cdots\right)$$

将 π 算到 15 位小数。

第5章 从1位到2 000万亿位——历史上如何算 π

"上帝"派牛顿到人间制定科学秩序

由于用上述式子算 π 效率并不高，所以牛顿的这个值还不如用古典法的、早于他的阿尔-卡西、阿德里安·范·罗曼等。以至于牛顿后来曾腼腆地承认："我不好意思告诉你，由于那时无事可干，我已将 π 计算到了多少位数字。"

虽然牛顿计算 π 的位数不多，但此时由他和莱布因尼茨创立的微积分正开始显示强大的生命力——他的计算是真正用分析法算 π 的第一次小试牛刀。

上述牛顿说"无事可干"是怎么回事呢？原来，因伦敦流行严重的鼠疫，牛顿工作的剑桥大学三一学院从1665年8月7日起停课。牛顿也回到他的老家而"无事可干"。

那为什么牛顿此时偏偏要去研究二项式定理和 π 呢？原来，他的同胞沃利斯没有完全解决求曲线 $y = \sqrt{1-x^2}$ 在 $x=0$ 和 $x=1$ 两个值之间所围图形面积的问题，于是他也投身其中。结果，他得到二项式的任意次幂的一般展开式——二项式定理。而算 π 值则是因为吸引力——后来他承认说："这个小数值确实让我着迷，难以自拔，我对 π 的数值进行了无数次计算。"

由此，牛顿也能够像沃利斯那样，把 π 表达成无穷级数的形式了。

这一节开头所说的两个式子和二项式定理，就是牛顿于 1665 ~ 1666 年在老家发现的，但公开却是在 1676 年给奥尔登伯格的两封信中。

5.3.3 分析法初显神威——夏普和马青的 72 位、101 位 π 值

1. 72 位准确 π 值

1699 年，英国数学家阿伯拉罕·夏普假设格雷戈里公式中的 $x = \sqrt{1/3}$，就得到夏普公式

$$\frac{\pi}{6} = \sqrt{\frac{1}{3}}\left(1 - \frac{1}{3 \times 3} + \frac{1}{3^2 \times 5} - \frac{1}{3^3 \times 7} + \frac{1}{3^4 \times 9} - \cdots\right)。$$

他用这个公式将 π 算到小数点后 72 位（据说算出前 20 位只用了 1 小时），其中 71 位正确。得到这个 π 值的年代，还有 1705 和 1717 等说法。他是在英国天文学家、数学家哈雷的指导下得到上述成果的。

下面，我们来看夏普的工作的意义。

夏普公式是假设格雷戈里公式中 $x = 1$ 得到的，那么哪一个算 π 快呢？

经过计算可以知道，由莱布尼茨公式求出 π 准确到小数点后两位要用 200 项。那么，由夏普公式——交错级数要用多少项呢？由于第 6 项 $\sqrt{\frac{1}{3}}\left(-\frac{1}{3^5 \times 11}\right) \times 6 \approx 0.0013$，已不影响小数点后第 2 位的结果，所以用夏普公式只用前 5 项！

算出 3 位准确 π 值，一个用 5 项，一个要用 200 项，格雷戈里公式的这两个"孩子"的"优"、"劣"，的确泾渭分明！由此可见，夏普的工作的意义在于，捅穿了由格雷戈里公式经过适当变换，就能快速算 π 这层窗户纸，为来者快速算 π 开辟了阳关大道！

那么，这样"优秀"的夏普公式，为什么在莱布尼茨公式发现后

第5章 从1位到2000万亿位——历史上如何算π

的26年内，没有被发现呢？这不但说明夏普的智慧，也说明在科学探索的过程中，常有"云横秦岭家何在"的困境。

夏普

从1671年詹姆斯·格雷戈里发现格雷戈里公式，而没有能够发现 $x=1$ 时的莱布尼茨公式，到莱布尼茨捅穿这层窗户纸，中间历经2年；从1673年莱布尼茨发现莱布尼茨公式，而没有能够发现 $x=\sqrt{1/3}$ 时的夏普公式，到夏普捅穿这层窗户纸，中间历经26年。这"碰到鼻子尖的真理"，怎么就没有人更早发现呢？科技发现发明史上这种屡见不鲜的现象，表明了科技探索的艰辛和人主观能动性的重要。只有"为伊消得人憔悴"的科学家，才能发现"那人却在灯火阑珊处"。

自从1630年格林贝格用古典法算得40位π值之后，虽然新发明了分析法，但在夏普之前，分析法在提高π值位数上并无辉煌战果。69年后的夏普用分析法把π值增加到72位，才开始了分析法大规模算π的实战历程。其后令人眼花缭乱的各种算π的分析法如雨后春笋。这一漫长的历程一直持续了近300年——直到20世纪50年代之后。

2. 101位准确π值

马青

1706年，英国伦敦格雷斯汉姆大学天文学教授约翰·马青，发现了一个很重要的公式：

$$\frac{\pi}{4} = 4\arctan\frac{1}{5} - \arctan\frac{1}{239}。$$

他将公式右边的两项分别用格雷戈里公式展开，由此算到π的100位小数。这是分析法出现后算π的"平型关大捷"——突破百位大关。

马青公式被长期作为算π的"优秀"公式之一，甚至1949年人类第一次用电子计算机算π时，也用这个公式。

马青公式很容易在计算机上编程,每计算一项可以得到1.4位的十进制精度,所以后来许多次用计算机算 π 也用到它。

3. 如何用分析法算 π

以下以马青公式算出小数点后7位 π 值为例,加以说明。用格雷戈里公式展开马青公式,就有

$$\pi = 16\left(\frac{1}{5} - \frac{1}{3 \times 5^3} + \frac{1}{5 \times 5^5} - \frac{1}{7 \times 5^7} + \frac{1}{9 \times 5^9} - \frac{1}{11 \times 5^{11}} + \cdots\right)$$
$$- 4\left(\frac{1}{239} - \frac{1}{3 \times 239^3} + \cdots\right);$$

用级数计算的误差原理可以证明,舍去 $16\left(\dfrac{1}{11 \times 5^{11}}\right)$ 和 $4\left(\dfrac{1}{3 \times 239^3}\right)$ 以后的项,能保证8位小数正确。这样,

$$\pi \approx (3.200\,000\,00 - 0.042\,666\,67 + 0.001\,024\,00 - 0.000\,029\,26$$
$$+ 0.000\,000\,91 - 0.000\,000\,03) - (0.016\,736\,40 - 0.000\,000\,10)$$
$$= 3.141\,592\,65 \approx 3.141\,592\,7。$$

5.3.4 东方也不甘落后——中日算 π 点滴

1712年,康熙皇帝接受了陈厚耀"请定步算诸书以惠天下"的建议,并命令梅珏成主持,会同陈厚耀、何国宗、明安图等数学家编纂天文算法书。1721年,这套总称《律历渊源》共100卷的书编成,包括《历象考成》(42卷)、《数理精蕴》(53卷)、《律吕正义》(5卷)三部。

《律历渊源》的第二部分《数理精蕴》,是一部初等数学百科全书,主要谈算术、代数、三角与几何的成就,记载了19位小数的 π 值。《数理精蕴》是在梅文鼎的数学著作和白晋、张诚的讲稿等基础上编成的。白晋、张诚在1687年来华后,1689年康熙召见,请他们在宫中学满语,以满语讲数学。他俩和其他人,在1890年陆续译出的《几何原本》等书作讲义和参考资料,成了《数理精蕴》的素材。

由于《律历渊源》在雍正元年即1723年(10月刻竣)正式出版,

第5章 从1位到2000万亿位——历史上如何算 π

所以有人说《数理精蕴》所记19位小数 π 值的时间是这一年。

1874年，中国清代数学家、清朝大臣曾国藩的次子曾纪鸿，以及左潜、近代最早出洋的科学家黄宗宪等，在《圆率考真图解》一书中，记载了求 π 的两个反正切式：

$$\frac{\pi}{4} = \arctan \frac{1}{2} + \arctan \frac{1}{3},$$

$$\frac{\pi}{4} = \arctan \frac{1}{4} + \arctan \frac{1}{5} + \arctan \frac{1}{12} + \arctan \frac{1}{13} + \arctan \frac{5}{27}。$$

其后，曾纪鸿用了一个多月，求得 π 的100位小数。与他同在一个小数学团体中的数学家丁取忠，在这本书的序言中也说："曾君锐于思而勇于进，创立新法，以月余之力推得圆率百位，并周求径率（$1/\pi$），亦以除法补至百位。"后来，这个小数学团体中的另一位成员、丁取忠的高足黄宗宪随公使到英国，在英国博物院找到了158位的 π 值，两相对照，证明他们的计算结果完全正确。

然而，钱宝琮在《数学杂志》1939年第二卷第一期上发表论文《曾纪鸿圆率考真图解评述》，对曾纪鸿是否确用自己的公式算得100位小数 π 值表示怀疑。钱说，《圆率考真图解》一书中有用上述两个公式分别算得15位和24位小数 π 值的详细草式，但分别用这两式算得100位小数的 π 值，至少要用反正切函数的幂级数展开式265项和310项。而经过他仔细核对，发现曾纪鸿的上述草式中，arctan（1/5）和 arctan（5/27）这两个值的最后3位数字都有错误，因而曾纪鸿能得到24位小数的 π 值，纯粹是一种偶然巧合。既然如此，曾纪鸿有没有用前述公式算出100位小数的准确 π 值，也就使人怀疑了。钱还在他其后编的一些文献中再次表示了同样的怀疑。对钱的以上怀疑，本书作者至今没有发现异议。

日本数学家建部贤弘即建部砚湖是关孝和的学生。他们在1690～1723年间，曾经将 π 算到41或42位小数。

十七八世纪，关孝和、建部贤弘、关孝和的徒孙松永良弼，曾经将 π 算到小数点后50位准确值。关孝和用的是"增约术"。松永良弼用的是"圆理"——公式为 $\dfrac{(\arcsin x)^2}{2} = \dfrac{x^2}{2} + \dfrac{2^2 x^4}{4!} + \dfrac{2^2 \times 4^2 x^6}{6!} + \cdots$，载于他和他的老师建部贤弘的《圆理缀术》一书中。在用"圆理"写成的《方圆算经》中，就记有上述 π 小数点后 50 位的准确值，其中也有久留岛义太的贡献。松永良弼算得 51 位 π 值的年代有 1720 和 1739 等几种说法。

5.3.5 从德·拉尼到黎赫特——113 位到 501 位

威加

1719 年，法国数学家托马斯·范特·德·拉尼用夏普公式算得 π 的 127 小数值。但 70 年之后，尤吉伊·巴托罗梅·威加发现，其中只有 112 位正确。这位威加男爵是出生在斯洛文尼亚，后来生活并死于奥地利的数学家、物理学家和炮兵军官，拉丁文名凯洛格·巴托罗梅·威加，德文名乔治·弗赖赫尔·冯·威加。

1755 年，欧拉发现了公式

$$\dfrac{\pi}{4} = 5\arctan \dfrac{1}{7} + 2\arctan \dfrac{3}{79}$$

$$= 2\arctan \dfrac{1}{3} + \arctan \dfrac{1}{7}。$$

1789 年，这位威加用这两个公式将 π 算到 143 位小数，但后来发现只有前 126 位正确。同年，他还发现了公式

$$\dfrac{\pi}{4} = 4\arctan \dfrac{1}{5} - 2\arctan \dfrac{1}{408} + \arctan \dfrac{1}{1393}。$$

1794 年，威加再接再厉，算出 π 的 140 位小数值，但只有前 136 位正确。

1837 年，法国巴黎数学家卡勒特在一份报告中，公布了自称是他得到了 154 位小数的 π 值（前 152 位正确）。但这个 π 值可能是"克

第5章 从1位到2 000万亿位——历史上如何算 π

隆"的。

"克隆"的说法,并非空穴来风。此前18世纪末,冯·查奇就曾经在英国牛津的拉德里费图书馆看到了一个著名的——但名字已无从知晓的作家的手稿,上面记有154位(152位正确)小数的 π 值。

此外,英国数学家、天文学家威廉·卢瑟福,用欧拉和勒让德各自独立发现的公式

$$\frac{\pi}{4} = 4\arctan\frac{1}{5} - \arctan\frac{1}{70} + \arctan\frac{1}{99}$$

将 π 算到小数点后208位,但也只有152位正确。算出的年代有1824,1840 和 1841 等多种说法。

在1844年,仅仅花了两个月时间,德国汉堡的数学家约翰·马丁·扎卡赖亚斯·达什用许尔茨·冯·斯特拉斯尼茨基教授发现的公式

$$\frac{\pi}{4} = \arctan\frac{1}{2} + \arctan\frac{1}{5} + \arctan\frac{1}{8}$$

将 π 算到小数点后205位,但只有200位正确。另一种说法是,他们合作计算得到了这个值。

为什么达什只用了短短的两个月,而不是其他数学家用的以年计的时间呢?主要是因为达什"也许是前所未有的心算家"——他能在54秒内心算两个8位数的乘积。他的其他使人叹为观止的心算纪录是:6分钟——两个20位数的积,40分钟——两个40位数的积,525分钟——两个100位数的积,52分钟——1个100位数的平方根。据说,他还有一个"绝技":可以几个小时连续算 π 之后,睡上一觉醒来又接着算。很可惜这位15岁就成为非凡的计算员、20岁就算出201位正确 π 值的、当过高斯助手的一代心算天骄,在37岁就英年早逝了。

克劳森

1847年,托马斯·克劳森算到 π 的小数点后250位,但只有248位

小数正确。他用的公式是1755年欧拉发现的 $\frac{\pi}{4} = 2\arctan\frac{1}{3} + \arctan\frac{1}{7}$ 和1706年马青发现的 $\frac{\pi}{4} = 4\arctan\frac{1}{5} - \arctan\frac{1}{239}$。

数学家克劳森出生在丹麦的Snogebaek，在德国等国工作过，死于塔尔图（当时属俄罗斯，今属爱沙尼亚）。作为天文学家和地球物理学家，他曾在1865~1871年担任了德尔普特天文台台长。

262位π值是雷曼在1853年得到的。

舍普勒在《π的年表》中说，在1853年，德国（？）数学家黎赫特将π算到小数点后333位，但只有330位才正确。

在黎赫特去世的1854年把π值推进到小数点后500位，所以在1855年才被公之于世。

```
1873. William Shanks, (1812-1882) (England). 707 places, using Machin's
formula. English mathematician. (See 1853, William Shanks). The value
of π to 707 places is:

3.14159 26535 89793 23846 26433 83279 50288 41971 69399 37510 58209 74944
 59230 78164 06286 20899 86280 34825 34211 70679 82148 08651 32823 06647
 09384 46095 50582 23172 53594 08128 48111 74502 84102 70193 85211 05559
 64462 29489 54930 38196 44288 10975 66593 34461 28475 64823 37867 83165
 27120 19091 45648 56692 34603 48610 45432 66482 13393 60726 02491 41273
 72458 70066 06315 58817 48815 20920 96282 92540 91715 36436 78925 90360
 01133 05305 48820 46652 13841 46951 94151 16094 33057 27036 57595 91953
 09218 61173 81932 61179 31051 18548 07446 23798 34749 56735 18857 52724
 89122 79381 83011 94912 98336 73362 44193 66430 86021 39501 60924 48077
 23094 36285 53096 62027 55693 97986 95022 24749 96206 07497 03041 23668
 86199 51100 89202 38377 02131 41694 11902 98858 25446 81639 79990 46597
 00081 70029 63123 77381 34208 41307 91451 18398 05709 85 &c.
```

山克斯的708位π值：载舍普勒《π的年表》第229页

5.3.6 可敬可怜山克斯——墓碑上的708位π值

1851年，英国数学家威廉·山克斯——又一位"以身殉π"者，将π算到319位。接着在1853年，他又先后算到530和608位——后者发表在论文《数学上的贡献：修正到小数点后607位的圆周率值》。虽然后来知道这两个π值只有前528位才正确，但这却是他从1843年起算π"十年寒窗苦"的结晶。他用的是马青公式，得到了威廉·卢瑟福1853年所算441位π值的帮助。

第5章 从1位到2000万亿位——历史上如何算π

又经过20年的努力，山克斯用台式机械计算机，再借助马青公式，在1873年将π算到小数点后707位。他的708位π值，被刊登在1873~1874年的《皇家学会学报》上——此时距他大规模算π的1843年则有30年。由于他从小数点后528位起就开始出错，于是他30年的心血大半付诸东流。这错误的原因之一是，打字员把小数点后第326位、第460~462位、513~515位打错。

不过，山克斯的工作一直没被后人遗忘。大约100年之后，出生在苏联的美国著名科普、科幻作家艾萨克·阿西莫夫还略带嘲讽地称他为"可怜的山克斯"！山克斯的"可怜"之处不仅在于几十年的心血大多打了"水漂"，而且在于他至死也不知道已经出错。不但他不知道，而且其他人在其后73年内也不知道，以至于这708位不完全正确的π值被镌刻在他的墓碑上。而且，直到万国博览会于1937年

山克斯的708位π值

在巴黎召开的时候，"发现馆"的天井里依然显赫地刻着这个π值，引得大家驻足流连，一时传为趣话。

山克斯"只取一瓢饮"的精神也激励着来者。直到1944年5月至1945年5月，弗格森仔细核算出自己正确的541位π值后，才发现山克斯的π值仅有前528位正确。

5.3.7 从弗格森到史密斯——人工算π纪录1 121位

1946年，在英国皇家海军学院工作的英国数学家弗格森指出，山克斯的708位π值从小数后528位起开始出错，并算出正确的621位π值。

弗格森还于 1947 年 1 月公布了他的 711 位 π 值。同月,"法裔青年"、美国华盛顿的数学家约翰·威廉·雷恩奇即小伦奇发表了 809 位 π 值。但不久弗格森就发现雷恩奇在小数点后第 723 位上的错误。所以雷恩奇 π 值的正确部分共 723 位。

1947 年 9 月,大西洋两岸的弗格森和雷恩奇各自算出 809 位准确 π 值,并于 1948 年 1 月联合发表了经他们共同校正的这个值。雷恩奇用的是马青公式,而弗格森用的是高斯发现的 $\frac{\pi}{4} = 3\arctan\frac{1}{4} + \arctan\frac{1}{20} + \arctan\frac{1}{1985}$。虽然他们计算的结果超过了 809 位,但却故意只发表了 809 位,为的是和彼德森算出的 809 位 e(自然对数的底)值"平分秋色"。

1949 年 6 月,美国数学家列维·史密斯和雷恩奇,算出了 1 121 位 π 值(一说"1118 位小数"),创造了人工算 π 的最高纪录。

美国哲学家及机能心理学的先驱威廉·詹姆斯在 1909 年出版的《真理的意义》一书中曾经预言:"如果我们攻克几何关系的世界,你将发现 π 的第一千位小数静静地安睡在那里;但是,恐怕没有哪一个人想把它算出来。"可是,仅仅过了 40 年,他的预言就被列维·史密斯和雷恩奇打破。看来,这位实用主义哲学家不但轻易低估了科技的迅猛发展,也低估了人类的智慧和潜力。

历经三个世纪,"人工"算 π 宣告结束。而"人工",早期是指用纸、笔由"手工"计算,晚期还加上台式手摇计算机、计算尺等实用机械计算器具。

5.4 电子计算机算 π——"芝麻开花节节高"

电子计算机算 π 的大致过程是,选定算 π 公式,将它编入程序后输入计算机,再发出计算指令,最后打印出来。

第5章 从1位到2 000万亿位——历史上如何算 π

5.4.1 从2 036位到100万位

1946年2月15日，电子计算机"埃尼阿克"（ENIAC）在美国进行了首次成功表演并交付使用。由于用计算机代替人工计算具有可靠、快速等优点，所以不久就被用作威力强大的算 π 武器。于是，用公式和计算机算出越来越多位数 π 值的"发令枪"，从1949年就打响了……

1949年，在美国马里兰州阿伯丁的陆军弹道实验研究所里，包括乔治·芮特威斯伦、雷恩奇、约翰·冯·诺伊曼、迈特罗伯里斯在内的"几个小伙子"，用ENIAC和马青公式算出 π 的小数点后2 048位。不过，只有2 035（一说2 037）位正确。这是人类第一次用电子计算机算 π，包括准备、整理资料和打孔共用70小时。

埃尼阿克

到了1958年1月20日，法国数学家弗朗索瓦·吉努斯用IBM - 704型电子计算机把 π 算到1万位小数，用了100分钟。

1961年7月29日，美国数学家丹尼尔·山克斯和华盛顿的雷恩奇用IBM - 7090型机，将 π 算到小数点后100 265位——登上10万位高峰。

突破10万位后，科学家们向100万位挺进。1973年5月24日，法国数学家让·吉劳德和她的女同事马丁·玻叶等，用CDC-7600型机花去23小时18分钟，将 π 算到小数点后1 001 250位，登上100万位高峰。

1965年，数学家发现将新出现的快速傅里叶变换（fast Fourier transform，FFT）用于大数的高精度乘除法时，比通常的方法快得多

傅里叶

——时间由 $O(n^2)$ 缩短为 $O(n\ln n)$。这里，$O(k)$ 表示 k 次正交（变换）群。这就戏剧般地减少了计算机高精度算 π 和其他数学常数所花的大量时间，为计算出它们多得令人咋舌的位数铺平了道路。1994 年 1 月，两位美国数学家理查德·克兰达尔和巴里·费金合著的计算数学文章《离散加权变换和大整数算术》，引入了无理底数 FFT 的概念。这个改进使得计算平方的速度提高两倍以上；所以，FFT 及其逆变换 IFFT 是神通广大的数学武器——在寻找大梅森素数时，数学家们也曾用到。这里提到的傅里叶，是著名的法国物理学家和数学家，许多物理或数学的定律、公式等，都用他的姓氏命名。

5.4.2 算 π 方法的革命性大突破

20 世纪 70 年代后期，用电子计算机算 π 发生了新变化：数学家们已不再满足于用了 200 多年的微积分方法——特别是其中反正切式按格雷戈里公式展开的算法，而寻找各种各样新方法。以下介绍"沙-波法"及其"衍生算法"，"椭圆积分法"。

1. "沙-波法"

1) "沙-波法"即"相关二次算法"

沙拉明

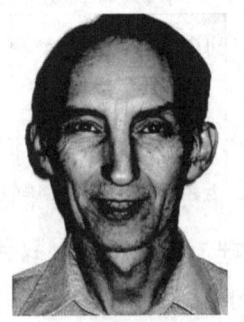

波伦特

第5章 从1位到2000万亿位——历史上如何算π

1976年，美国数学家尤金·沙拉明在《计算的数学》第30卷上，发表了重要论文《利用算术平均数与几何平均数计算π值的新方法》。澳大利亚数学家理查德·皮尔斯·波伦特也于同年独立发现了类似的新方法。这种算法是基于算术－几何平均值，和某些在19世纪原来属于高斯的思想——但没有看到高斯将它和算π联系起来。这种算法产生的近似值收敛到π的速度，比任何经典公式都快得多。

这个算法的每次迭代大致使正确的位数加倍，特别地，各次迭代依次产生π的1，4，9，20，42，85，173，347和697个正确数字。为了将π算到4500万个准确的十进位数字，只要25次迭代就足够了。不过，这种迭代每次都必须使用和最终结果所要求的一样高的数字精度。

乔纳森·迈克尔·波尔文

"沙-波法"要求高精度地开平方，而在马青公式中则不要求这种运算。高精度的平方根可以用牛顿迭代有效地计算，它仅仅使用乘法和某些低成本的运算。每次迭代都使数字精度的水平加倍。这样，像"沙-波法"这类算法就能在计算机上非常快地实现。

2)"沙-波法"的几种"衍生算法"

"沙-波法"还有一些不同的算法，但本质上属于同一类型。

例如"法①"即"波尔文算法"。1985年初，当时在美国达荷塞大学工作、出生在苏格兰的加拿大数学家乔纳森·迈克尔·波尔文和彼德·波尔文兄弟俩发现的这种4次迭代式，4次方收敛于π，即具有4阶。

波尔文兄弟俩也是一对"π痴"——例如，在1971年，兄弟俩就合作出版了厚达750页的《圆周率：史料集》。又如，在1996年，两位波尔文还证明了对任意的m，都存在收敛于π的"m阶逼近"。例如$m=9$时，就有"法②"即"9阶算法"。

"沙–波法"的另一算法即"法③"的算 π 结果见表 5-2，其中"n"指运算次数，"有效位数"指该次数对应 π 准确值的位数。由表 5-2 可见，π 的有效位数随"迭代"或"运算"次数的增加而猛增。

表 5-2 专家估计值

n	有效位数	n	有效位数
1	2	15	89 408
2	7	16	178 824
3	18	17	357 655
4	40	18	715 318
5	83	19	1 430 644
6	170	20	2 861 296
7	344	21	5 722 600
8	693	22	11 445 209
9	1 392	23	22 890 427
10	2 788	24	45 780 864
11	5 582	25	91 561 737
12	11 171	26	183 123 484
13	22 347	27	366 246 978
14	44 701	28	732 493 966

达维德·哈罗德·贝利

以上"沙–波法"及几种"衍生算法"，特别是其中的"法①"，成为一些数学家用电子计算机算 π 的重要方法。例如，日本东京大学的金田康正，在1986年以后的十多年里，多次用"沙-波法"和"法①"算π。又如，美国数学家达维德·哈罗德·贝利在1986年也用过"法①"算π。

以上"沙-波法"及几种"衍生算法"，极大地缩短了算π的时间，对比见图5-8。

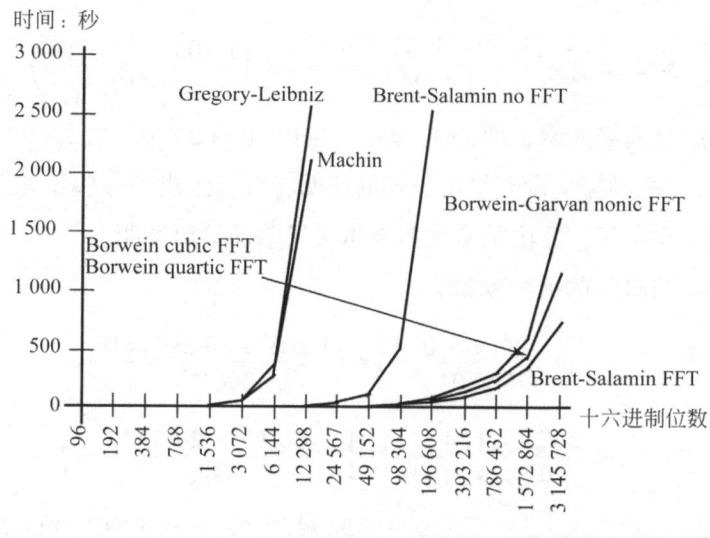

图5-8

图5-8的纵坐标是用二进制计算π到各种精度所花的时间，横坐标是π的十六进制位数。用4（=$\log_2 16$）乘以这些数可以得到等价的二进制位数。而用1.204 21…（=$\log_{10} 16$）乘以这些数可得到等价的十进制位数。在其他计算机系统上进行这种运算，结果可能会稍有不同。例如，金田康正在1995年10月用日立计算机将π算到约60亿位时候，"法②"比"沙-波法"快些（116小时比131小时）。但图5-8的比较总体是不会错的：现代算法比经典分析法速度快许多倍，特别是计算过程中用FFT算法的时候。

2. "椭圆积分法"

椭圆积分法建立在椭圆积分变换的理论上，始作俑者则是印度的传奇数学家拉马努金。他在1914年"模方程和π的逼近"一文中，给出了14个算π公式。其中之一，是关于椭圆积分变换理论和π的快速逼近之间，联系紧密而优美的"拉马努金公式"（"LM"）

$$\frac{1}{\pi} = \frac{2\sqrt{2}}{9801} \sum_{n=0}^{\infty} \left[\frac{(4n)!}{(n!)^4}\right] \times \left(\frac{1\,103 + 26\,390n}{396^{4n}}\right).$$

用"LM"每计算一项可以得到8位的十进制精度，"LM"的一个有趣的"变种"是

$$\frac{1}{\pi} = 2\sqrt{2} \sum_{n=0}^{\infty} \frac{(1/4)_n (1/2)_n (3/4)_n}{(n!)^3} \times \left(\frac{1\,103 + 26\,390n}{99^{4n+2}}\right),$$

这里$(c)_n$是递增阶乘，即$(c)_n = c\,(c+1)\,(c+2)\cdots(c+n-1)$。

不过，拉马努金没有给出公式的证明，仅仅给出了一些不充分的解释。直到1987年，才由加拿大的波尔文兄弟俩给出证明。

只取"LM"的前两项就有

$$\frac{1}{\pi} = \frac{2\sqrt{2}}{9801} \times \left[\frac{(4\times 0)!}{(0!)^4}\right] \times \left(\frac{1\,103 + 26\,390\times 0}{396^{4\times 0}}\right)$$

$$+ \frac{2\sqrt{2}}{9801} \times \left[\frac{(4\times 1)!}{(1!)^4}\right] \times \left(\frac{1\,103 + 26\,390\times 1}{396^{4\times 1}}\right),$$

由此可算得 $\pi \approx 3.141\,593\,5\cdots \approx 3.141\,59\cdots$——得到了6位准确π值。由此可见，"LM"是一个收敛得很快的公式。

后来发现，在拉马努金的14个公式中，还有一个能计算π二进制单个数字的公式：

$$\frac{1}{\pi} = \sum_{n=0}^{\infty} \binom{2n}{n}^3 \times \left(\frac{42n+5}{2^{12n+4}}\right).$$

年轻的朋友因π相聚比什么都快乐

从1985年以来，椭圆积分法为一大批计算机算π提供了又一新方法。美国数学家拉尔夫·威廉·哥斯佩尔（小）、达维德·哈罗德·贝利、日本金田康正等用它创造的新纪录将在下面谈到。对这一公式及理论有更多兴趣的读者，可看中国的《数学译林》杂志1993年第2期

"Ramanujan，模方程，π 的逼近或如何算出 π 的 10 亿位"一文。

2002 年，西班牙德·萨拉戈萨大学的校长（Universidad de Zaragoza）、数学家杰苏斯·吉尔拉·戈亚内斯证明了一个据说是当时算 π 最快的公式 A：

$$\frac{128}{\pi^2} = 13 - \left(\frac{1}{2}\right)^5 \frac{20 \times 50 + 13}{2^{10}} + \left(\frac{1 \times 3}{2 \times 4}\right)^5 \frac{40 \times 91 + 13}{2^{20}}$$
$$- \left(\frac{1 \times 3 \times 5}{2 \times 4 \times 6}\right)^5 \frac{60 \times 132 + 13}{2^{30}} + \cdots 。$$

它可由 $\sum_{n=0}^{\infty} \frac{(-1)^n \left(\frac{1}{2}\right)_n^5}{2^{10n}(1)_n^5}(820n^2 + 180n + 13)$ 展开得到。

2003 年，戈亚内斯还猜测另一个公式算 π 比 A 式更快，但没有证实：

$$\frac{128\sqrt{5}}{\pi^2} = \sum_{n=0}^{\infty} \frac{(-1)^n (6n)!}{2\,880^{3n}(n!)^6}(5\,418^2 + 693n + 29) 。$$

5.4.3 从 1 000 万位到 1 000 亿位

约 1977 年，美国计算机专家、数学家唐纳德·欧文·克努斯（汉语名高德纳）和他的学生们，对计算机的乘法设计了一种较快的算法，把 π 值推进到 150 万位。

1981 年 6 月 18 日~7 月 1 日，日本筑波大学的数学家鹿角理三吉等，把 π 算到 2 000 037 位（一说 2 000 038 位）有效数字。

1982 年，金田康正和在日本水泽国际纬度天文台的田村芳昭，将 π 算到小数点后 4 194 288 位。接着，他们又推进到小数点后 8 388 608 = 2^{23} 位（一说 8 388 576 位）。

1983 年 10 月，日本数学家后保范和金田康正，算 π 至 10 013 395 位。

π 值的小数位数突破 1 000 万位大关，是此前国际数学界和计算机科学界多年的梦想。图 5-9 是当时的一幅广告画，集中代表了这种梦想。它似乎在说："谁敢来揭榜！"

突破1 000万位的梦想成真后，人们依然"马不停蹄"。

1985年、1986年、1987年算出π的纪录分别是小数点后17 526 200位、67 108 839位、134 217 728位——首次突破1亿位大关。

图5-9

1989年9月，美国商用电器公司即IBM公司自豪地宣布，在该公司工作的美国哥伦比亚大学的丘德诺夫斯基兄弟利用自己发现的公式，在上个月把π算到小数点后1 011 196 691位——首次突破10亿位大关。

1997年7月，日本东京大学教授金田康正和助手高桥大介，算到小数点后515.396亿位。1999年9月18日，他们又算到206 158 430 208位。

金田康正

5.4.4 最新纪录2 000万亿位

2002年12月6日，东京大学信息基础（IT）中心和日立制作所的联合研究小组日宣布，该中心的金田康正等，与日立制作所的员工共9人合作，利用日立制作所的并行超级电脑系统日立SR 8000/MPP（拥有10^{12} bit主记忆体，64-node），净耗时400多小时，算出了12 411亿位π

第 5 章 从 1 位到 2 000 万亿位——历史上如何算 π

值。这个电脑系统由 144 台电脑通过高速通信线路连接而成，1 秒钟之内完成 2 万亿次计算，当时计算能力居世界第 26 位。主要计算和验算共用约 600 小时，计算在 11 月 24 日完成的。

这次计算改善并应用了名为"分解有理数化法"（DRM 法）的计算方法。这个纪录采用了公式

$$\frac{\pi}{4} = 44\arctan\frac{1}{57} + 7\arctan\frac{1}{239} - 12\arctan\frac{1}{682} + 24\arctan\frac{1}{12\,943}$$

和

$$\frac{\pi}{4} = 12\arctan\frac{1}{49} + 32\arctan\frac{1}{57} - 5\arctan\frac{1}{239} + 12\arctan\frac{1}{110\,443}$$

计算，它们分别由挪威数学家斯托默在 1896 年和日本数学家高野喜久雄在 1982 年得到。

6 年多以后的 2009 年 8 月 17 日，日本筑波大学宣布，该校计算科学研究中心的副教授高桥大介等研究人员，已将 π 计算到小数点后 25 769.803 7 亿位。这次计算始于 2009 年 4 月：高桥等连接了 640 台高性能计算机，形成一个可进行约 95 万亿次/秒运算的并行超级计算机系统（"T2K 筑波系统"，当时运算速度排世界第 47 位），计算和验算共花费了 73 小时 36 分——远少于 2002 年计算 12 411 亿位用的 600 小时。

贝拉德

不过，筑波大学为这一新成果在 2009 年 8 月 10 日申请的吉尼斯世界纪录保持了还不到半年，就被法国著名电脑软件工程师法布里斯·贝拉德打破。英国《泰晤士报》2010 年 1 月 7 日报道，贝拉德在 2009 年 12 月 31 日宣布，他仅用一台个人电脑并自编程序，就已经得到 π 小数点后约 2.699 999 99 万亿位。如果用十六进制表示，则约为 2.242 301 46 万亿位。他说，这个 π 值占用了至少 1 137GB 的硬盘容量，传输或下载需要 10 天时间。如果以每秒钟一个数字的速度昼夜不停地朗读，至少需要花 85 616 年才能读完！

贝拉德用的是一台基于2.93GHz Corei7处理器的电脑，内存容量是6GB，硬盘则使用的是5块RAID-0配置的1.5TB容量的希捷7200.11，系统运行64位Red Hat Fedora 10操作系统，文件系统则使用Linux的ext4。他用的是丘德诺夫斯基公式，计算二进制数字和核对各花了103天和13天，转换成十进制数字和核对各花了12天和3天，总计131天。他验算时将9台电脑联网，用的公式是改良后的"BBP"（见5.7.1小节的2.）。贝拉德改良后的"BBP"算法，被命名为"贝拉德算法"——据说在目前所有的算π法中最快。

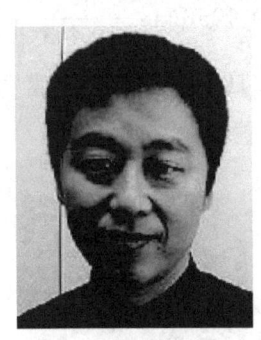

近藤茂

贝拉德是一位传奇且成就卓著的电脑程序设计专家。他从上高中时就开始软件设计，例如开发了著名的软件QEMU、TinyCC、FFMPEG等。他发明的快速算π公式等成就将在5.7.1小节的2.谈到。

但是，贝拉德还没有高兴到1年，他的纪录就被日本北部长野县饭田市的一家食品厂的计算机软件工程师近藤茂和一位美国西北大学电机计算机系的大学生亚历山大合作打破。他们声称仅利用自己的个人计算机，就在2010年5月4日~8月3日（耗时90天7小时）计算出了5万亿位π值。

不过，近藤茂和亚历山大的纪录在1个月后又被以难以置信的惊人数值打破。英国广播公司（BBC）2010年9月17日报道，日前，雅虎科技公司的尼古拉斯·斯则研究员采用"谷歌"开发的"云计算"技术和Map-Reduce方法，用1000台电脑同时计算了23天，将圆周率算到了小数点后2 000万亿位。据说，每台电脑都要运行不同的公式，将π复杂的公式分解成更小的数学问题，然后再将它们综合到一起得出π值，其计算量相当于一台电脑工作500年。表5-3是计算π值的主要大事。

第 5 章 从 1 位到 2 000 万亿位——历史上如何算 π

表 5-3 计算 π 值的主要大事

序号	π 值	时间	计算者或使用者，来源	误差，方法，计算机机型，用时等
1	3	古代	《圣经》，中国，希腊，埃及，巴比伦等	相对误差 4.507%
2	3.12	古代，1904 年，1995 年 7 月 26 日	古罗马人，法国查尔特勒斯等，美国罗杰·马茨	相对误差 0.687%
3	3.125 0 或 3.125 = 25/8	古代及近代，1668 年	古埃及、古罗马、中、法等，英国霍布斯《物理问题》	相对误差 0.528%
4	223/71 < 3.14 < 22/7、22/7	公元前 3 世纪	古希腊阿基米德	古典割圆术
5	3.14 = 157/50	3 世纪	刘徽	刘徽割圆术相对误差 0.051%
6	3.141 552（?）	2 世纪	希腊托勒密	相对误差 0.001%
7	3.141 590 4… = 211 872/67 441（?）	2 世纪	希腊托勒密	
8	3.141 592 6 ~ 3.141 592 7	480 年	中国祖冲之	
9	17（算到 18）位	1424~1430 年，1593 年	阿拉伯阿尔·卡西，韦达	改进的古典割圆术，无穷乘积式
10	18 位	1597 年	荷兰-比利时范·罗曼	
11	36 位	1610 年，1621 年	荷兰-德国鲁道夫，德国-荷兰斯涅耳	古典割圆术，改进的古典割圆术
12	40 位	1630 年	奥地利-意大利格林贝格	终结了改进的割圆术法算 π
13	72 位	1699 年（?）	英国夏普	表 6-1 的 9 式
14	101 位	1706 年	英国马青	表 6-2 的 (8) 式

续表

序号	π值	时间	计算者或使用者，来源	误差，方法，计算机机型，用时等
15	113（算到128）位	1719年	法国德·拉尼	表6-1的9式
16	137（算到141）位	1794年	奥地利尤吉伊·巴托罗梅·威加	表6-2的(4)和(9)式
17	153（算到154）位	1837年，1841年	法国卡勒特（"克隆的"?），英国威廉·卢瑟福	表6-2的(25)式
18	201（算到206）位	1844年	德国达什（或达什与德国斯特拉斯尼茨基）	表6-2的(11)式
19	249（算到251）位	1847年	丹麦－德国托马斯·克劳森	表6-2的(4)和(8)式
20	262位	1853年	雷曼	
21	319位	1851年	英国威廉·山克斯	
22	441或401位	1853年	英国威廉·卢瑟福	
23	501位	1854（1855发表）	德国（?）黎赫特	
24	528（算到708）位	1873年（一说1874年）	英国威廉·山克斯	表6-2的(8)式
25	541位	1945年	英国弗格森	
26	621位	1946年	英国弗格森	
27	723（算到809）位	1947年1月	美国雷恩奇	
28	809位	1949年9月	美国雷恩奇及英国弗格森	分别用表6-2的(8)和(22)式
29	1121或1119位	1949年6月	美国雷恩奇及列维·史密斯	人工算π最高纪录
30	2036或2038（算到2049）位	1949年	美国雷恩奇、约翰·冯·诺伊曼、迈特罗伯里斯、芮特威斯伦等	计算机始算π，ENIAC，表6-2的(8)式，70小时
31	10 001位	1958年1月20日	法国弗朗索瓦·吉努斯	IBM-704，100分

第5章 从1位到2000万亿位——历史上如何算 π

续表

序号	π 值	时间	计算者或使用者，来源	误差，方法，计算机机型，用时等
32	100 266 位	1961 年 7 月 29 日	美国雷恩奇及丹尼尔·山克斯	IBM-7090，表6-2（34）、（36）式，523 和 481 分
33	1 000 251 位	1973 年 5 月 24 日	法国吉劳德及玻叶等	CDC-7600，23 小时 18 分，200 或 400 页书
34	10 013 396 位	1983 年 10 月	日本金田康正和后保范	HITAC S-810/20
35	133 550 001 位或 133 326 001 位	1987 年	日本金田康正、田村芳昭和吉宣久保等	HITAC S-810/20，35 小时 14 分
36	1 011 196 692 位	1989 年 8 月	苏联 - 美国丘德诺夫斯基兄弟	丘德诺夫斯基公式，CLAY- 2 和 IBM 3090/VF
37	12 884 901 372 位	2000 年 10 月 10 日	日本近藤茂	PC 机上最高计算纪录，用程序"PiFast ver3.3"
38	206 158 430 001 位（算到 ~208）位	1999 年 9 月 18 日	日本金田康正及高桥大介	HITAC SR8000/MPP，37 小时 21 分 4 秒
39	12 411 亿位	2002 年 11 月 24 日	日本金田康正和日立制作所员工共 9 人	HITAC SR8000/MPP，净用 400 多小时，DRM 法
40	25 770 亿位	2009 年 8 月 17 日	日本高桥大介等	T2K 筑波系统，73 小时 36 分
41	2.699 999 99 万亿位	2009 年 12 月 31 日	法国法布里斯·贝拉德	个人电脑，共 131 天
42	5 万亿位	2010 年 8 月 3 日	日本近藤茂、美国亚历山大	个人电脑，90 天 7 小时
43	最新纪录 2 000 万亿位	2010 年 9 月 17 日	美国雅虎科技公司研究员尼古拉斯·斯则	"云技术"，23 天

注：数值由小到大排列，相对误差（取分数到第 3 位小数）都是 0.000% 时按准确位数由少到多排列。

5.5 从星条旗到芝麻——概率法算 π 及数值

5.5.1 星条旗上掷短针——蒲丰法游戏算 π

"π 在这个最料想不到的场合跳了出来!"这是乌克兰出生的美国科普作家乔治·盖莫夫在《从一到无穷大——科学中的事实和臆测》一书中的感叹。下面,我们来看一看 π 究竟是怎样"跳了出来"的。

蒲丰

1777 年的一天,一位法国人家里高朋满座。他们不仅是来赴宴的,而且是来"做游戏"的。只见古稀高龄的主人将一张画着一组等距离平行线的纸铺在桌子上,把一堆每根长为平行线距离一半的小针递给客人:"请诸位把针一根根往纸上扔……"

客人们不知主人葫芦里卖的是什么药,但还是"客随主便"。最后,主人数了数,共扔针 2 212 次,其中与平行线相交 704 次。"2 212/704 = 3.142…,"主人说,"这就是圆周率。""啊!"——客人们大吃一惊,圆周率竟在一场游戏之中。不过,盖莫夫却建议在星条旗的平行线上用火柴做这个游戏。

这个主人,就是首先用概率法(一种实验法)求 π 的法国博物学家、数学家蒲丰。因此,这个实验也称蒲丰实验,而这类问题也称为蒲丰问题。

我们先给蒲丰实验一个特殊通俗的说明。

假设图 5-10 中平行线距为 4 厘米,针 AB 长为 2 厘米。将针任意掷向平行线时,可能相交——有一端碰到平行线也算相交,也可能不相交。问题是,大量多次投掷针时,投掷总次数 n

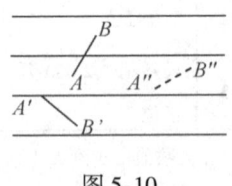

图 5-10

与相交次数 k 的比值即 $n/k = ?$

根据"公平竞争"的原则,显然每 1 毫米长的针与直线相交的次数为 $k/20$,每 2 毫米则为 $2k/20$,等等——针与直线可能相交的次数与针的长度成正比。当然,这个结论对图 5-11 所表示的任意形状的、总长为 2 厘米的针(Ⅰ,Ⅱ,Ⅲ)也适用。不过,弯针可能有几处和直线相交,就必须把每个交点都算进去。

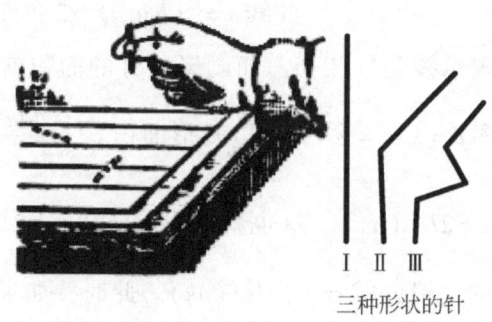

三种形状的针

图 5-11

现在,改用直径 4 厘米、周长 4π 厘米的圆形针,仍然将它投向上述平行线。显然,每次投掷的必然结果是,和两条直线都相交(相切也视为相交)。如果投掷 n 次,则相交次数必为 $2n$ 次。

对比以上两次实验,并用到上述可能相交的次数与长度成正比的结论,就有 $2/(4\pi) = k/2n$,也就是 $n/k = \pi$。看,π 的确在这里"跳了出来"!

1777 年,蒲丰在 1760 年写成的《或然算术试验》出版,书中给出了掷针问题一般情况的解答。如果向画有等距离且距离为 a 的一组平行线投掷长为 l($l < a$) 的直针,那么,直针与直线相交的概率为 $p = 2l/(a\pi)$。以下证明这一结论。

如图 5-12 所示,设 AD 与平行线中的任意一条 MN 相交,显然针不可能和两条直线相交,只有当且仅当 $s = BC \leq (l\sin\varphi)/2$ 的时候,针和 MN 才相交。

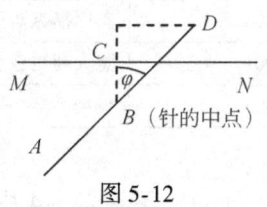

图 5-12

如图 5-13 建立一个 s 随 φ 变化的坐标系,

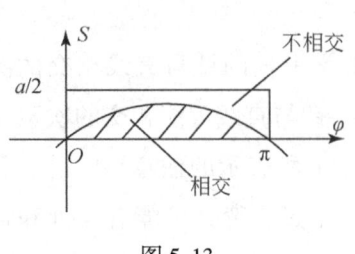

图 5-13

同时画一个长为 π、宽为 $a/2$ 的矩形。那么，这个矩形的面积表示什么呢？不管线与针相不相交，都有 $s = BC \leq a/2$ 和 $\varphi \leq \pi$。所以，矩形面积表示相交和不相交次数的和即总投掷次数。

再在图 5-13 中所示的位置画正弦曲线 $s = (l\sin\varphi)/2$ 的半周。显然，阴影部分内的点就表示线与针相交，而阴影部分的面积就表示相交的次数。这就得到概率 $p = k/n =$ 阴影面积/矩形面积 $= \int_0^\pi \dfrac{ld\varphi\sin\varphi}{2} \div \left(\dfrac{a\pi}{2}\right) = \dfrac{2l}{a\pi}$，就是 $p = k/n = 2l/(a\pi)$。这也就证明了前述 $p = 2l/(a\pi)$，并且得到投针法求 π 的一般公式 $\pi = 2nl/(ak)$。此时，如果像前面那样假设 $2l = a$，就得到 $\pi = n/k$，于是 $\pi = 2\,212/704 = 3.142\cdots$。

由于随着投掷次数的增加，可以得到越来越准确的 π 值，所以 100 多年来不少人进行过实验。其中著名的如表 5-4 所列。

表 5-4

实验时间	实验人	实验次数	π 值
1777	法国蒲丰	投 2 212 交 704	3.142
18 世纪	英国德摩根等	投 600	3.137
1850 或 1853	瑞士鲁道夫·沃尔夫（Rudolf Wolf, 1816—1896）	投 5 000 交 2 532，在苏黎世投掷，针长 36 毫米，平行线间距 45 毫米	3.159 6
1855	英国亨利·约翰·斯蒂芬·史密斯	投 3 204 或 3200	3.155 3
1894	英国福克斯（Fox）	投 1120 或 1100	3.141 9
1901	意大利拉兹里尼	投 3408 交 1808 或 2169	3.141 592 9
1925	赖纳	2520 交 859	3.179 5

不过，不管表 5-4 中的意大利数学家拉兹里尼（Lazzerini）是否真

的投过针，对他那么少的次数就得到这么准确的 π 值，一直有人持怀疑态度。这种怀疑从记载他投针 3 408 次和相交次数的数据也可以看出，无论相交 1 808 次还是 2 169 次，都得不到 3.141 592 9。

甚至过了近一个世纪，美国犹他州奥格登的国立韦伯大学的 L. 巴杰，都还在表示质疑。这类质疑的文章"对 π 实验的不实的计算"，发表在 1994 年 8 月 1 日的《自然》杂志第 370 卷第 323 页上，作者是 J. 马多克。

值得注意的是，从表 5-4 可以看出，用这种方法求得 π 的准确度与投掷次数并不成"正比"。这又是为什么呢？这涉及一个重要的数学问题——最优停止问题，也就是投到多少次停止，才可以获得较优的 π 的估计值问题。

蒲丰实验引出过很多数学和其他学科的成果。例如，著名的蒙特卡罗方法即统计方法，它的滥觞就是蒲丰实验。再如，投针问题用频率代替概率，还提供了一种概率模型，计算这种模型的概率叫几何概率。此外，蒲丰实验还启发了一门重要的数学分支——积分几何的诞生。而在 2003 年，美国纽约警方搜集了近 30 年来发生在斑马线上的车祸，从中选取所有身高约 1.68～1.73 米的遇难行人，统计他们的尸体与斑马线相交的概率，应用投针实验理论，也得到了圆周率的近似值。纽约警方还专门发表了文章说，他们得出结论：行人被撞事故是完全随机的，一切都遵循大自然的规律，人们要看开一些。

由于蒲丰实验"这张旧船票"能够登上许多"客船"——现实的理论和实践意义都十分广泛重大，因此经常被许多文献提到。

5.5.2 并非只有掷针

那么，实验法求 π 值是不是只有蒲丰的这一种掷针法呢？不是——其实，还有多种。

1. 高斯法——数格点照样算 π

高斯给出的概率求 π 法如图 5-14 所示。

将半径 OB 为整数 r 的圆画在方格纸上，数出圆内和圆周上的格点

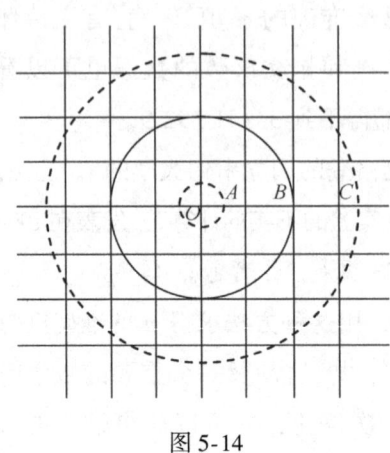

图 5-14

（指经过各整数直线的交点）总数之和 $f(r)$，这样，就有 $\pi = f(r)/r^2$。

例如，在图 5-14 中，$OB = r = 2$，就可以数出 $f(r) = 13$。此时，不难算出 $\pi = 13/2^2 = 3.25$。下面给出证明。

显然，那些与以 OB 为半径的圆周相交的方格，一定在这样两个虚线圆周所组成的圆环内：一个是 $r - \sqrt{r}$（即 OA）为半径的圆，另一个是 $r + \sqrt{r}$（即 OC）为半径的圆。不难算出，这个圆环的面积为 $4\pi r\sqrt{r}$。显然，$|f(r) - \pi r^2| < 4\pi r\sqrt{r}$。这个式子就是 $|f(r)/r^2 - \pi| < 4\pi/\sqrt{r}$。

当 $r \to \infty$ 时，$4\pi/\sqrt{r}$ 的极限为 0，由此就可以得到 $f(r)r^2 - \pi = 0$。于是，$\pi = f(r)/r^2$ 就得到证明。

表 5-5 为高斯的部分实验结果。

表 5-5

r	r^2	$F(r)$	$\pi = f(r)/r^2$	相对误差
2	2^2	13	3.25	+3.45%
3	3^3	29	3.222	+2.56%
10	10^2	317	3.17	+0.90%
20	4×10^2	1 257	3.142 5	+0.03%
30	9×10^2	2 821	3.134 4	−0.23%
100	10^4	31 417	3.141 7	+0.003%
200	4×10^4	25 629	3.140 7	−0.028%
300	9×10^2	282 697	3.141 1	−0.016%

格点概率法还有本质相同的另外一种叙述。如图 5-15 画整数 r 为半径的圆。设圆内（含圆周）的格点（两个坐标都是整数的点）数为

$f(r)$，可以将 $f(r)$ 看成圆面积 S 的近似值，而圆面积 $S = \pi r^2$，所以有近似关系 $\pi = f(r)/r^2$。用它也可以求得近似 π 值。

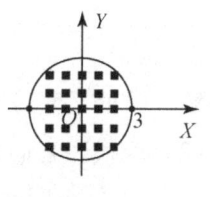
图 5-15

例如，在图 5-15 中 $r = 3$，可以算出或数出格点数 $f(3) = 29$，这时就可以得到 $\pi = 29/3^2 = 3.222$。

1960 年，苏联数学家嘎乌斯波莫，给出这种用圆内格点实验求 π 的方法。

2. 小正数法——任写"小数"同样算 π

随机写出两个小于 1 的正数 x 和 y，它们与数 1 在一起正好构成一个锐角三角形三边的概率为 $p = 1 - (\pi/4)$，由此就可以求得 π 值。例如，我们随机写出 100 组（每组两个）小于 1 的正数，其中 n 组"能"与 1 构成一个锐角三角形的三边，m 组"不能"；则"能"的概率是 $p = n/(m+n) = 1 - (\pi/4)$。例如，当 $n = 21$ 时，$m = 79$，就可以得到 $\pi = 4m/(m+n) = 4 \times 79/(79+21) \approx 3.16$。

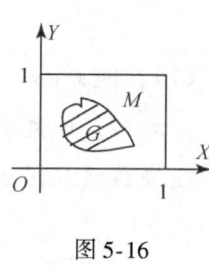
图 5-16

下面给出这一方法的证明。在图 5-16 中，点 (x, y) 是在 0 与 1 之间随机选取的，所以点 (x, y) 必然均匀分布在面积为 S_M 的单位正方形 M 的内部。如果符合条件——与 1 正好构成一锐角三角形的三边的点落在面积为 S_G 的阴影区域 G 内，那么根据"机会均等"的原则，所求的概率 $p = S_G/S_M$。

现在，假设以 x，y，1 为三边的锐角三角形 ABC 如图 5-17 所示，其中 $\angle C$ 对应于最大的边 1。因为三角形两边之和大于第三边，而且 x，y 都是正数。所以

$$x + y > 1 \tag{5-1}$$

显然，满足（5-1）的点必然在图 5-18 中直线 $x + y = 1$ 的右上方。又因为 $\angle C$ 是锐角，根据余弦定理，就得到 $1^2 = x^2 + y^2 - 2xy\cos\angle C < x^2 + y^2$，

即
$$x^2 + y^2 > 1 \qquad (5\text{-}2)$$

显然，满足（5-2）的点在圆 $x^2+y^2=1$ 以外。由此可知，满足（5-1）、（5-2）或代表它们且在 M 内的区域是阴影区 G。而 G 的曲边周界，是 $x^2+y^2=1$ 这个圆在一象限内的 1/4 圆周。

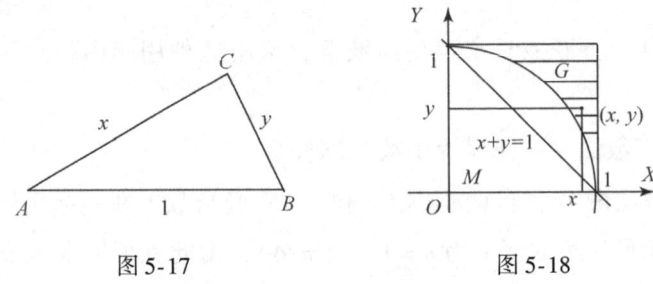

图 5-17　　　　　　　　图 5-18

所以，$S_G = S_M - S_圆/4 = 1 - (\pi/4)$，所求的概率 $p = S_G/S_M = 1 - (\pi/4)$。这就证明了前面的结论。

类似地，随机写出两个小于 1 的正数 x 和 y，它们与数 1 在一起正好构成一个钝角三角形三边的概率为 $p = (\pi-2)/4$。用与前面相似的方法，可以证明这个结论。

此外，如果任意写出小正数 x，y，z（$0 < x, y, z < 1$），使 $x+y+z=1$；那么，由 x，y，z 构成锐角三角形的概率 $p = 2 - (\pi/2)$。由此也可以算得 π 值。据说，美国数学家唐纳德·詹姆斯·纽曼曾研究过这类问题。

3. 互素法——写自然数也能算 π

约 1904 年，法国数学家查尔特勒斯叫了 50 个学生，让每个学生任意写 5 对自然数。他经过计算，在 250 对自然数中有 154 对互素，即互素的概率为 154/250 = 61.6%，可由此算 π。

研究表明，任意两个自然数理论上的互素概率为 $6/\pi^2$；那么，就可以通过任写自然数及这一公式来求得 π 值。例如，由查尔特勒斯上述实验可得 $6/\pi^2 = 61.6\%$，于是 π = 3.12…。这里的 $6/\pi^2$ 的来源，可以在美籍匈牙利数学家乔治·波利亚的专著《数学与猜想》第一卷中找到。

这真是奇妙无比——π又"跳了出来"!

顺便说明,任取一个整数,它没有重复素因子的概率也是$6/\pi^2$;而任何一个整数,平均可用$\pi/4$个方法写成两个完全数之和。

4. 请木棍来帮忙——广袤大地上的 π

假设在大地上插满木棍或其他棍子,并且整齐地排成一个"矩阵",就像果园里种得很整齐的苹果树一样。然后任意选取两根木棍,把它们之间的两点连接成直线。那么,直线上没有其他木棍的概率为$6/\pi^2$。多次进行这样的选取,就可以根据选取的次数 m、没有其他木棍的次数 n,来算得 π 值了。具体算式是$6/\pi^2 = n/m$,和前面的互素法相同。

您看,在广袤的大地上也算出了π!这种方法,记载于苏格兰-美国作家、出版商约翰·菲因在1912年出版的《科学的七大荒唐事》(又译《科学上的七个傻念头》)一书中。

5. 不掷短针掷芝麻——又一游戏算 π

画一个半径约10厘米的圆和它的外切正方形(图5-19),再将一大把芝麻一粒粒或一批批掷向上述图形,最后数一数圆内的芝麻数和正方形内所有的芝麻总数,并用前一个数除以后一个数的商,再乘以4,就可以得到近似π值。有人做过一次实验,分别数得以上两个数为1 572和2 000,由此可算得到 $\pi = 4 \times 1\,572/2\,000 = 3.144$。

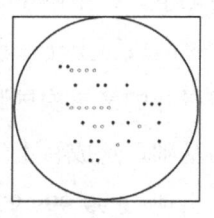

图 5-19

这种方法的道理显而易见:圆面积正好是正方形面积的$\pi/4$倍,而投在每单位面积上芝麻的概率是相等的。如果把圆和它的外切正方形画得大一些,我们可以改用更为方便的物体,例如用较大的米粒来代替芝麻。有人还用掷飞镖代替掷芝麻求π——被称为"飞镖逼近"。

5.6 "单摆公式"显神通——物理实验法算 π

物理实验法算π的方法很多,像邢云路和谈泰用测圆周长和直径

来求 π 值的方法就是一种。这里再介绍一种。

由单摆振动周期公式 $T = 2\pi\sqrt{\dfrac{l}{g}}$，得到 $\pi = \dfrac{T}{2}\sqrt{\dfrac{g}{l}}$。1999 年，一位南京学者测得当地重力加速度 $g = 9.794$ 米/二次方秒，摆长 $l = 0.875\,5$ 米，单摆平均振动周期 $T = 1.878$ 秒，于是求得 $\pi \approx 3.140\,6 \approx 3.141$。

5.7　并不都要从"1"开始——计算 π 的单个数字

5.7.1　花发欧罗巴，果结阿美利加

1. 从希尔伯特的问题开始

在德国哥廷根大学的档案馆里，保存着德国数学家希尔伯特的三个笔记本，其中两本是他在公元 1900 年以前写的。笔记本中记录了他思考过的成百上千个各类问题。其中一些问题，构成了他于 1900 年在巴黎召开的第二次国际数学家大会上，所作演讲中提出的 23 个著名问题的基础。这成百上千个问题中的一个是：在 π 值 3.141 592…中，是否会出现…999 999 999…？

由此可见，在 19 至 20 世纪之交，已有欧罗巴人关注 π 在小数点后任意位数上的值了。

类似希尔伯特的问题，我们也可以提一个：π 在小数点后 100 万亿位上的数是几？

只关注 π 小数点后第几位或一些位的数，这就提出了"计算 π 的单个数字"问题。而这又是一个困扰了人们近一个世纪的难题，直到 1995 才有人开始解决。

在公元 1995 年以前，人们要知道 π 的第 d 个数字，就必须算出第 d 个数字及 d 之前的所有数字。例如，要知道 π 的第 6 位数字 9，就必须算出前 6 个数字"3.141 59"。而想不算出"3.141 5"而知道"9"

是不可能的——不管你采用何种公式。然而,这种情况在 1995 年以后已不复存在。

2. 阿美利加的"BBP"

1995(一说 1996)年,美国的达维德·哈罗德·贝利、加拿大的彼德·波尔文和西蒙·普劳夫联合发表了一个以三人姓氏命名的算法"贝利–波尔文–普劳夫算法"。这个打破传统算 π 的方法,简称为"BBP"公式:

$$\pi = \sum_{i=0}^{\infty} \frac{1}{16^i}\left(\frac{4}{8i+1} - \frac{2}{8i+4} - \frac{1}{8i+5} - \frac{1}{8i+6}\right)。 \qquad (5-3)$$

普劳夫

以(5-3)为基础的新模式,不会"吞噬大量内存",为在小内存的个人电脑上不用高精度算术软件,计算任意第 d 位二进制或十六进制的 π 值而得到 π 的单个数字,而不用计算前面的 $d-1$ 位——这就是(5-3)打破传统之处,也为圆周率的分布式计算提供了可行性。基于这个公式算出 π 的十六进制数字如表 5-6 所示。

表 5-6

位置	从这位置开始的十六制数字
10^6 位	26C65 E52CB 4593
10^7 位	17AF5 863EF ED8D
10^8 位	ECB84 0E219 26EC
10^9 位	85895 588A0 428B
10^{10} 位	921C7 3C683 8FB2

1996 年,年仅 24 岁的法布里斯·贝拉德,就用 BBP 公式算出了十六进制 π 的第 1 000 亿位数字 9C381 872D2 7596F 81D0E……。同年 10 月,他又再接再厉用(5-3)算出了十六进制的第 4 000 亿位 π 值。

π^2 类似(5-3)的公式是用"PSLQ"——寻找整数关系算法发现

的（后来才找到一种证明）：

$$\pi^2 = \sum_{i=0}^{\infty} \frac{1}{16^i} \left[\frac{16}{(8i+1)^2} - \frac{16}{(8i+2)^2} - \frac{8}{(8i+3)^2} - \frac{16}{(8i+4)^2} - \frac{4}{(8i+5)^2} - \frac{4}{(8i+6)^2} + \frac{2}{(8i+7)^2} \right].$$

1997年，法布里斯·贝拉德还找到了一个算π比(5-3)快约40%的"贝拉德公式"：

$$\pi = \frac{1}{64} \sum_{n=0}^{\infty} \left(\frac{-1}{1024} \right)^n \left(-\frac{32}{4n+1} - \frac{1}{4n+3} + \frac{256}{10n+1} - \frac{64}{10n+3} - \frac{4}{10n+5} - \frac{4}{10n+7} + \frac{1}{10n+9} \right), \quad (5\text{-}4)$$

他也因上述成就登上《科学美国人》的法文版。

上述(5-3)、(5-4)也可像普通公式那样算出π的前若干位——当然也是十六进制数字。对此有更多兴趣的读者，可参看中国的《数学译林》杂志1997年第3期"圆周率的探索"一文。让人费解的是，这些并不复杂的公式所依据的简单模式在几个世纪前已经知道，但这些公式却长期无人发现，这是为什么？在这篇文章中有一部分答案。

2000年，当时在加州罗伦斯柏克莱国家实验室的达维德·哈罗德·贝利，和俄勒冈州波特兰的里德学院的理查德·克兰达尔两位美国数学家，从BBP公式出发，得到一个能算出二进制π值的公式。

值得注意的是，上述BBP、PSLQ、(5-4)等公式都写成了级数和的形式，而且它们都不是从计算π的古典算法中得出来的。从这里可以看出，正如e是数列$\left\{\left(1+\frac{1}{n}\right)^n\right\}$当n趋近于无穷大时的极限一样，π也是某些数列或级数的极限——包括计算圆周率所得的那些极限。这可能是π"真实的数学意义"所在。

5.7.2　π有十进制的并行计算公式吗

既然有计算π任意位上的二进制和十六进制数字的公式——计算π

的单个数字的公式，那就"应该"有计算 π 任意位上的十进制数字的公式。但遗憾的是，数学家们至今没有找到类似的十进制数字的公式。

如果某人用计算单个数字的方法从"半截"开始——例如从 π 的第 1 万亿位小数开始，第二人从第 2 万亿位小数开始……大家"并肩作战"算 π，这就是 π 的"并行算法"。显然，并行算法的本质是计算单个数字，它能让许多人分别用不同的电脑各自同时独立计算不同位数上的 π 值，然后把它们"合成"为"完整"的 π 值，极大地提高效率、节约时间；也便于只关注后面的位数，来进行所需要的研究。

找到计算单个数字或并行算法的另一重要意义是，有助于对计算方法的研究。

现在的问题是，虽然人们找到了计算例如 $\ln(9/10)$ 这些数的单个数字的十进制数字公式，但却没有找到计算 π 的十进制单个数字的类似公式。不但如此，现在人们还没能证明，能计算 π 的十进制单个数字的模式究竟存不存在？不过，数学家们正在积极研究这个问题。研究的成果之一是，根据用"PSLQ"进行的一些数值研究表明，似乎不存在十进制的计算 π 单个数字的简单公式。

这样，一个未解之谜和难题摆在数学界面前：有没有计算 π 的十进制数字的并行计算（即计算单个数字）公式？如果有，它又是什么样子？

"竹密岂妨流水过，山高哪碍白云飞。"在唐朝天复年间（901～904），京兆府永安禅院活了 89 岁的住持善静禅师早年曾南游参学，礼谒洛浦的元安寺洛浦禅师（原姓谭，又叫元安禅师）。洛浦收他作了种菜等杂务的入室弟子。一天，元安寺一位名叫志趣的老僧要辞别洛浦禅师，到别处参学。洛浦问他："四面是山，你何去何从？"志趣无言以对，只好"委屈"暂留而不能"远走高飞"。在"十天之内"寻找如何应答的冥思苦想中，志趣不知不觉之间来到菜园，要善静教他如何回答。就这样，善静淡淡地说了前面的话。

看来，我们要有"山高哪碍白云飞"的气派，克服"恐高"的

"高原效应"，抱定"水自流来云自飞"的心态，才有可能解开上面的谜团——就像后来善静到了当时被人冷落的永安禅院，凭借出色的才能吸引了500多位僧人慕名而来，曾盛极一时那样。

山高哪碍白云飞

第6章 变"简"为"繁"出奇制胜
——π 的无穷表达式

数学,把某个确定的数,如二项式化作无穷级数,即化作某种不确定的东西,从人的常识来说,这是荒谬的举动。但是,如果没有无穷级数和二项式定理,那我们能走多远呢?

——恩格斯

6.1 神奇美妙的无限连分式

π 可以写成一个无限简单连分数:π = [3, 7, 15, 1, 292, 1, 1, 1, 2, 1, 3, 1, 14, 2, 1, 1, 2, 2, 2, 2, 1, 84, 2, 1, 1, 15, 3, 13, 1, 4, 2, 6, 6, 1, …]。这个连分数是英国数学家沃利斯在 17 世纪中叶根据鲁道夫算出的 36 位 π 值得到的。

不过,将 π 展开成无限简单连分式并不是从沃利斯开始的。例如在 1612 年,意大利数学家卡塔尔迪就曾研究过。他首次借助连分数解决了求平方根的问题,并得到 π = [3, 7, 15, 1, …]。此外,有人猜测祖冲之也有可能研究过连分数,并求过 π 的连分数表达式,但没有确凿记载。

π 的连分数并不限于简单连分数。沃利斯 1655 年在伦敦出版的《无穷算术》中,就载有布龙克尔为解答他的质疑,并由他的无穷乘积式出发思考得到的连分数:

$$\frac{4}{\pi} = 1 + \frac{1^2}{2} + \frac{3^2}{2} + \frac{5^2}{2} + \cdots \left[通式为 \frac{4}{\pi} = 1 + K_k((2k-1)^2, 2)_1^\infty \right],$$

即

$$\frac{\pi}{4} = \frac{1}{1} + \frac{1^2}{2} + \frac{3^2}{2} + \frac{5^2}{2} + \cdots \left[\text{通式为} \frac{\pi}{4} = \frac{1}{1 + K_k((2k-1)^2, 2)}\right].$$

这两个连分数显然不是简单连分数。后一个式子也被称为欧拉式——后来欧拉也独立发现过。

π的小数值是"杂乱无章"的,但在以上两个式子中,却呈现有规律的从1开始的连续奇数的平方,使人觉得似乎其中饱藏奥秘。这是一个数学神奇美的范例。

π(或π的表达式)的无限连分数非常多,以下是其中比较有趣和著名的几个:

$$\pi = 3 + \frac{1^2}{6} + \frac{3^2}{6} + \frac{5^2}{6} + \frac{7^2}{6} + \cdots \left[\text{通式为} \pi = 3 + K_k((2k-1)^2, 6)_1^\infty\right],$$

$$\frac{\pi}{2} = 1 - \frac{1}{3} - \frac{6}{1} - \frac{2}{3} - \frac{20}{1} - \frac{12}{3} - \frac{42}{1} - \frac{30}{3} - \cdots$$

$$\left[\text{通式为} \frac{\pi}{2} = 1 - \frac{1}{3 + K_k(-(k-(-1)^k)(k-(-1)^k+1), 2+(-1)^k)_1^\infty}\right],$$

$$\frac{4}{\pi} = 1 + \frac{1^2}{3} + \frac{2^2}{5} + \frac{3^2}{7} + \frac{4^2}{9} + \frac{5^2}{11} + \cdots \left[\text{通式为} \frac{4}{\pi} = 1 + K_k(k^2, 2k+1)_1^\infty\right],$$

$$\frac{12}{\pi^2} = 1 + \frac{1^4}{3} + \frac{2^4}{5} + \frac{3^4}{7} + \frac{4^4}{9} + \cdots \left[\text{通式为} \frac{12}{\pi^2} = 1 + K_k(k^4, 2k+1)_1^\infty\right],$$

……

6.2 和谐"奇怪"的无穷乘积式

在16世纪之前用古典法求π,优点是直观易懂,不需另辟新路;缺点是每多得一位π值都要进行庞杂的运算,以至π值的位数难以大幅提高。在这种情况下,数学家们另辟蹊径。随着代数学、三角学的日渐成熟,不同于古典法的无穷乘积法应运而生。

第6章 变"简"为"繁"出奇制胜——π 的无穷表达式

6.2.1 韦达首开先河

在 5.2.11 小节中，我们谈到了法国数学家韦达在这方面开创性地得到了可以直接算 π 的无穷乘积的韦达式

$$\frac{2}{\pi} = \sqrt{\frac{1}{2}} \times \sqrt{\frac{1}{2} + \frac{1}{2}\sqrt{\frac{1}{2}}} \times \sqrt{\frac{1}{2} + \frac{1}{2}\sqrt{\frac{1}{2} + \frac{1}{2}\sqrt{\frac{1}{2}}}} \times \cdots。$$

1593 年，韦达用它将 π 算到 17 位小数，由此开辟了不用古典法求 π 的新路。

其后，欧拉发现，如果设

$$A = \frac{\sin A}{\cos(A/2)\cos(A/4)\cos(A/8)\cdots}$$

中的 $A = \frac{\pi}{2}$，就得到

$$\frac{\pi}{2} = \frac{1}{\cos(\pi/2)\cos(\pi/4)\cos(\pi/8)\cdots}。$$

下面用比较简单的几何法证明这个式子与上述韦达式本质相同。

在图 6-1 所表示的单位圆中，圆内接正方形的边长为 $\sqrt{2}$ 即 $\sec\theta(\theta = \pi/4)$。对于圆内接正 8 边形，不难在直角三角形 ABC 中算出 $\angle BAC = \theta/2$，$AC = \sec\theta \times \left(\frac{1}{2}\sec\frac{\theta}{2}\right)$。所以，这个 8 边形的两边之和为 $\sec\theta\sec\frac{\theta}{2}$。接下去，用同样的方法可以算得圆内接正 16 边形的 4 边之和为 $\sec\theta\sec\frac{\theta}{2}\sec\frac{\theta}{4}$；等等。

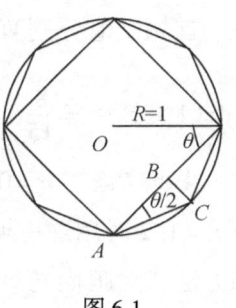

图 6-1

显然，当圆内接正多边形的边数无限增多时，最终结果就是 1/4 个圆周长即 $\pi/2$。这样，就有 $\sec\theta\sec\frac{\theta}{2}\sec\frac{\theta}{4}\cdots = \frac{\pi}{2}$，也就是 $\frac{2}{\pi} =$

$\cos\theta\cos\dfrac{\theta}{2}\cos\dfrac{\theta}{4}\cdots$。再将 $\cos\theta = \dfrac{1}{\sqrt{2}}$，$\cos\dfrac{\theta}{2} = \sqrt{\dfrac{1}{2} + \dfrac{1}{2}\sqrt{\dfrac{1}{2}}}$，$\cos\dfrac{\theta}{4} = \sqrt{\dfrac{1}{2} + \dfrac{1}{2}\sqrt{\dfrac{1}{2} + \dfrac{1}{2}\sqrt{\dfrac{1}{2}}}}$，…代入 $\dfrac{2}{\pi} = \cos\theta\cos\dfrac{\theta}{2}\cos\dfrac{\theta}{4}\cdots$ 之后，就证明了韦达式。

6.2.2 沃利斯接过接力棒

1. "插值法"之果——无穷乘积式

1650年，英国数学家沃利斯地成功解决了由函数 $y = (1 - x^2)^n$（n 为自然数）所给定曲线下面积的求法问题。而在求单位圆 $x^2 + y^2 = 1$ 面积的1/4即 $\pi/4$ 时，他遇到了等价的积分 $\int_0^1 \mathrm{d}x(1-x^2)^{1/2}$ 即 $\int_0^1 \sqrt{1-x^2}\mathrm{d}x$。但因为当时微积分尚未成熟，所以他不会计算这一积分，也不知道一般形式的二项式定理，只好借助于其他方法。

首先，他分别算出了 $\int_0^1 \mathrm{d}x(1-x^2)^0 = 1$，$\int_0^1 \mathrm{d}x(1-x^2)^1 = \dfrac{2}{3}$，$\int_0^1 \mathrm{d}x(1-x^2)^2 = \dfrac{8}{15}$，$\int_0^1 \mathrm{d}x(1-x^2)^3 = \dfrac{48}{105}$，…，并将它们列成表格。接着，由此考虑对 $n = 0, 1, 2, 3, \cdots$，即上述计算结果的一般规律，再对 $n = 1/2$ 时用这一规律进行插值。最后，借助于上述类比、归纳和极限方法，大胆而巧妙地利用一连串的复杂推理，终于在1655年得到 $\int_0^1 \mathrm{d}x(1-x^2)^{1/2} = \dfrac{\pi}{4} = \dfrac{2 \times 4 \times 4 \times 6 \times 6 \times \cdots}{1 \times 3 \times 3 \times 5 \times 5 \times \cdots}$。这一发现也载于他的《无穷算术》中。

沃利斯式也是一个和谐优美的式子。同时，一个超越数 π 竟和所有的自然数神奇地以让人过目不忘的形式联系在一起，真让人有些不可思议诡异。怪不得被美国数学史家伊夫斯称它为"奇怪的表达式"。

第6章 变"简"为"繁"出奇制胜——π 的无穷表达式

2. 证明 $\int_0^1 \sqrt{1-x^2}\,dx = \dfrac{\pi}{4}$

因为

$$\int_0^1 \sqrt{1-x^2}\,dx = x\sqrt{1-x^2}\Big|_0^1 - \int_0^1 x\,d\sqrt{1-x^2}$$

$$= 0 + \int_0^1 \dfrac{x^2}{\sqrt{1-x^2}}\,dx = \int_0^1 \dfrac{1-(1-x^2)}{\sqrt{1-x^2}}\,dx$$

$$= \int_0^1 \dfrac{dx}{\sqrt{1-x^2}} - \int_0^1 \sqrt{1-x^2}\,dx,$$

所以,就有

$$\int_0^1 \sqrt{1-x^2}\,dx = \dfrac{1}{2}\int_0^1 \dfrac{dx}{\sqrt{1-x^2}} = \dfrac{1}{2}\arcsin^{-1}x\Big|_0^1$$

$$= \dfrac{1}{2}(\arcsin 1 - \arcsin 0) = \dfrac{1}{2}\left(\dfrac{\pi}{2} - 0\right) = \dfrac{\pi}{4}。$$

由此就证明了 $\int_0^1 \sqrt{1-x^2}\,dx = \dfrac{\pi}{4}$。此外,1.2 节中的 $\pi = 2\int_0^1 \dfrac{dx}{\sqrt{1-x^2}}$ 也在这里被证明。

3. 插值法的启示

插值法是指根据函数在某个区间上某些点的函数值,利用适当的公式来估计这个函数在其他点的函数值的方法。插值法是计算数学中最基本和最常用的方法,被中国古代数学家们首先采用——例如公元前 1 世纪的古书《周髀算经》中就有"一次插值法"的记载。

沃利斯

插值法的威力和沃利斯的聪明,可以从下列事实看出。当沃利斯用插值法求得上述无穷乘积式之后,法国的费马和荷兰的惠更斯等大数学家并不接受——但结果还是被数字计算证实是正确的。

那为什么沃利斯要用插值法计算 $\int_0^1 \sqrt{1-x^2}\,dx$ 呢?原来,插值法以连续性的设想为依据,而他是一位密码专家,熟悉破译密码的程序——就在保持这种连续性的思维中,他走向了极限,给我们留下了永恒……

从沃利斯的事例可以看出:数学方法的重要性;要突破某一项目,有时"功夫在诗外"——其他领域的素养往往决定能否找到"突破口"。

由于沃利斯运用了插值法在上述推理中巧妙地将其序列扩展到了无穷,使他成为牛顿和莱布尼茨之前把分析方法引入微积分方面工作做得最多的人。

6.2.3 日本人的研究

日本数学家渡边一(1767—1839)死后,日本人在1853年编了《当用算法》一书。书中有一个类似韦达公式的式子:$\frac{\pi}{4} = \lim_{n \to \infty} \sqrt{2 - \underbrace{\sqrt{2 + \sqrt{2 + \cdots}}}_{n+1 \uparrow 2}} \times 2^n$。下面给出这个无穷乘积式的证明。

对圆内接正 2^3 边形:$2\cos\dfrac{\pi}{2^{3-1}} = \underbrace{\sqrt{2}}_{3-2\uparrow 2}$,

对圆内接正 2^4 边形:$2\cos\dfrac{\pi}{2^{4-1}} = \underbrace{\sqrt{2 + \sqrt{2}}}_{4-2\uparrow 2}$,

……

对圆内接正 2^{n+3} 边形:$2\cos\dfrac{\pi}{2^{n+2}} = \underbrace{\sqrt{2 + \sqrt{2 + \cdots}}}_{n+1 \uparrow 2}$,

……

此时,对 $2\sin\dfrac{\pi}{2^{n+3}}$ 用半角公式 $\sin\dfrac{\alpha}{2} = \sqrt{\dfrac{1-\cos\alpha}{2}}$,就有

$$2\sin\frac{\pi}{2^{n+3}} = 2\sqrt{\frac{1-\cos(\pi/2^{n+2})}{2}}$$

$$= \sqrt{2(1 - \underbrace{\sqrt{2 + \sqrt{2 + \cdots}}}_{n+1 \uparrow 2}/2)}$$

第 6 章 变"简"为"繁"出奇制胜——π 的无穷表达式

$$= \sqrt{2 - \underbrace{\sqrt{2 + \sqrt{2 + \cdots}}}_{n+1 \text{个} 2}},$$

也就是

$$2\sin\frac{\pi}{2^{n+3}} = \sqrt{2 - \underbrace{\sqrt{2 + \sqrt{2 + \cdots}}}_{n+1 \text{个} 2}}。$$

将此式两边同乘 2^n 并变形后就有

$$\frac{\sin(\pi/2^{n+3})}{\pi/2^{n+3}} = \frac{2^{n+2}}{\pi}\sqrt{2 - \underbrace{\sqrt{2 + \sqrt{2 + \cdots}}}_{n+1 \text{个} 2}}。$$

当 $n \to \infty$ 时,上式左端极限为 1。由此得到

$$\frac{\pi}{4} = \lim_{n \to \infty} \sqrt{2 - \underbrace{\sqrt{2 + \sqrt{2 + \cdots}}}_{n+1 \text{个} 2}} \times 2^n。$$

1856 年,日本数学家石黑信基发现了一个"求 π 术"。把它翻译成现代式子,就是 $\pi = 2(2n+1)\left[\dfrac{2 \times 4 \times 6 \times \cdots \times (2n) \times \cdots}{3 \times 5 \times 7 \times \cdots \times (2n+1) \times \cdots}\right]^2$。它与沃利斯式相同。

1857 年,日本数学家斋藤宜义,曾发现一个求椭圆周长的公式,如果设式子中椭圆的长短半轴相同,也可以得到沃利斯式。

1858 年,日本还有一个式子:$\dfrac{1 \times 1 \times 3 \times 3 \times 5 \times 5 \times 7 \times 7 \times \cdots}{2 \times 2 \times 2 \times 4 \times 4 \times 6 \times 6 \times \cdots} \times$ 圆周 = 直径。只要将式子中的"圆周"和"直径"分别换为 $2\pi R$ 和 $2R$,也得到沃利斯式。

6.3 变化莫测的无穷级数式

无穷级数式千奇百怪、变化莫测,其中最著名的是莱布尼茨式被数学家们誉为"17 世纪最精彩的数学发现之一"。美籍华裔数学家陈省身则说,这个式子"实在美妙极了"。

6.3.1 从莱布尼茨到牛顿

我们所知道的莱布尼茨是微积分的发明人之一。沿用至今的"$\int$"

和"dx"都是他发明的,分别记在他于 1675 年 10 月 19 日和 11 月 11 日的手稿之中。他还是一位哲学家和自然科学家,研究领域多达十来个。虽然他在 1673 年即迟于詹姆斯·格雷戈里两年,才发现 arctan$x$ 的展开式,但他并没像后者那样坐失良机,而是别具慧眼地得到美妙绝伦的莱布尼茨式。

微积分的另一发明者牛顿,在无穷级数研究上也颇有建树——实例是得到"三术":

$$\sin x = x - \frac{x^3}{3} + \frac{x^5}{5} - \frac{x^7}{7} + \cdots,$$

$$\arcsin x = x + \frac{x^3}{2\times 3} + \frac{3x^5}{2\times 4\times 5} + \frac{3\times 5 x^7}{2\times 4\times 6\times 7} + \cdots,$$

$$1 - \cos x = \frac{x^2}{2!} - \frac{x^4}{4!} + \frac{x^6}{6!} - \frac{x^8}{8!} + \cdots。$$

我们在 5.3.2 小节中曾说,如设 $\arcsin x = x + \frac{x^3}{2\times 3} + \frac{3x^5}{2\times 4\times 5} + \frac{3\times 5 x^7}{2\times 4\times 6\times 7} + \cdots$ 中的 $x = \frac{1}{2}$,就可以得到 $\frac{\pi}{6} = \frac{1}{2} + \frac{1}{2\times 3\times 2^3} + \frac{3}{2\times 4\times 5\times 2^5} + \frac{3\times 5}{2\times 4\times 6\times 7\times 2^7} + \cdots$,它和 $\frac{\pi}{3} = 1 + \frac{1}{4\times 3!} + \frac{3^2}{4^2\times 5!} + \frac{3^2\times 5^2}{4^3\times 7!} + \cdots$ 等效。

6.3.2 夏普、欧拉、斯坦维尔、普法夫的无穷级数式

5.3.3 小节说到,夏普曾用无穷级数式 $\frac{\pi}{6} = \sqrt{\frac{1}{3}}\left(1 - \frac{1}{3\times 3} + \frac{1}{3^2\times 5} - \frac{1}{3^3\times 7} + \frac{1}{3^4\times 9} - \cdots\right)$ 把 π 算到 72 位。

欧拉发现了许多 π 的无穷级数式,其中最著名的是 $\frac{\pi^2}{6} = 1 + \frac{1}{2^2} + \frac{1}{3^2} + \cdots$,现简证如下。

第6章 变"简"为"繁"出奇制胜——π的无穷表达式

用傅里叶级数将 $y = x^2 (|x| \leq \pi)$ 展开,就得到

$$y = \frac{x^2}{3} + 4\left(\frac{-\cos x}{1^2} + \frac{\cos 2x}{2^2} + \frac{-\cos 3x}{3^2} + \cdots\right)。$$

设这个式子中的 $x = \pi$,就得到

$$\pi^2 = \frac{\pi^2}{3} + 4\left(\frac{1}{1^2} + \frac{1}{2^2} + \frac{1}{3^2} + \cdots\right),$$

把它整理后就得到 $\frac{\pi^2}{6} = 1 + \frac{1}{2^2} + \frac{1}{3^2} + \cdots$。

傅里叶级数优美和谐而应用广泛,所谓"此中有真意,欲辩已忘言"(陶渊明)。所以他的论文被英国物理学家、数学家麦克斯韦称为"一首伟大的数学的诗"。莱布尼茨式或本书中的许多式子都可用它去证明。

将 6.3.1 小节中牛顿的

$$\arcsin x = x + \frac{x^3}{2 \times 3} + \frac{3x^5}{2 \times 4 \times 5} + \frac{3 \times 5 x^7}{2 \times 4 \times 6 \times 7} + \cdots$$

两边平方,就可以得到

$$(\arcsin x)^2 = x^2 + \frac{2}{3} \times \frac{x^4}{2} + \frac{2 \times 4}{3 \times 5} \times \frac{x^6}{3} + \frac{2 \times 4 \times 6}{3 \times 5 \times 7} \times \frac{x^8}{4} + \cdots。$$

这个式子是欧拉在 1737 年得到的,也被称为斯坦维尔公式(由他在 1815 年公布)。将它两边微分,就得到

$$\frac{\arcsin x}{\sqrt{1-x^2}} = x + \frac{2x^3}{3} + \frac{2 \times 4 x^5}{3 \times 5} + \frac{2 \times 4 \times 6 x^7}{3 \times 5 \times 7} + \cdots,$$

它被称为普法夫公式。德国数学家普法夫是高斯的老师。

普法夫

普法夫公式也可以写成

$$\frac{A}{\cos A} = \sin A + 2\sin^3 \frac{A}{3} + 2 \times 4 \sin^5 \frac{A}{3 \times 5}$$

$$+ 2 \times 4 \times 6 \sin^7 \frac{A}{3 \times 5 \times 7} + \cdots。$$

代入 $A = \dfrac{\pi}{6}$ 之后，又可以得到一个无穷级数式：

$$\dfrac{\pi}{3\sqrt{3}} = \dfrac{1}{2} + \dfrac{2}{3 \times 2^3} + \dfrac{2 \times 4}{3 \times 5 \times 2^5} + \dfrac{2 \times 4 \times 6}{3 \times 5 \times 7 \times 2^7} + \cdots 。$$

6.3.3　无穷级数式在中国

法国耶稣会宣教士杜德美于 1701 年来华后，当了清廷的官，带来了牛顿的"三术"，但没有它们的证明。梅珏成在 1761 年所著的《赤水遗珍》中对此有所记载。该书首先翻译了杜德美介绍的"三术"。在第一术"求周径密率捷法"中说："先将一三五七九等各自乘为屡次乘数；又将二三四五六七八九等数挨次两位相乘，又以四乘之为屡次除数……"这段话用现在的式子表示，就是

$$\pi = 3 + \dfrac{3}{4 \times 2 \times 3} + \dfrac{3 \times 3^2}{4^2 \times 2 \times 3 \times 4 \times 5} + \dfrac{3 \times 3^2 \times 5^2}{4^3 \times 2 \times 3 \times 4 \times 5 \times 6 \times 7} + \cdots 。$$

容易看出，此式可化成 6.3.1 小节中的

$$\dfrac{\pi}{6} = \dfrac{1}{2} + \dfrac{1}{2 \times 3 \times 2^3} + \dfrac{3}{2 \times 4 \times 5 \times 2^5} + \dfrac{3 \times 5}{2 \times 4 \times 6 \times 7 \times 2^7} + \cdots 。$$

明安图

杜德美还于 1708 年受康熙之命到冀北、辽东等地指导测绘地图。他将他的知识和方法传授给了蒙古族数学家明安图。明安图则在他花了 30 来年心血的《割圆密率捷法》一书中，也独立证明了 $\dfrac{\pi}{6} = \dfrac{1}{2} + \dfrac{1}{2 \times 3 \times 2^3} + \dfrac{3}{2 \times 4 \times 5 \times 2^5} + \dfrac{3 \times 5}{2 \times 4 \times 6 \times 7 \times 2^7} + \cdots$，所以它被称为明安图式。不过，明安图大约在 1763 年完成前两卷初稿的、后来实际为四卷的这部书在他生前并没有完稿——他死后才由他的学生陈际新、张肱即张良亭、他的儿子明新共同于 1774 年修改、续

第6章 变"简"为"繁"出奇制胜——π 的无穷表达式

写完成。这部书中不但有"三术"的独立证明,还创造性地提出了六个公式,并与"三术"合称"九术"。

可惜的是,《割圆密率捷法》完成以后,却"为某氏所秘",未能广为流传。到 19 世纪初,数学家们还只知道有"九术"的文字并转相传录,却不知道这本《割圆密率捷法》及"九术"的图。在惊叹"九术"的精深玄妙之时,还以为是杜德美从西方带来的。

1821 年,清代秀水数学家朱鸿和阳湖(即今苏州市)数学家董祐诚,才在钟祥李氏处得到这本书。这样,明安图的学术成果才公之于世并流传下来,中国人才知道明安图是数学界的伟人。然而,项名达、徐有壬、丁取忠、夏鸾翔等清代数学家,应用了明安图的方法解决了许多数学问题,但却仍然认为这些方法是杜德美从西方带入中国的,从而称之为"杜氏法"。对此,钱宗琮叹息说,项名达、徐有壬等"未免卤灭太甚"。

明安图在"九术"中,还用几何和代数方法解释其基本原理。他设 a 为"弧背"("弧"在和算上的名称)、r 为半径、v 为正矢,得到

$$a^2 = r\left[2v + \frac{(2v)^2}{3\times 4r} + \frac{2^2(2v)^3}{3\times 4\times 5\times 6r^2} + \frac{2^2\times 3^2(2v)^4}{3\times 4\times 5\times 6\times 7\times 8r^3} + \cdots\right].$$

而清代乌程(即现湖州市)徐有壬则用 $a = \frac{\pi r}{3}$,$2v = r$ 代入此式,就得到

$$\frac{\pi^2}{9} = \frac{1}{3\times 4} + \frac{2^2}{3\times 4\times 5\times 6} + \frac{2^2\times 3^2}{3\times 4\times 5\times 6\times 7\times 8} + \cdots.$$

据日本数学家林鹤一及三上义夫等的考证,这个式子与日本数学家武部剑道在 1772 年用另一种方法得到的一个式子相同。欧拉也曾于 1737 年得到这个式子。不过,在欧洲最早(1815 年)公布这一式子的却是斯坦维尔,这显然在明安图之后。因而这个式子绝不可能由杜德美带到中国,而是明安图独立发现的。这段话,见三上义夫所著的《中国数学发展史》。

1819 年,董祐诚著的《割圆连比例图解》中,对"九术"的证法

进行了简化。在 19 世纪初，朱鸿还用 $\sin x = x - \dfrac{x^3}{3} + \dfrac{x^5}{5} - \dfrac{x^7}{7} + \cdots$ 把 π 算到 40 位，但只有前 25 位正确。

项名达在 1843 年著有《象数一原》六卷，附有《椭圆求周术》一卷。他生病后，由他的好友、数学家戴煦补图作解，并续成《象数一原》七卷本。但此书直到戴煦死后 28 年的 1888 年才开始出版。《椭圆求周术》中，提出了正确的椭圆周长计算公式，所用的方法与椭圆积分法一致，并据此导出了 π 的倒数公式

$$\frac{1}{\pi} = \frac{1}{2}\left(1 - \frac{1}{2^2} - \frac{3}{2^2 \times 4^2} - \frac{3^2 \times 5}{2^2 \times 4^2 \times 6^2} - \cdots\right).$$

项名达称这个结果"此盖奇偶相似、乘除互易，殆有自然之象数宇乎其间"，表现出他对数学中的对称、和谐的欣赏与探索自然奥秘的欢欣鼓舞、怡然自得之情。

项名达的这个式子展开之后，可以轻易证明它和沃利斯的无穷乘积式是等效的。

这又是一个有趣的事实：π 的一个无穷级数式竟和一个无穷乘积式等效。

此外，戴煦在他 1852 年完成的四卷本《外切密率》中，还得到与格雷戈里级数等价的式子

$$a = \tan a - \tan^3 \frac{a}{3} + \tan^5 \frac{a}{5} - \tan^7 \frac{a}{7} + \cdots.$$

1845 年，李善兰发表了数学书《方圆阐幽》，他在书中用具有解几何和微积分思想的"尖锥求积术"（简称"尖锥术"）巧妙地推导出圆面积公式时，得到

$$\frac{\pi}{4} = 1 - \frac{1}{2 \times 3} - \frac{1}{2 \times 4 \times 5} - \frac{3}{2 \times 4 \times 6 \times 7} - \frac{3 \times 5}{2 \times 4 \times 6 \times 8 \times 9} - \cdots.$$

此式也可写成

$$\frac{\pi}{4} = 1 - \frac{1}{3!} - \frac{3}{5!} - \frac{3^2 \times 5}{7!} - \frac{3^2 \times 5^2 \times 7}{9!} - \cdots.$$

下面简单叙述"尖锥术"在求圆面积中的作用。

第6章 变"简"为"繁"出奇制胜——π 的无穷表达式

图 6-2 所示 1/4 个单位圆及其外切正方形中，$AQCB$ 为尖锥，他求得尖锥的面积为

$$\frac{1}{2\times 3} - \frac{1}{2\times 4\times 5} - \frac{3}{2\times 4\times 6\times 7}$$
$$- \frac{3\times 5}{2\times 4\times 6\times 8\times 9} - \cdots。$$

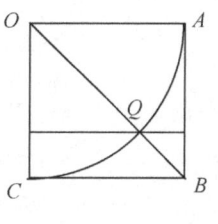

图 6-2

由此就得到 $AOCQ$ 的面积 = 正方形面积 − 尖锥面积，就是

$$\frac{\pi}{4} = 1 - \frac{1}{2\times 3} - \frac{1}{2\times 4\times 5} - \frac{3}{2\times 4\times 6\times 7} - \frac{3\times 5}{2\times 4\times 6\times 8\times 9} - \cdots。$$

可见，虽然李善兰的尖锥术理论并不十分严谨，但在这里却得到了正确的结果。

从咸丰季年（1853 年）开始，李善兰等与英国传教士伟烈亚力在上海开始共同翻译徐光启、利玛窦没有译完的《几何原本》后 9 卷，于 1856 年译完。1859 年，他们又译完了英国数学家德摩根的《代数学》13 卷和美国数学家伊莱亚斯·罗密士的《代微积拾级》18 卷，还翻译了《数学启蒙》、《重学浅说》等，把微积分传到中国，在中国数学史上造成了很大的影响。由此，一些 π 的无穷级数式相继产生。如夏鸾翔在《万象一原》中仿李善兰的后一个式子得到 5 个无穷级数式，其中 1 个同莱布尼茨式，另外 4 个见 6.3.6 小节的表 6-1。

6.3.4 无穷级数式在日本

日本数学史上有一项可以自豪的成就。1722 年即日本享保 7 年，建部贤弘用和算中的求弧背性质的一种方法，得到 5 个 π^2 的无穷级数式（见表 6-1）。这比欧拉类似的结果早 15 年，其中"23"式与后来徐有壬的式子相同。

1766 年，日本数学家有马赖徸（僮）及其后的和田宁，设牛顿的

$$\arcsin x = x + \frac{x^3}{2\times 3} + \frac{3x^5}{2\times 4\times 5} + \cdots$$

中 $x = \frac{1}{2}$，得到本质一样的两个式子

$$\frac{\pi}{3} = 1 + \frac{1}{3! \times 2^2} + \frac{3^2}{5! \times 2^4} + \frac{3^2 \times 5^2}{7! \times 2^6} + \cdots$$

和

$$\frac{\pi}{3} = 1 + \frac{1}{3! \times 4} + \frac{3^2}{5! \times 4^2} + \frac{3^2 \times 5^2}{7! \times 4^3} + \cdots。$$

和田宁还设上述牛顿式中的 $x = 1$，得到

$$\frac{\pi}{2} = 1 + \frac{1}{2 \times 3} + \frac{3}{5 \times 8} + \frac{15}{7 \times 48} + \frac{105}{9 \times 384} + \cdots,$$

它与表6-1的"3"式（夏鸾翔也发现）本质相同。

安岛直圆研究和算中的"圆理"及"垛术"（一般级数），从而整理出和6.3.3小节提到的李善兰式子相同的无穷级数式。

接着，会田安明，也曾发现容易由普法夫公式导出的无穷级式

$$\frac{\pi}{2} = 1 + \frac{1}{3} + \frac{2}{3 \times 5} + \frac{2 \times 3}{3 \times 5 \times 7} + \frac{2 \times 3 \times 4}{3 \times 5 \times 7 \times 9} + \cdots。$$

此外，松永良弼还发现了

$$\frac{\pi}{3} = 1 + \frac{1}{4 \times 6} + \frac{3^2}{4 \times 6 \times 8 \times 10} + \frac{3^2 \times 5^2}{4 \times 6 \times 8 \times 10 \times 12 \times 14} + \cdots。$$

此式稍加变形，就和表6-1中牛顿的"15"式完全一样。

日本数学家们用"和算"求圆的参数是一个传统。比安岛直圆更早的数学家镰田俊清也是这么做的，他得到的一个式子见表6-1的"6"式。

6.3.5 神奇的拉马努金

1. 三一学院图书馆的宝藏

1976年，英国剑桥大学三一学院图书馆，一个美国宾夕法尼亚的数学家G. 安德鲁在这里忙着"翻箱倒柜"。终于，他在一个装信件和票据的箱子里找到了印度"国宝"拉马努金丢失的笔记。笔记中留下了4 000多个公式，其中有不少π的无穷级数式，以下是其中9个：

第6章 变"简"为"繁"出奇制胜——π 的无穷表达式

$$\frac{1}{2\pi\sqrt{2}} = \frac{1\,103}{99^2} + \frac{27\,493}{99^6}\left(\frac{1}{2}\right)\left(\frac{1\times3}{4^2}\right) + \frac{53\,883}{99^{10}}\left(\frac{1\times3}{2\times4}\right)\left(\frac{1\times3\times5\times7}{4^2\times8^2}\right) + \cdots,$$

$$\frac{2}{\pi\sqrt{11}} = \frac{19}{99} + \frac{299}{99^3}\left(\frac{1}{2}\right)\left(\frac{1\times3}{4^2}\right) + \frac{579}{99^5}\left(\frac{1\times3}{2\times4}\right)\left(\frac{1\times3\times5\times7}{4^2\times8^2}\right) + \cdots,$$

$$\frac{4}{\pi} = \frac{3}{2} - \frac{23}{2^3}\left(\frac{1}{2}\right)\left(\frac{1\times3}{4^2}\right) + \frac{43}{2^5}\left(\frac{1\times3}{2\times4}\right)\left(\frac{1\times3\times5\times7}{4^2\times8^2}\right) - \cdots + \cdots,$$

$$\frac{4}{\pi} = 1 + \frac{7}{4}\left(\frac{1}{2}\right)^3 + \frac{13}{4^2}\left(\frac{1\times3}{2\times4}\right)^3 + \frac{19}{4^3}\left(\frac{1\times3\times5}{2\times4\times6}\right)^3 + \cdots,$$

$$\frac{4}{\pi} = \frac{23}{18} - \frac{233}{18^3}\left(\frac{1}{2}\right)\left(\frac{1\times3}{4^2}\right) + \frac{543}{18^5}\left(\frac{1\times3}{2\times4}\right)\left(\frac{1\times3\times5\times7}{4^2\times8^2}\right) - \cdots + \cdots,$$

$$\frac{4}{\pi} = \frac{1\,123}{882} - \frac{22\,583}{882^3}\left(\frac{1}{2}\right)\left(\frac{1\times3}{4^2}\right) + \frac{44\,043}{882^5}\left(\frac{1\times3}{2\times4}\right)\left(\frac{1\times3\times5\times7}{4^2\times8^2}\right) - \cdots + \cdots,$$

$$\frac{16}{\pi} = 5 + \frac{47}{64}\left(\frac{1}{2}\right)^3 + \frac{89}{64^2}\left(\frac{1\times3}{2\times4}\right)^3 + \frac{131}{64^3}\left(\frac{1\times3\times5}{2\times4\times6}\right)^3 + \cdots,$$

$$\frac{15\sqrt{3}}{2\pi} = 4 + 37\left(\frac{1}{2}\right)\left(\frac{1}{3}\right)\left(\frac{2}{3}\right)\left(\frac{4}{125}\right) + 70\left(\frac{1\times3}{2\times4}\right)\left(\frac{1\times4}{3\times6}\right)\left(\frac{2\times5}{3\times6}\right)\left(\frac{4}{125}\right)^2 + \cdots,$$

$$\frac{27}{4\pi} = 2 + 17\left(\frac{1}{2}\right)\left(\frac{1}{3}\right)\left(\frac{2}{3}\right)\left(\frac{2}{27}\right) + 32\left(\frac{1\times3}{2\times4}\right)\left(\frac{1\times4}{3\times6}\right)\left(\frac{2\times5}{3\times6}\right)\left(\frac{2}{27}\right)^2 + \cdots。$$

看见上面一些"不规则"的数和近乎怪诞的公式，我们不能不感到这位英年早逝的印度近代数学家匪夷所思的神奇—— $\frac{\pi^3}{8} = \int_0^\infty \frac{(\ln x)^2}{1+x^2}\mathrm{d}x$ 也是他发现的。

那么，拉马努金的这些公式是如何得来的呢？他坚持认为，是他

1962 年 12 月 22 日印度发行的纪念印度国宝拉马努金诞生 75 周年邮票

只是靠模糊的直觉得出的，与那个自觉地进行研究探索的王国毫不相干。事实上，他常说女神娜摩吉利在梦中给他灵感，而且这种情况一再发生。

不过，即使是这样，我们也可以用一句名言为他的"梦中直觉"找到合理的解释："灵感从来就是一个不愿拜访懒汉的客人。"

2. 戈亚内斯等的发掘

21世纪初期，西班牙数学家戈亚内斯、美国数学家乔纳森·桑道，在各自或合作的若干论文中，记载了同样优美神奇的一个 π 表达式：

$$\frac{\pi}{2} = \left(\frac{2}{1}\right)^{\frac{1}{2}} \left(\frac{2^2}{1\times 3}\right)^{\frac{1}{4}} \left(\frac{2^3\times 4}{1\times 3^3}\right)^{\frac{1}{8}} \left(\frac{2^4\times 4^4}{1\times 3^6\times 5}\right)^{\frac{1}{16}}\cdots.$$

在戈亚内斯等4位学者于2007年7月2日在德·萨拉戈萨大学发表的论文《拉马努金系列：一般化和猜测》中，还可以看到以下拉马努金发现的公式：

$$\frac{2}{\pi} = \sum_{n=0}^{\infty} (-1)^n \frac{\left(\frac{1}{2}\right)_n^3}{(1)_n^3}(4n+1),$$

$$\frac{2\sqrt{2}}{\pi} = \sum_{n=0}^{\infty} \frac{(-1)^n \left(\frac{1}{2}\right)_n^3}{2^{3n}(1)_n^3}(6n+1),$$

$$\frac{5\sqrt{15}}{6\pi} = \sum_{n=0}^{\infty} \frac{\left(\frac{1}{2}\right)_n \left(\frac{1}{6}\right)_n \left(\frac{5}{6}\right)_n}{(1)_n^3} \left(\frac{4}{125}\right)^n (11n+1),$$

$$\frac{2\sqrt{3}}{\pi} = \sum_{n=0}^{\infty} \frac{\left(\frac{1}{2}\right)_n \left(\frac{1}{4}\right)_n \left(\frac{3}{4}\right)_n}{3^{2n}(1)_n^3}(8n+1),$$

$$\frac{8}{\pi} = \sum_{n=0}^{\infty} \frac{(-1)^n \left(\frac{1}{2}\right)_n \left(\frac{1}{4}\right)_n \left(\frac{3}{4}\right)_n}{2^{2n}(1)_n^3}(20n+3),$$

$$\frac{16\sqrt{3}}{3\pi} = \sum_{n=0}^{\infty} \frac{(-1)^n \left(\frac{1}{2}\right)_n \left(\frac{1}{4}\right)_n \left(\frac{3}{4}\right)_n}{48^n (1)_n^3}(28n+3),$$

第6章 变"简"为"繁"出奇制胜——π的无穷表达式

$$\frac{1\,500\sqrt{3}}{\pi} = \sum_{n=0}^{\infty} \frac{(-1)^n \left(\frac{1}{2}\right)_n \left(\frac{1}{3}\right)_n \left(\frac{2}{3}\right)_n}{500^{2n}(1)_n^3}(14\,151n + 827),$$

$$\frac{3\,528}{\pi} = \sum_{n=0}^{\infty} \frac{(-1)^n \left(\frac{1}{2}\right)_n \left(\frac{1}{4}\right)_n \left(\frac{3}{4}\right)_n}{882^{2n}(1)_n^3}(21\,460n + 1123),$$

式中,$(x)_n = x(x+1)\cdots(x+(n-1))$ 是 x 止于 $x+(n-1)$ 的上升阶乘,$(x)_n^k$ 是 $(x)_n$ 的 k 次方。

此外,在戈亚内斯等的论文和其他人的论文中,还有几十个由拉马努金发现的或由这些发现推出的公式,但限于篇幅没有列出。

6.3.6 无穷级数式一览

π的无穷级数式多如牛毛,现把它们列成表6-1(有的是反正切式的展开),以便读者查找。

表6-1 无穷级数式一览

序号	无穷级数式	发现人	发现年代
1	$\pi = \frac{3\sqrt{3}}{4} + 24\left(\frac{1}{3\times 2^2} - \frac{1}{5\times 2^5} - \frac{1}{2\times 7\times 2^8} - \frac{3}{2\times 3\times 9\times 2^{11}} - \cdots\right)$	牛顿	1665
2	$\frac{\pi}{2} = 1 + 2\left(\frac{1}{1\times 3} - \frac{1}{3\times 5} + \frac{1}{5\times 7} - \frac{1}{7\times 9} + \cdots - \cdots\right)$	欧拉	18世纪
3	$\frac{\pi}{2} = 1 + \frac{1}{3!} + \frac{3^2}{5!} + \frac{3^2\times 5^2}{7!} + \cdots$	和田宁、夏鸾翔	均为19世纪
4	$\frac{\pi}{2} = 1 + \frac{1}{3} + \frac{2}{3\times 5} + \frac{2\times 3}{3\times 5\times 7} + \frac{2\times 3\times 4}{3\times 5\times 7\times 9} + \cdots$	会田安明	18世纪
5	$\frac{\pi}{2} = \frac{3}{2} \times \frac{5}{6} \times \frac{7}{6} \times \frac{11}{10} \times \frac{13}{14} \times \frac{17}{18} \times \frac{19}{18} \times \frac{23}{22} \times \cdots$		
6	$\frac{\pi}{2} = \left(\frac{2}{1}\right)^{\frac{1}{2}} \left(\frac{2^2}{1\times 3}\right)^{\frac{1}{4}} \left(\frac{2^3\times 4}{1\times 3^3}\right)^{\frac{1}{8}} \left(\frac{2^4\times 4^2}{1\times 3^6\times 5}\right)^{\frac{1}{16}} \cdots$	(西班牙戈亚内斯、美国乔纳森·桑道记载)	21世纪初各自或合作的论文

续表

序号	无穷级数式	发现人	发现年代
7	$\dfrac{\pi}{2\sqrt{2}} = 1 + \dfrac{1}{2\times 3!} + \dfrac{3^2}{2^2\times 5!} + \dfrac{3^2\times 5^2}{2^3\times 7!} + \cdots$	镰田俊清、夏鸾翔	18 世纪、19 世纪
8	$\dfrac{\pi}{3} = 1 + \dfrac{1}{4\times 6} + \dfrac{3^2}{4\times 6\times 8\times 10} + \dfrac{3^2\times 5^2}{4\times 6\times 8\times 10\times 12\times 14} + \cdots$		
9	$\dfrac{\pi}{2\sqrt{3}} = \sqrt{1 - \dfrac{1}{2^2} + \dfrac{1}{3^2} - \dfrac{1}{4^2} + \cdots - \cdots}$	欧拉	18 世纪
10	$\dfrac{\pi}{2\sqrt{3}} = 1 - \dfrac{1}{3\times 3} + \dfrac{1}{5\times 3^2} - \dfrac{1}{7\times 3^3} + \cdots - \cdots$	夏普、夏鸾翔	1699 年、19 世纪
11	$\dfrac{\pi}{4} = 1 - \dfrac{1}{3} + \dfrac{1}{5} - \dfrac{1}{7} + \cdots - \cdots$	莱布尼茨	1673 年
12	$\dfrac{\pi}{4} = 1 - \dfrac{1}{3!} - \dfrac{3}{5!} - \dfrac{3^2\times 5}{7!} - \dfrac{3^2\times 5^2\times 7}{9!} - \cdots$	安岛直圆、李善兰	?、1845 年
13	$\dfrac{\pi}{4} = \dfrac{1}{3} + \dfrac{1}{5\times 2!} + \dfrac{3^2}{7\times 4!} + \dfrac{3^2\times 5^2}{9\times 6!} + \cdots$	夏鸾翔	19 世纪
14	$\dfrac{\pi}{4} = \left(\dfrac{1}{2} - \dfrac{1}{3\times 2^3} + \dfrac{1}{5\times 2^5} - \cdots\right) + \left(\dfrac{1}{3} - \dfrac{1}{3\times 3^3} + \dfrac{1}{5\times 3^5} - \cdots\right)$	欧拉	1737 年
15	$\dfrac{\pi}{3\sqrt{3}} = \dfrac{1}{2} + \dfrac{2}{3\times 2^3} + \dfrac{2\times 4}{3\times 5\times 2^5} + \dfrac{2\times 4\times 6}{3\times 5\times 7\times 2^7} + \cdots$	普法夫	18 和 19 世纪之交
16	$\dfrac{\pi}{6} = \dfrac{1}{2} + \dfrac{1}{2\times 3\times 2^3} + \dfrac{3}{2\times 4\times 5\times 2^5} + \dfrac{3\times 5}{2\times 4\times 6\times 7\times 2^7} + \cdots$	牛顿	1676 年
17	$\dfrac{\pi^2}{6} = 1 + \dfrac{1}{2^2} + \dfrac{1}{3^2} + \dfrac{1}{4^2} + \dfrac{1}{5^2} + \cdots$	欧拉	1734 年
18	$\dfrac{\pi^2}{6} = \dfrac{2^2}{2^2-1} \times \dfrac{3^2}{3^2-1} \times \dfrac{5^2}{5^2-1} \times \dfrac{7^2}{7^2-1} \times \cdots$		
19	$\dfrac{\pi^2}{8} = 1 + \dfrac{1}{3^2} + \dfrac{1}{5^2} + \dfrac{1}{7^2} + \cdots$	欧拉	18 世纪

第6章 变"简"为"繁"出奇制胜——π的无穷表达式

续表

序号	无穷级数式	发现人	发现年代
20	$\dfrac{\pi^2}{8} = 1 + \dfrac{2^2}{4!} + \dfrac{2^2 \times 4^2}{2 \times 6!} \times \dfrac{2^2 \times 4^2 \times 6^2}{2^2 \times 8!} \times \cdots$	建部贤弘	1722 年
21	$\dfrac{\pi^2}{8} = 1 + \dfrac{1}{6} + \dfrac{1}{6 \times 15} + \dfrac{4 \times 9}{6 \times 15 \times 28} + \cdots$	建部贤弘	1722 年
22	$\dfrac{\pi^2}{8} = 1 + \dfrac{2}{3 \times 2 \times 2} + \dfrac{2 \times 4}{3 \times 5 \times 2^2 \times 3} + \dfrac{2 \times 4 \times 6}{3 \times 5 \times 7 \times 2^3 \times 4} + \cdots$	建部贤弘	1722 年
23	$\dfrac{\pi^2}{9} = 1 + \dfrac{2}{3 \times 4 \times 2} + \dfrac{2 \times 4}{3 \times 5 \times 4^2 \times 3} + \dfrac{2 \times 4 \times 6}{3 \times 5 \times 7 \times 4^3 \times 4} + \cdots$	建部贤弘	1722 年
24	$\dfrac{\pi^2}{9} = 1 + \dfrac{1}{3 \times 4} + \dfrac{2^2}{3 \times 4 \times 5 \times 6} + \dfrac{2^2 \times 3^2}{3 \times 4 \times 5 \times 6 \times 7 \times 8} + \cdots$	建部贤弘、徐有壬	1722 年、?
25	$\dfrac{\pi^2}{12} = 1 - \dfrac{1}{2^2} + \dfrac{1}{3^2} - \dfrac{1}{5^2} + \cdots - \cdots$	欧拉	18 世纪
26	$\dfrac{\pi^2}{18} = \dfrac{1}{2} + \dfrac{2}{4 \times 3 \times 2^2} + \dfrac{3 \times 2}{6 \times 5 \times 4 \times 3^2} + \cdots$	拉马努金	20 世纪初
27	$\dfrac{\pi^3}{32} = 1 - \dfrac{1}{3^3} + \dfrac{1}{5^3} - \dfrac{1}{7^3} + \cdots - \cdots$	欧拉	18 世纪
28	$\dfrac{\pi^4}{90} = 1 + \dfrac{1}{2^4} + \dfrac{1}{3^4} + \dfrac{1}{4^4} + \cdots$	欧拉	18 世纪
29	$\dfrac{\pi^4}{96} = 1 + \dfrac{1}{3^4} + \dfrac{1}{5^4} + \dfrac{1}{7^4} + \cdots$	欧拉	18 世纪
30	$\dfrac{7\pi^4}{720} = 1 - \dfrac{1}{2^4} + \dfrac{1}{3^4} - \dfrac{1}{4^4} + \cdots - \cdots$	欧拉	18 世纪
31	$\dfrac{5\pi^5}{1\,536} = 1 - \dfrac{1}{3^5} + \dfrac{1}{5^5} - \dfrac{1}{7^5} + \cdots - \cdots$	欧拉	18 世纪

续表

序号	无穷级数式	发现人	发现年代
32	$\dfrac{\pi^6}{945} = 1 + \dfrac{1}{2^6} + \dfrac{1}{3^6} + \dfrac{1}{4^6} + \cdots$	欧拉	18 世纪
33	$\dfrac{\pi^6}{960} = 1 + \dfrac{1}{3^6} + \dfrac{1}{5^6} + \dfrac{1}{7^6} + \cdots$	欧拉	18 世纪
34	$\dfrac{31\pi^6}{30\,240} = 1 - \dfrac{1}{2^6} + \dfrac{1}{3^6} - \dfrac{1}{4^6} + \cdots - \cdots$	欧拉	18 世纪
35	$\dfrac{61\pi^7}{184\,320} = 1 - \dfrac{1}{3^7} + \dfrac{1}{5^7} - \dfrac{1}{7^7} + \cdots - \cdots$	欧拉	18 世纪
36	$\dfrac{\pi^8}{9\,450} = 1 + \dfrac{1}{2^8} + \dfrac{1}{3^8} + \dfrac{1}{4^8} + \cdots$	欧拉	18 世纪
37	$\dfrac{\pi^{10}}{93\,555} = 1 + \dfrac{1}{2^{10}} + \dfrac{1}{3^{10}} + \dfrac{1}{4^{10}} + \cdots$	欧拉	18 世纪
38	$\dfrac{691\pi^{12}}{638\,512\,875} = 1 + \dfrac{1}{2^{12}} + \dfrac{1}{3^{12}} + \dfrac{1}{4^{12}} + \cdots$	欧拉	18 世纪
39	$\dfrac{76\,977\,927 \times 2^{24} \pi^{26}}{(27!)!} = 1 + \dfrac{1}{2^{26}} + \dfrac{1}{3^{26}} + \dfrac{1}{4^{26}} + \cdots$	欧拉	18 世纪
40	$\dfrac{1}{\pi} = \left(\dfrac{2\sqrt{2}}{9\,801}\right)\sum\limits_{n=0}^{\infty}[(4n)!/(n!)^4][(1\,103 + 26\,390n)/396^{4n}]$	拉马努金、波尔文兄弟俩	20 世纪初、1987 年
41	$\dfrac{2}{\pi} = 1 - \dfrac{1}{2^2} - \dfrac{3}{2^2 \times 4^2} - \dfrac{3^2 \times 5}{2^2 \times 4^2 \times 6^2} - \cdots$	项名达	1843 年
42	$\dfrac{4}{\pi} = 1 + \left(\dfrac{1}{2}\right)^2 + \left(\dfrac{1}{2} \times \dfrac{1}{4}\right)^2 + \left(\dfrac{1}{2} \times \dfrac{1}{4} \times \dfrac{3}{6}\right)^2 + \left(\dfrac{1}{2} \times \dfrac{1}{4} \times \dfrac{3}{6} \times \dfrac{5}{8}\right)^2 + \cdots$	(用傅里叶级数求得)	
43	$\dfrac{1}{\pi} = \sum\limits_{n=0}^{\infty}\binom{2n}{n}^3[(42n+5)/2^{12n+4}]$ (计算 π 二进制单个数字)		

第6章 变"简"为"繁"出奇制胜——π 的无穷表达式

6.4 算 π 妙招反正切式

反正切展开式起源于詹姆斯·格雷戈里,而用它的原理算 π 则始于莱布尼茨。莱布尼茨设格雷戈里公式中 $x = π/4$,从而第一次将反正切式展开成为无穷级数式。他虽没有用它大规模算 π,但却开创造了用此法大规模算 π 的新时代。

6.4.1 反正切式一览

表6-2 为本书收集到的、比较有名的反正切式,而其他的反正切式则在6.4.3 小节中叙述。

表6-2 π 的著名反切式

序号	反正切式	发现人	发现年代
(1)	$π = 4\arctan 1$	莱布尼茨	1673 年
(2)	$π = 4\arctan\dfrac{1}{2} + 4\arctan\dfrac{1}{3}$	欧拉、英国查尔斯·哈顿（Charles Hutton, 1737—1823）	1737 年、1776 年
(3)	$π = 8\arctan\dfrac{1}{2} - 4\arctan\dfrac{1}{7}$	欧拉	18 世纪
(4)	$π = 8\arctan\dfrac{1}{3} + 4\arctan\dfrac{1}{7}$	克劳森、欧拉	1747 年、1755 年
(5)	$π = 4\arctan\dfrac{2}{3} + 4\arctan\dfrac{1}{5}$	马青	1706 年
(6)	$π = 4\arctan\dfrac{1}{4} + 4\arctan\dfrac{3}{5}$	欧拉	1779 年
(7)	$π = 12\arctan\dfrac{1}{4} + 4\arctan\dfrac{5}{99}$	欧拉、英国查尔斯·哈顿	都是 18 世纪
(8)	$π = 16\arctan\dfrac{1}{5} - 4\arctan\dfrac{1}{239}$	马青	1706 年

续表

序号	反正切式	发现人	发现年代
(9)	$\pi = 20\arctan\dfrac{1}{7} + 8\arctan\dfrac{3}{79}$	欧拉、英国查尔斯·哈顿、乔治·威加	1755年、1776年、1789年
(10)	$\pi = 4\arctan\dfrac{1}{2} + 4\arctan\dfrac{1}{4} + 4\arctan\dfrac{1}{13}$		
(11)	$\pi = 4\arctan\dfrac{1}{2} + 4\arctan\dfrac{1}{5} + 4\arctan\dfrac{1}{8}$	许尔茨·冯·斯特拉斯尼茨基	1844年
(12)	$\pi = 8\arctan\dfrac{1}{2} - 4\arctan\dfrac{1}{5} + 4\arctan\dfrac{1}{18}$		
(13)	$\pi = 8\arctan\dfrac{1}{2} - 4\arctan\dfrac{1}{6} + 4\arctan\dfrac{1}{43}$		
(14)	$\pi = 8\arctan\dfrac{1}{2} - 4\arctan\dfrac{1}{8} - 4\arctan\dfrac{1}{57}$		
(15)	$\pi = 8\arctan\dfrac{1}{2} - 4\arctan\dfrac{1}{9} - 4\arctan\dfrac{1}{32}$		
(16)	$\pi = 8\arctan\dfrac{1}{3} + 4\arctan\dfrac{1}{5} - 4\arctan\dfrac{1}{18}$		
(17)	$\pi = 8\arctan\dfrac{1}{3} + 4\arctan\dfrac{1}{6} - 4\arctan\dfrac{1}{43}$		
(18)	$\pi = 8\arctan\dfrac{1}{3} + 4\arctan\dfrac{1}{8} - 4\arctan\dfrac{1}{57}$		
(19)	$\pi = 16\arctan\dfrac{1}{3} - 16\arctan\dfrac{1}{8} - 4\arctan\dfrac{1}{239}$		
(20)	$\pi = 8\arctan\dfrac{1}{3} + 4\arctan\dfrac{1}{9} + 4\arctan\dfrac{1}{32}$		
(21)	$\pi = 8\arctan\dfrac{1}{4} + 4\arctan\dfrac{1}{7} + 4\arctan\dfrac{1}{13}$		
(22)	$\pi = 12\arctan\dfrac{1}{4} + 4\arctan\dfrac{1}{20} + 4\arctan\dfrac{1}{1985}$	高斯、英国西尼·勒克斯顿·朗尼	19世纪、1893年
(23)	$\pi = 16\arctan\dfrac{1}{4} - 16\arctan\dfrac{1}{21} - 4\arctan\dfrac{1}{239}$		

第6章 变"简"为"繁"出奇制胜——π 的无穷表达式

续表

序号	反正切式	发现人	发现年代
(24)	$\pi = 8\arctan\dfrac{1}{5} + 4\arctan\dfrac{1}{7} + 8\arctan\dfrac{1}{8}$		
(25)	$\pi = 16\arctan\dfrac{1}{5} - 4\arctan\dfrac{1}{70} + 4\arctan\dfrac{1}{99}$	欧拉、勒让德	1764 年、18 世纪
(26)	$\pi = 16\arctan\dfrac{1}{5} - 4\arctan\dfrac{1}{237} + 4\arctan\dfrac{1}{28\,322}$	李文军	1991 年
(27)	$\pi = 16\arctan\dfrac{1}{5} - 4\arctan\dfrac{1}{238} + 4\arctan\dfrac{1}{56\,883}$	李文军	1991 年
(28)	$\pi = 16\arctan\dfrac{1}{5} - 4\arctan\dfrac{1}{240} - 4\arctan\dfrac{1}{57\,361}$	李文军	1991 年
(29)	$\pi = 16\arctan\dfrac{1}{5} - 4\arctan\dfrac{1}{241} - 4\arctan\dfrac{1}{28\,800}$	李文军	1991 年
(30)	$\pi = 16\arctan\dfrac{1}{5} - 8\arctan\dfrac{1}{408} + 4\arctan\dfrac{1}{1\,393}$	乔治·威加	1789 年
(31)	$\pi = 16\arctan\dfrac{1}{6} + 16\arctan\dfrac{1}{31} - 4\arctan\dfrac{1}{239}$		
(32)	$\pi = 16\arctan\dfrac{1}{7} + 16\arctan\dfrac{1}{18} - 4\arctan\dfrac{1}{239}$		
(33)	$\pi = 24\arctan\dfrac{1}{7} - 16\arctan\dfrac{1}{57} + 4\arctan\dfrac{1}{239}$		
(34)	$\pi = 24\arctan\dfrac{1}{8} + 8\arctan\dfrac{1}{57} + 4\arctan\dfrac{1}{239}$	斯托默	1896 年
(35)	$\pi = 32\arctan\dfrac{1}{10} - 4\arctan\dfrac{1}{239} - 16\arctan\dfrac{1}{515}$	布塞卡·克林根斯蒂纳	1730 年
(36)	$\pi = 48\arctan\dfrac{1}{18} + 32\arctan\dfrac{1}{57} - 20\arctan\dfrac{1}{239}$	高斯	1853 年
(37)	$\pi = 88\arctan\dfrac{1}{28} + 8\arctan\dfrac{1}{443} - 20\arctan\dfrac{1}{1\,393} - 40\arctan\dfrac{1}{11\,018}$	艾斯柯特	1896 年

续表

序号	反正切式	发现人	发现年代
(38)	$\pi = 48\arctan\dfrac{1}{38} + 80\arctan\dfrac{1}{57} + 28\arctan\dfrac{1}{239}$ $+ 96\arctan\dfrac{1}{268}$	高斯	18 世纪
(39)	$\pi = 48\arctan\dfrac{1}{49} + 128\arctan\dfrac{1}{57} - 20\arctan\dfrac{1}{239}$ $+ 48\arctan\dfrac{1}{110\,443}$	高野喜久雄	1982 年
(40)	$\pi = 176\arctan\dfrac{1}{57} + 28\arctan\dfrac{1}{239} - 48\arctan\dfrac{1}{682}$ $+ 96\arctan\dfrac{1}{12\,943}$	斯托默	1896 年
(41)	$\pi = 4\arctan\dfrac{1}{4} + 4\arctan\dfrac{1}{5} + 4\arctan\dfrac{1}{7}$ $+ 4\arctan\dfrac{1}{8} + 4\arctan\dfrac{1}{13}$	李文军	1997 年
(42)	$\pi = 4\arctan\dfrac{1}{4} + 4\arctan\dfrac{1}{5} + 4\arctan\dfrac{1}{12}$ $+ 4\arctan\dfrac{1}{13} + 4\arctan\dfrac{5}{27}$	左潜、曾纪鸿、黄宗宪	1874 年

6.4.2 反正切式选证

下面简要证明 $\pi = 24\arctan\dfrac{1}{8} + 8\arctan\dfrac{1}{57} + 4\arctan\dfrac{1}{239}$，即表 6-2 的 (34) 式。

用加法定理容易得到

$$\tan 6A = \frac{6\tan A - 20\tan^3 A + 6\tan^5 A}{1 - 15\tan^2 A + 15\tan^4 A - \tan^6 A},$$

由此有

第6章 变"简"为"繁"出奇制胜——π 的无穷表达式

$$\tan\left(6\arctan\frac{1}{8}\right) = \frac{6\times\frac{1}{8} - 20\times\left(\frac{1}{8}\right)^3 + 6\times\left(\frac{1}{8}\right)^5}{1 - 15\times\left(\frac{1}{8}\right)^2 + 15\times\left(\frac{1}{8}\right)^4 - \left(\frac{1}{8}\right)^6} = \frac{186\,416}{201\,663}\text{。}$$

(6-1)

于是

$$\tan\left(\frac{\pi}{4} - 6\arctan\frac{1}{8}\right) = \frac{1 - \frac{186\,416}{201\,663}}{1 + \frac{186\,416}{201\,663}} = \frac{15\,247}{388\,079}\text{。} \quad (6\text{-}2)$$

又因为

$$\tan 2\left(\arctan\frac{1}{57}\right) = \frac{2\tan\left(\arctan\frac{1}{57}\right)}{1 - \tan^2\left(\arctan\frac{1}{57}\right)} = \frac{2\times\frac{1}{57}}{1 - \left(\frac{1}{57}\right)^2} = \frac{57}{1\,624},$$

所以

$$\tan\left(2\arctan\frac{1}{57} + \arctan\frac{1}{239}\right) = \frac{\frac{57}{1\,624} + \frac{1}{239}}{1 - \frac{57}{1\,624}\times\frac{1}{239}} = \frac{15\,247}{388\,079}\text{。} \quad (6\text{-}3)$$

又因 $0 < \arctan\frac{1}{57} < \frac{\pi}{6}$ 和 $0 < \arctan\frac{1}{239} < \frac{\pi}{6}$,有 $0 < 2\arctan\frac{1}{57} + \arctan\frac{1}{239} < \frac{\pi}{2}$;而由(6-1)得知 $0 < 6\arctan\frac{1}{8} < \frac{\pi}{2}$。这样,就有 $-\frac{\pi}{4} < \frac{\pi}{4} - 6\arctan\frac{1}{8} < \frac{\pi}{4}$。

再由(6-2)得知 $0 < \frac{\pi}{4} - 6\arctan\frac{1}{8} < \frac{\pi}{4}$。

比较(6-2)和(6-3)就可以得到

$$\frac{\pi}{4} - 6\arctan\frac{1}{8} = 2\arctan\frac{1}{57} + \arctan\frac{1}{239},$$

就得到表 6-2 的(34)式 $\pi = 24\arctan\frac{1}{8} + 8\arctan\frac{1}{57} + 4\arctan\frac{1}{239}$。

再简要证明 $\pi = 16\arctan\frac{1}{5} - 4\arctan\frac{1}{240} - 4\arctan\frac{1}{57\,361}$。这个公

式即表 6-2 的（28）式——李文军公式。

由公式 $\tan 4x = \dfrac{4\tan x - 4\tan^3 x}{1 - 6\tan^2 x + \tan^4 x}$，可算得

$$\tan\left(4\arctan\dfrac{1}{5}\right) = \dfrac{120}{119}。 \qquad (6\text{-}4)$$

又由正切的和角公式 $\tan(a+b) = \dfrac{\tan a + \tan b}{1 - \tan a \tan b}$，还可算得

$$\tan\left(\arctan\dfrac{1}{240} + \arctan\dfrac{1}{57\,361}\right) = \dfrac{1}{239}。 \qquad (6\text{-}5)$$

再用正切的和角公式及（6-5），就得到

$$\tan\left[\dfrac{\pi}{4} + \left(\arctan\dfrac{1}{240} + \arctan\dfrac{1}{57\,361}\right)\right] = \dfrac{120}{119}。 \qquad (6\text{-}6)$$

由于 $\dfrac{\pi}{4} < 4\arctan\dfrac{1}{5} < \dfrac{\pi}{2}$，$0 < \arctan\dfrac{1}{240} + \arctan\dfrac{1}{57\,361} < \dfrac{\pi}{4}$ 和 （6-4）、（6-6），就知道 $4\arctan\dfrac{1}{5} = \dfrac{\pi}{4} + \arctan\dfrac{1}{240} + \arctan\dfrac{1}{57\,361}$，此式即可变形为表 6-2 的（28）式。

π 的这一类反正切式，大都可以用这类方法证明。

6.4.3 求反正切式的十大妙招

在理论上，反正切式可以有无穷多种。这里主要介绍本书作者收集到的 10 种导出方法中的两种。

1. 利用欧拉逆函数

$$\arctan a + \arctan b = \arctan\dfrac{a+b}{1-ab}。 \qquad (6\text{-}7)$$

设 $a = \dfrac{1}{p+q}$，$b = \dfrac{q}{p^2 + pq + 1}$，则（6-7）就变为

$$\arctan\dfrac{1}{p} = \arctan\dfrac{1}{p+q} + \arctan\dfrac{1}{p^2 + pq + 1}。 \qquad (6\text{-}8)$$

如果设（6-8）中的 $p = q = 1$，就得到 $\dfrac{\pi}{4} = \arctan\dfrac{1}{2} + \arctan\dfrac{1}{3}$ ——

第 6 章　变"简"为"繁"出奇制胜——π 的无穷表达式

表 6-2 的（2）式；如果设（6-8）中的 $p=2$ 和 $q=1$，就得到 $\arctan\frac{1}{2} = \arctan\frac{1}{3} + \arctan\frac{1}{7}$，那么表 6-2 的（2）式就变为 $\frac{\pi}{4} = 2\arctan\frac{1}{3} + \arctan\frac{1}{7}$ ——表 6-2 的（4）式。

总之，由（6-8）递推下去，就可以得到多个 π 的反正切式。当然，也可以直接用（6-7）得出一系列式子。例如，设 $a=1$，$b=\frac{1}{5}$，就得到 $\frac{\pi}{4} = \arctan\frac{3}{2} - \arctan\frac{1}{5}$。

2. 利用不定方程 $m\arctan\frac{1}{x} + n\arctan\frac{1}{y} = \frac{k\pi}{4}$ 的某些特殊解

为了简便，式中 m，n，k，x，y 均可限定为整数。1895 年，挪威数学家斯托默证明它只有 4 个平凡解，在不知晓这些解的情况下，中国工程师李文军给出以下四组解：

当 $m=n=k=1$ 时，$x=2$，$y=3$，方程变为

$$\frac{\pi}{4} = \arctan\frac{1}{2} + \arctan\frac{1}{3}。$$

当 $m=2$，$n=-1$，$k=1$ 时，$x=2$，$y=7$，方程变为

$$\frac{\pi}{4} = 2\arctan\frac{1}{2} - \arctan\frac{1}{7}。$$

当 $m=2$，$n=k=1$ 时，$x=3$，$y=7$，方程变为

$$\frac{\pi}{4} = 2\arctan\frac{1}{3} + \arctan\frac{1}{7}。$$

当 $m=4$，$n=-1$，$k=1$ 时，$x=5$，$y=239$，方程变为

$$\frac{\pi}{4} = 4\arctan\frac{1}{5} - \arctan\frac{1}{239}。$$

6.5　精彩纷呈的其他表达式

除 π 的反正切表达式外，还有 π 的多种其他表达式。

（1）正切表达式。1813 年，德国数学教授约翰·克里斯多夫·秀瓦布利用正多边形和反证法推出正切表达式

$$\frac{\pi}{4} = \tan\frac{\pi}{4} + \frac{1}{2}\tan\frac{\pi}{8} + \frac{1}{4}\tan\frac{\pi}{16} + \cdots。$$

有趣的是，这个式子与欧拉的

$$\frac{1}{x} - \cos x = \frac{1}{2}\tan\frac{x}{2} + \frac{1}{4}\tan\frac{x}{4} + \frac{1}{8}\tan\frac{x}{8} + \cdots$$

中设 $x = \frac{\pi}{2}$ 时的结果相同。当然，这个常数项无穷级数式是不好用来算 π 的。

（2）反正弦或反余弦表达式。对应于 π 的反正切式，可写出像 $\frac{\pi}{12} = \arcsin\frac{\sqrt{6}-\sqrt{2}}{4}$，$\frac{\pi}{6} = \arcsin\frac{1}{2}$，$\frac{\pi}{4} = \arcsin\frac{\sqrt{2}}{2}$，$\frac{\pi}{3} = \arcsin\frac{\sqrt{3}}{2}$，…，以及 $\frac{\pi}{12} = \arccos\frac{\sqrt{6}+\sqrt{2}}{4}$，$\frac{\pi}{6} = \arccos\frac{\sqrt{3}}{2}$，$\frac{\pi}{4} = \arccos\frac{\sqrt{2}}{2}$，$\frac{\pi}{3} = \arccos\frac{1}{2}$，…。

这类反正弦或反余弦表达式。其中有的我们已用牛顿 1676 年的反正弦式等展开成无穷级数列入表 6-1 中，而其余的如果用于实际算 π 则明显不便，所以很少有人提到。

（3）正弦或余弦表达式。当 $0 < x < \frac{\pi}{2}$ 时，两者的例子分别是 $\frac{\pi}{4} = \sum_{n=0}^{\infty}\frac{\sin(2n+1)x}{2n+1}$ 和 $\frac{\pi}{4} = \sum_{n=0}^{\infty}\frac{\cos(2n+1)x}{2n+1}$。只要考虑函数 $f(x) = 1$ 的傅里叶级数展开式就可以得到这两个式子。这两个式子深刻揭示了 π 与三角函数即圆函数之间的关系，正弦函数和余弦函数之间的关系。

（4）阶乘型和排列组合型无穷表达式。

（5）可供计算单个数字的无穷表达式。例如 5.7.1 小节中的 3 个式子。

（6）"普通分数"即"简单分数"无限表达式。普通分数是与

第6章 变"简"为"繁"出奇制胜——π的无穷表达式

"连分数"对应的名称，这里指将 π 值用无穷多个分子为1、分母为整数的分数的"代数和"表达出来。请先看下表：

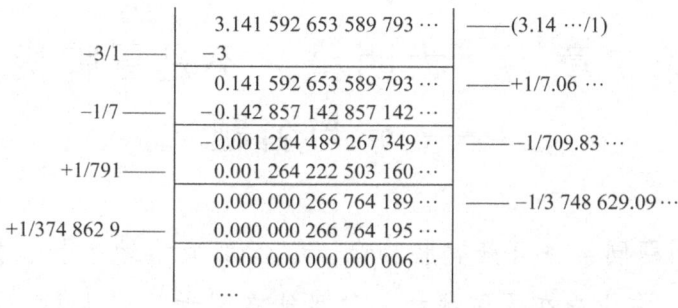

π值减去整数3——第一级近似后，余下的 0.141 592 653 589 793…就可以化为 1/7.06…，化法是将它取倒数；现在取与 7.06 最接近的整数 7，就得到 π=3+1/7——第二级近似。然后在余值 0.141 592 653 589 793…中减去 1/7 即 0.142 857 142 857 142…，又余下 -0.001 264 489 267 349…，再如前将其化为 -1/790.83…，又取它的分母 790.83… 最接近的整数 791，就得到 π=3+1/7-1/791——第三级近似。如此继续算下去，就又得到 π=3+1/7-1/791-1/3 748 629+…。如取前4项，就得到 π=3.141 592 654，已精确到小数点后第9位。由此可见，我们可以用普通分数无限表达式来近似表达 π 值。

第 7 章　"大明星"不是冒牌货
—— π 与名题

> 好问题同某种蘑菇有些相像，它们都成堆地生长。找到一个以后，你应当在周围找找，很可能在附近就有几个。
>
> ——乔治·波利亚

7.1　π 与化圆为方

古代三大难题之一是"化圆为方"。约公元前 1650 年或更早，古埃及祭司、数学家艾哈麦斯抄写的兰德纸（莎）草书中说："取圆直径的 8/9，作为正方形的边长，就可以得到和圆等面积的正方形。"可见，此时化圆为方漫漫征程的处女航船已经起锚。纸草是一种生长在尼罗河三角洲的植物，可用其茎秆中心的髓切成细长的狭条，把它压成一片，再干燥后形成薄而平滑的表面，用它写的书就是纸草书。亚历山大·亨利·兰德是一位爱尔兰古董商，以收集到著名的两卷纸草书——兰德纸草书（1858 年发现）和莫斯科草纸书闻名。

7.1.1　古希腊的热门话题

公元前 5 世纪前后，古希腊流行着尺规作图的三个著名古典数学难题："倍立方体"——将正方体体积加倍，"三等分角"——将任意角三等分，"化圆为方"——将圆变成等面积的正方形。古希腊雅典的智人学派即哲人学派最早提出这些问题。

"化圆为方对几何宇宙论者的意义尤其重大，因为在他们的心目中，

第7章 "大明星"不是冒牌货——π 与名题

圆象征神秘的纯精神世界,方则是可见宇宙的象征。"对于为什么要研究化圆为方,艺术家罗伯特·劳勒在他于1982年出版的《神圣几何学》一书中这样解释,"如果能作出面积和圆相等的正方形,就能在有限的时空中,表达无限的次元或特性。"

化圆为方问题又称"方圆问题"。在数学史上,只有为数很少的几个几何问题能像它那样引起过人们长期而热烈的兴趣。当时就有许多人研究,想在这一难题上大显身手。

最早研究这一问题的是古希腊数学家阿纳萨哥拉斯,但他在狱中潜心研究化圆为方的有关研究成果没有流传下来。

其后,在约公元前430年,智人学派的安提丰从圆内接正方形或正三角形开始,用边数逐次加倍法去逼进圆,去化圆为方。这种要经过无数次作图来解题的方法,显然是错误的。但其思想却是现代极限论的雏形。

智人学派另一古希腊数学家希皮亚斯,在约公元前425年发明了"割圆曲线"。它不但可以三等分任意角,而且在后来的公元前350年,被

阿里斯托芬尼斯

古希腊数学家狄诺斯特拉托斯应用于化圆为方。也有人认为是后者独立发明了这种曲线。这种曲线的原始记载,见希腊数学家帕普斯记有大量数学史料的《数学汇编》中。这本书,记有关于古典三大几何作图难题的种种尝试,使化圆为方得以记载并流传下来。

化圆为方曾长期是一个"全社会"关心的问题。公元前414年,雅典诗人阿里斯托芬尼斯在他的喜剧小品《鸟》中,描述了一个几何学家(指默冬)声明他的目标就是要解决化圆为方。《鸟》中写道:"默冬:我拿起一支直尺,就开始化圆为方了。"默冬是古希腊最著名的、第一位进行精确的天文观测的天文学家,以在公元前432年的雅典奥运会上,宣布发现著名的"默冬周期"(设置闰年的规律——19年7闰)而闻名。

不过，这些努力无不以败走麦城告终。从此以后，希腊人对这种活动用一个专门的词表示："献身于化圆为方问题"。可见研究的普遍程度和难度。直到现在，英语里"致力于化圆为方的人"一词，还用来讽刺那些"做不可能的事情"的人。

7.1.2 貌似成功的"福"倚"祸"

当时，人们对化圆为方的认识好似雾里看花，而失败和困难迫使他们思考：圆是曲线图形，正方形是直线图形，是不是曲线图形永远不可能与直线图形的面积相等呢？

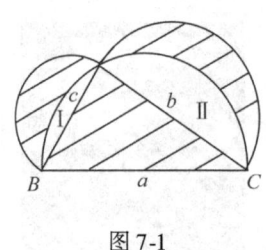

图 7-1

古希腊数学家希波克拉底的月芽（牙）形（即新月形），给出了一部分正确答案。他也研究化圆为方，曾将化圆为方归结为由圆弧构成的月芽形变成等面积正方形的问题。图 7-1 中两个月芽形面积之和，的确等于直角三角形 ABC 的面积——被称为"希波克拉底定理"，从而第一次证明了曲线图形可以和直线图形的面积相等。他还把一个月芽形和一个圆一起化为一个正方形。虽然他化圆为方最终失败，但被古希腊数学家、科学史家欧德缪斯记载于《几何学史》中的希波克拉底定理，被大约一千年之后的希腊数学家辛普利休斯提到，却使人们大开眼界。

不过，希波克拉底证明曲线图形可以和直线图形等面积的成果，对化圆为方来说，却不是"福"而是"祸"：这一事实不断给那些化圆为方迷们激起虚假的妄想，前仆后继地去解决那个似乎唾手可得的化圆为方问题。

全由相同半径 R 的圆弧组成图 7-2 所示"花瓶"，又是一个"化曲为方"的例子：下部为 3/4 个圆周，上部为 3 个 1/4 圆周。乍看它怎么也不可能和正方形等面积，但稍加计算便知道，它的面积是 $4R^2$！因

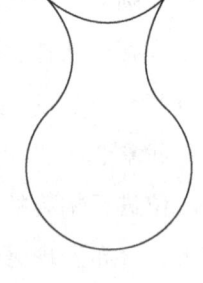

图 7-2

此，它很容易化成边长为 $2R$ 的正方形。

既然比圆还"复杂"，而且全由圆弧组成的"花瓶"也可以"化曲为方"，那么化圆为方是肯定可以解决的——那个时代的化圆为方迷们一定走进了这条死胡同，以致人们在黑暗中探索了两千多个春秋！

实际上，曲线图形可以和直线图形等面积，从而可以互化的例子比比皆是。图 7-3 所表示的抛物线 $y = 3 - 3x^2$ 与 X 轴围成的图形，就和边长为 2 的正方形面积相等。

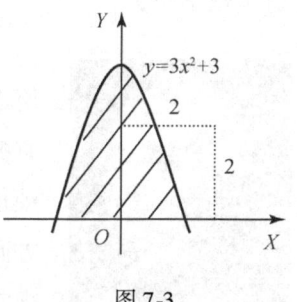

图 7-3

7.1.3 "涛声依旧"两千年

约公元前 370 年，欧多克索斯采用了安提丰的方法，提出了穷竭法的原理。同时代的古希腊数学家布里森，则考虑用圆的内接和外切正多边形边数加倍来逼近圆的方法化圆为方，但也铩羽而归。不过，他们的劳动并没有白费——其"内外夹"的方法，成为其后阿基米德割圆术的雏形。

约公元前 300 年，今天家喻户晓的欧几里得也企图化圆为方，但他也折戟沉沙。此后，无数"仁人志士"都前赴后继地想在这个问题上大显身手，其中有以下重要事件。

1503 年，意大利（？）特拉贡伊斯姆斯，在他的《圆求方》书中用 22/7 化圆为方。它和法国数学家布伊勒斯在同年出版的一个对开本，很可能是最早印刷 7.1.7 小节的以化圆为方为主题的书。

1647 年，比利时耶稣会教士格雷戈里·圣文森特在安特卫普出版了《几何化圆为方与圆锥曲线》一书，提出了几种方法来化圆为方。不过，对这位杰出数学家的"杰作"，却没人恭维。相反，法国数学史家蒙丢克拉对他进行了辛辣而风趣的讽刺："没有人以如此的才智投入化圆为方问题并取得如此的成功——除去他的主要目的。"蒙丢克拉写作了世界上第一部完整和重要的经典数学史著作——1758年出版的两卷集《数学史》。

蒙丢克拉

1728年（一说1743年），英国著名诗人亚历山大·蒲柏在《群愚史诗》中写道：现在/只有疯子数学没被绑住/她疯得太厉害了/有形的枷锁也对她无可奈何/有时坐着发呆/有时为了解决方圆/忙得团团转/狂热的数学家绕着地球跑/发现它是方的。

可见，这种狂热已经蔓延到数学界以外的所有人群，而且不拘四季、不论晨昏。

为了记载这种狂热，蒙丢克拉于1754年在巴黎出版了一本有史以来最完善的、系统研究圆周率包括化圆为方历史方面的书——《圆面积研究的历史》。这本书使他声名鹊起。

……

总之，从公元前5世纪开始之后的两千多个寒暑里，化圆为方吸引着西方几乎每一位"水中望月"的人们。在长长的名单中，还有托勒密、韦达、笛卡儿、费马、英国数学家德·斯吕塞、伽利略的学生维琴佐·维维亚尼、尼古拉斯·德·库萨、约翰·穆勒、斯涅耳、惠更斯、沃利斯、牛顿、莱布尼茨……

几乎每年都有人欣喜若狂地宣称：我解决了化圆为方！但没过多久，人们就发现在他们不管是"明修栈道"还是"暗度陈仓"的"解决"中，总会有一点小小的但却是致命的错误，于是他的"解决"轰然倒塌。接着，就爆发出一阵阵善意的笑声……

年复一年，有关化圆为方的论文雪片般地飞向各国科学评审机构，多得使科学家们无法卒读。显然，必须对这种严重干扰科学家们正常工作的现象采取断然措施。1755年（一说1775年），法国科学院在专门会议上讨论了这些论文造成的麻烦后，通过了一项决议：不再审议有关"三大难题"和类似性质的问题（例如"永动机"）的论文。大致同时，英国皇家学会也作出了类似的决定。

但是，这一"禁令"却止不住化圆为方迷们"顶风作案"。正如舒伯特在《数学随笔与游戏》中说的那样："数学可说是最公正客观的科学，但化圆为方者才不在乎数学怎么说。只要无知继续存在，再加上沽名钓誉心态的推波助澜，这种人便会不断出现。"

例如在1888年，美国《评论和质疑》杂志的编辑古尔德，为了满足公众对化圆为方等知识的要求，编辑出版了名为《π的价值是什么》的书。该书介绍了100篇文章，给出了63个作者的答案，除两项外，其余文章都注明是19世纪的作品。而劳伦斯·卡文德在1967年出版的《非凡的数学几何发现》一书中，还在总结化圆为方失败的"经验"："他们的方法都不对"、"大家都以为数学大师不会错"。可见，直到20世纪下半叶，化圆为方的"涛声依旧"。

当然，像这一节中提到的"非数学人士"痴迷化圆为方的例子，也持续到20世纪。俄国-苏联剧作家卡达耶夫和英国剧作家托姆·斯托帕特在1984年的剧本，都以《化圆为方》为标题。卡达耶夫的《化圆为方》最早是在莫斯科艺术剧院演出，是卡达耶夫最受欢迎的戏剧。

于是，我们只好用美国数学家杜德利在《数学狂怪》一书中的话说："除非文明结束，否则化圆为方迷也不会罢手。"

7.1.4 从"困难"到"简单"

化圆为方难在尺规作图法的限制——不可能用尺规作图法得到准确 π 值。

那为什么不能用尺规法得到准确 π 值呢？根据法国数学家伽罗瓦在1830年提出的理论，如果 π 是超越数，则用尺规作图法化圆为方就不可能。因此，问题就在证明 π 是超越数上，而这在1882年才由林德曼证明。自此，尺规法不可能化圆为方得以证明。可惜的是，伽罗瓦在22岁就死于一场"捍卫尊严"的决斗。于是，我们把同样早逝的南唐后主李煜的《相见欢》即《乌夜啼》，献给这位英年早逝的天才："林花谢了春红，太匆匆……"

一些人认为化圆为方的全部困难在于 π 值不可能用有尽的小数表示出来，这种看法似是而非。举例来说，$\sqrt{2}$ 也不能用有尽的小数表示出来，但没有比作出 $\sqrt{2}$ 更容易的了。因此，问题不在于 π 是不是无理数，而在于 π 是不是超越数。许多无理数，是可以通过有限次加、减、乘、除及开平方的尺规作图法来实现的，而超越数则不可能。于是，化圆为方就变成了"简单"的问题。

费利克斯·克里
斯琴·克莱因

1895 年，德国数学家费利克斯·克里斯琴·克莱因总结了前人的成果，写成《几何三大问题》一书，给出了古典三大难题不可能用尺规作图的简晰证明，彻底系统地解决了古典三大难题。

但是，化圆为方者并不因此"善罢甘休"。德国－俄国－美国数学家托比亚斯·丹齐克在 1930 年出版的《数：科学的语言》一书中就说："圆周率被证明是超越数后，化圆为方的争论总算尘埃落定了；但化圆为方者的兴致却丝毫不减。这群人有个共同的特色：不但极度无知，也很擅长自欺欺人。"

7.1.5　此路不通时另辟蹊径

有人在尺规作图法不能解决化圆为方之后，打破了工具和方法的限制，使其成为一个很简单的问题。以下给出几种解法。

1. 割圆曲线（即求直曲线）法

设图 7-4 中的 AQB 是单位圆的一个象限弧，$OACB$ 是单位正方形，半径 OQ 从 OB 位置匀速转动到 OA 位置，而线段 EF

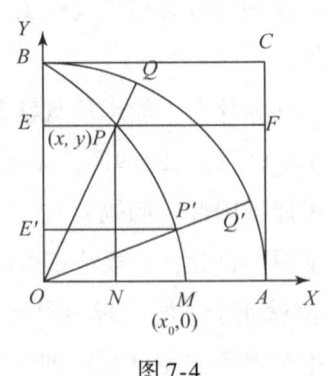

图 7-4

则从 BC 位置匀速平移到 OA 位置。两者同时"出发"且同时在 OA 重合。在重合之前，OQ 与 EF 有一交点 $P(x, y)$，那么 P 的轨迹就叫割圆曲线，是方程为 $y = x\cot(\pi x/2)$ 的超越曲线。如果有一个器械能作出这条曲线，就可以化圆为方。下面是简单分析。

设 $\angle AOQ = b$，由弧 AQ:弧 $AQB = OE:OB$ 即 $b:(\pi/2) = y:1$，可得 $b = \pi y/2$。于是 $y/x = \tan b = \tan(\pi y/2)$，即 $x = y/\tan(\pi y/2)$。设 $y \to 0$，可得到曲线与 OA 的交点 $M(x_0, 0)$，就有 $x_0 = \lim_{y\to 0} x = \lim_{y\to 0} \frac{2}{\pi} \times \frac{\pi y/2}{\tan(\pi y/2)} = \frac{2}{\pi}$。这样，既然已经作出 $OM = \pi/2$，再通过比例作图就可得到线段 $\pi/2$。以 $\pi/2$ 为一边，以 2 为另一边的矩形面积，就等于单位圆的面积。

2. 达·芬奇法

达·芬奇取一个这样的圆柱：底面积和已知半径为 r 的圆相等，高是半径的一半。将这个圆柱的侧面在平面上无滑动地滚动一周的时候，就产生了图 7-5 所表示的矩形。显然这个矩形的面积是 πr^2，再将它改成正方形就可以了。

3. 阿基米德螺线即等速螺线法

当一点 P 沿动射线 OP 以等速率运动，而射线 OP 又以等角速绕点 O 转动时，P 的轨迹就是这种螺线（图 7-6）。这是阿基米德在研究化圆为方时发现的。他还证得螺线第一圈与初始线所围成的图形的面积，等于以 O 为圆心、以 OP' 为半径的圆面积的 1/3。

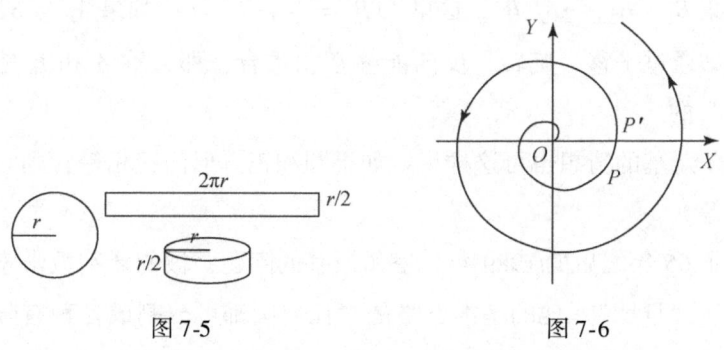

图 7-5　　　　　　　图 7-6

此外，还有多种近似化圆为方的方法，如7.2节中的10个例子。

7.1.6 探索正未有穷期

尺规法化圆为方虽然"此路不通"，但探索并没有完结。例如，20世纪初集合论的出现，使化圆为方这一古老问题以"旧貌换新颜"被再次提出。波兰数学家塔尔斯基在1925年提出猜想：平面上的圆能否和一个具有相同面积的正方形"等可分解"？

塔尔斯基　　　　　　　　巴拿赫

所谓"等可分解"或"可等度分解"，是塔尔斯基和另一波兰数学家巴拿赫在1924年提出来的，也被称为"巴拿赫-塔尔斯基悖论"。

设 A，B 是 n 维空间中的子集，如果 A 可分解为两两不相交的子集 A_1，A_2，$\cdots$，A_n，这里 $\bigcup_{k=1}^{n} A_k = A$，$n < \infty$；同样，$B$ 可分解为两两不相交的子集 B_1，B_2，$\cdots$，B_n，这里 $\bigcup_{k=1}^{n} B_k = B$，$n < \infty$。如果 A_k 与 B_k 彼此全等，即通过平移、旋转、反向能够互相重合，那么称 A 和 B 是"等可分解"的。

塔尔斯基的猜想也可这样说：如果圆和正方形面积相等，则它们的组成相等。

过了65年之后的1989年，塔尔斯基的问题，被匈牙利数学家拉茨科维奇所"证明"。他的基本思路是"任何圆都可分割成各种有限数目的几何元素"——估计要分割成 10^{50} 块，就能构成正方形（图7-7）。

据说,而他用了40页纸的"证明"论文,也被查验的几位美国数学家一致认为"无可指责"。这就是说,从集合论观点出发,化圆为方问题是可以解决的。但这里的问题是,至今没有人能实际完成这样的化圆为方。这使人不禁想起中国"光说不练假本事"的谚语——当然,这个"练"要完成10^{50}次分割等工作,难度很大!

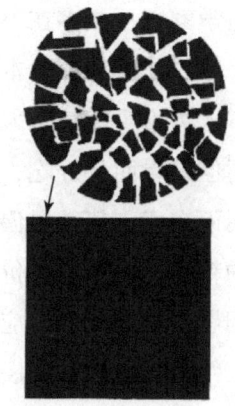

图 7-7

7.1.7 汗水没有白流

在数学史上,没有任何数学问题能像化圆为方这样"天长地久",而且不止是"行业内"的人"发烧"到底。这个奇特而有趣的现象,可能会使"你不禁会这样想,这些人是否有什么不为外人所知的秘密。"约翰·菲因在《科学的大荒唐事》中说:"他们是否就像海盗一样,不愿让藏宝的地点曝光。因此派了妖魔鬼怪看守化圆为方的秘密。让常人难以一探究竟。"当然,我们也可以换一个角度,借用"物理学最后的超级英雄"、美国物理学家约翰·阿奇博尔德·惠勒的话来问:"是什么点燃了方程之火,让它焕发生机呢?"

不过,虽然最终我们没能搞清"方圆粉丝"们为何要"迷",但却知道用尺规法化圆为方是不可能的。既然如此,那是不是意味着两千多个冬夏人们对它的研究徒劳无益呢?不是的!

第一,这种探索本身就是数学的一个组成部分。从尺规作图法提出以来,追求用尽可能简单的工具画出尽可能多图形的研究,从来没有停止过,并由此得到许多研究成果。例如,对用固定张口的圆规、无刻度直尺(或者它们的组合)作图的研究。这种研究从约980年阿拉伯数学家阿布-韦法率先采用有固定张口的圆规和无刻度直尺作图开始,到20世纪80年代中国的张景中、杨路、侯晓荣为"生锈圆规"的两个作图题增添"精彩的一笔"为止。这两个作图题,是出生在英国的美国几何学家唐·佩多在 1979 年提出来的。

第二，这种探索本身就是人类的价值所在和精神需求。没有这类探索，人类不可能获知大自然的奥秘；没有这类探索，最终仍不知道西红柿不但好看而且好吃，螃蟹不好看但是好吃，蜘蛛不好看也不好吃。为实用而探索，值得提倡；为求知而探索，也无可指责。后者正是科学精神的精髓，也是人类价值的体现之一。人类不但能用智慧解决生存的物质问题，而且可能并应该解决生活的精神食粮问题。

"幸好，我们都不是化圆为方的怪人，不必倾其一生去说服世人，π 等于 3.125，22/7 或 $\sqrt{10}$。"美国数学家杜德利在《数学狂怪》中说，"对我们而言，充实、富足而幸福的生活，也许是个'远在天涯'之梦，但我们比化圆为方者幸运得多——他们连做梦的机会也没有。"

第三，认识、尊重科学规律会让我们少走弯路。奋战到底的精神有可取之处，但蛮干的态度却会"金樽空对月"而无所建树……

第四，这些研究说明，"人类认识自然是无穷尽的"，即使尺规作图法不能解决化圆为方问题，这也无关紧要——许多成果已经或将要从这只"下金蛋的鸡"中脱胎而出。

7.2 作图求 π "十面埋伏"

由于化圆为方的吸引力和对 π 值的兴趣，历史上许多数学家都没计过由已知的 π 值出发，作出一条线段，使它在数值上尽可能接近准确 π 值。我们称为"作图法近似求 π"。

下面给出 10 种方法。

1. 科汉斯基法

波兰数学家法瑟尔·科汉斯基的方法是，在图 7-8 中 ⊙O 的直径 AB 的 A 端，作与 AB 垂直的 AC = 3r；在 O 作 OD 与 OB 成 30° 的角并与 AB 过 B 的垂

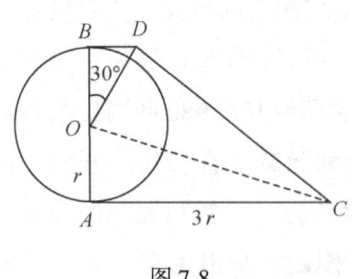

图 7-8

线 BD 交于 D，最后连接 CD，就可算得 $CD = (3.141\,533\,3\cdots)r$。如设 $r = 1$，则 CD 为近似 π 值，仅与准确 π 值相差 $-0.000\,059\,3\cdots$。以下为计算过程。

在直角三角形 ACO 中，由勾股定理知道，$OC = \sqrt{10}\,r$ 和 $\angle AOC = \arcsin(3/\sqrt{10})$。又在直角三角形 ODB 中，得到 $OD = 2r/\sqrt{3}$。而在斜三角形 ODC 中，可得到 $OC = \sqrt{10}\,r$，$OD = 2r/\sqrt{3}$，$\angle DOC = 180° - 30° - \angle AOC = 150° - \arcsin(3/\sqrt{10})$。于是，由余弦定理就可算得 $CD = (3.141\,533\,3\cdots)r$。

科汉斯基的方法，记载于 1685 年出版的《π 的一个近似几何作图》中。他于 1680～1685 年在华沙任数学教授，1686～1690 年负责宫廷乐团，1691 年被授予"宫廷数学家"的称号。

2. 斯佩特法

德国数学家斯佩特，在图 7-9 所示的单位圆 $\odot O$ 半径 OA 的 A 端垂线上，取 $AB = 11/5$，取 $BC = 2/5$，再连接 O 和 B，并延长 AO 至 D，使 $AD = OB$，最后连接 O 和 C，并作 $DE // OC$。容易算出 AE 的一半，就是近似 π 值 $3.141\,591\,953\cdots$。

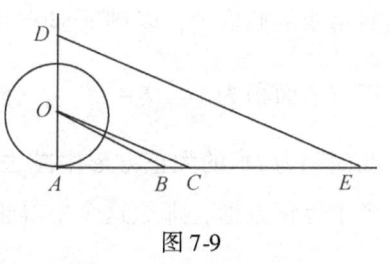

图 7-9

斯佩特的研究刊登在柏林出版的《克列尔杂志》1828 年 3 期 83 页上。这一杂志又称《纯粹与应用数学杂志》或《博查德杂志》，也被戏称为《纯粹非应用数学杂志》。这个至今仍在发行的最早数学期刊是如此著名，以至有人说，如果数学家不知道它，只有两种可能：是"冒牌货"，生活在 1826 年它创办之前。

3. 盖尔德法

由于近似 π 值 355/113 可写为一个有趣的式子 $3 + 4^2/(7^2 + 8^2)$，所以很容易用尺规法作出来。1849 年，德国数学家雅格布·德·盖尔德就用它给出了很精确的近似作图法。

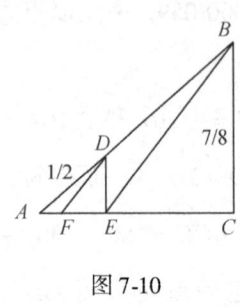

图 7-10

如图 7-10 所示，作 $BC \perp AC$，设 $AC = 1$，$BC = 7/8$，在 AB 上取 $AD = 1/2$，再作 $DE \perp AC$，连接 B 和 E，并作 $DF \parallel BE$ 交 AC 于 F。由三角形相似关系知道，$AD:AB = AF:AE = DF:BE = DE:BC = AE:AC$，于是 $AE = AD \times AC/AB = (1/2) \times 1/\sqrt{(7/8)^2 + 1^2} = 4/\sqrt{7^2 + 8^2}$。从而知道 $AF = AE^2/AC = 4^2/(7^2 + 8^2)$——355/113 的小数部分。这样，就可作出 $3 + 4^2/(7^2 + 8^2)$ 了。

4. 格罗斯维纳法

纽约数学家赛勒斯·皮特·格罗斯维纳化圆为方的办法是，在直径为 D 的已知圆外作一外切正方形，显然正方形的对角线为 $\sqrt{2}D$。在这条对角线上截取 D，以剩下部分（$\sqrt{2}D - D$）为边长作一小正方形，则小正方形面积为 $(\sqrt{2}D - D)^2$，作出它的 $\frac{5}{4}$ 倍，就得到 $\frac{5(\sqrt{2}D - D)^2}{4}$。再在面积为 D^2 的大正方形中减去这个值，并将减去后剩下的图形化为一个中等正方形，那么这个中等正方形为所求。这段话翻译成数学语言就是：中等正方形面积 $= \dfrac{D^2 - 5(\sqrt{2}D - D)^2}{4} = \dfrac{\pi D^2}{4}$。

由此，就算得近似 π 值 3.142 135…。

以上作图法记载于格罗斯维纳于 1868 年在纽约出版的《化圆为方》这本小册子中。

5. 查什法

美国宾夕法尼亚州哈威尔福德学院法学博士、数学家普利尼·厄尔·查什在图 7-11 中，取 $AB = 3$，$AC = 9$，$AD = 20$，且 $AC \perp BD$。再取 $AX = 60$，连接 C 和 D，作 $BE \parallel CD$ 且交

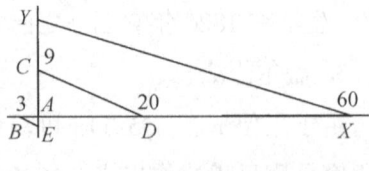

图 7-11

CA 的延长线于 E,最后在 EC 的延长线上作 $EY=AD=20$。那么,容易算得 $XY=\sqrt{(373/20)^2+60^2}$,而 $XY:AD=3.14158499\cdots$即为所求近似 π 值,它与准确值之差为 $-0.00000766\cdots$。

记载查什作图法的小册子《近似化圆为方》,于 1879 年 6 月 16 日在哈威尔福德出版。

6. 霍布森法

1913 年,英国数学家欧内斯特·威廉·霍布森在图 7-12 的 ⊙O 中取半径 $OA=1$,$OD=3/5$,$OE=1/2$,以 DE 的中点为圆心作半圆 DGE;又取 $OF=3/2$,再以 AF 的中点为圆心作半圆 AHF;最后过 O 作垂线分别交两个半圆于 G 和 H。那么,以 GH 为边的正方形的面积,就近似等于 ⊙O 的面积。此时 $\pi\approx 3.14164079\cdots$。

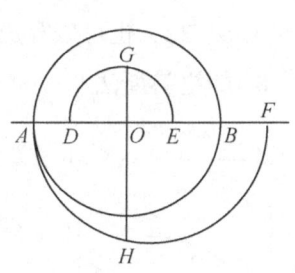

图 7-12

霍布森的作图法,载于剑桥大学出版社在 1913 年出版的书《化圆为方》一书中。此书还收入了前述盖尔德和斯佩特的方法。

7. 拉马努金法

1913 年,拉马努金发现了一个令人惊奇的 π 值的近似作图法。这个作图法可作出 $\pi\approx\sqrt[4]{9^2+19^2/22}=3.1415926525826\cdots$——准确到了小数点后第 9 位,即约 10^{-9}。这个式子,刊登在 1914 年第 45 期《数学季刊》的第 350~374 页《近似的几何求 π 法》中。此外,由英国著名数学家哈代等三人编辑,于 1927 年在剑桥大学出版社出的《拉马努金论文、资料集》中也可以找到。拉马努金发现过不少求近似 π 值的几何作图法和经验公式,上述公式仅仅是其中之一。

拉马努金如图 7-13 先作以 AB 为直

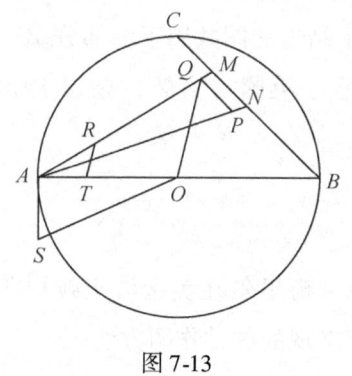

图 7-13

径的⊙O，取弧 AB 的中点 C，连接 B 和 C。在 AO 上取 $AT = AO/3$，在 BC 上取 $CM = MN = AT$，分别连接 A 和 M，A 和 N。再在 AN 上取 $AP = AM$，并过 P 作 $PQ \parallel MN$ 交 AM 于 Q，连接 O 和 Q，作 $TR \parallel OQ$ 交 AQ 于 R。最后，过 A 作圆的切线 $AS = AR$，并连接 O 和 S。那么，OS 和 OB 的比例中项即为圆周长的 1/6，即 $6\sqrt{OS \times OB} = 2\pi \times OB$，就是 $\pi = 3\sqrt{OS}/\sqrt{OB}$。由作图过程求得 $\sqrt{OS}$ 之后，就可以算得 $\pi = \sqrt[4]{9^2 + 19^2}/22$，也可以写成 $\pi^4 \approx 2\,143/22$。

8. 胡格赫斯法

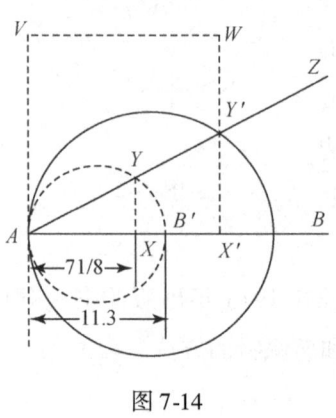

图 7-14

英国数学家胡格赫斯在 1914 年发明的方法如图 7-14 所示。在 AB 上取 $AB' = 11.3$，以 AB' 为直径作圆。又在 AB 上取 $AX = 71/8$，并过 X 作 $XY \perp AB'$ 且交这个圆于 Y。作 AY 的延长线 AZ。

容易证明：①π 的近似值是 4(71/8)/11.3 = 3.141 592 920…；② 任何一个直径在 AB' 或 AB 上、过 A 的圆（例如实线所示的圆），它必定与以 AY' 为边长的正方形的面积相等，这里 Y' 为该圆与 AZ 的交点；③ 任何一个以 A 为一个顶点的、一边在 AB' 或 AB 上的正方形（例如虚线所示正方形），它必定与以 AY' 为直径的圆面积相等，这里 Y' 为该正方形与 AZ 的交点。注意：为了图形的简洁，我们将②、③两个结论的图共用了一部分。

刊有上述作图的论文《化圆为方》，载于英国《自然》杂志 1914 年第 93 期第 110 页上。

9. 梅里尔法

此法得到的 π 值是 3.141 591 953…。

1934 年，美国女数学家海伦·阿伯特·梅里尔在美国波士顿出版了《数学游览》一书，介绍了她于 1933 年发现的这种作图方法。

如图 7-15 所示，设 $AB = 1$ 为 ⊙O 的直径，在半径 OE 的 E 和半径 OA 的 A 端分别作 ⊙O 的切线相交于 F。在 AB 的延长线上取 $BC = 0.1$，$BD = 0.2$；过 D 作 $DH \perp AD$，而且交 FE 的延长线于 H，连接 A 和 H。延

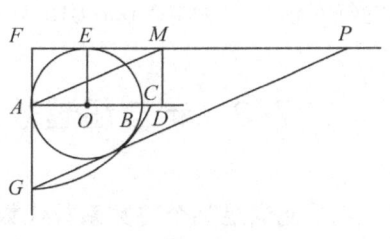

图 7-15

长 FA 至 G，使 $FG = FC$。过 G 作 $GP \parallel AH$ 交 FH 的延长线于 P。那么，GP 的值就是 3.141 591 953…。

梅里尔法和前述斯佩特法很相似。这就有人认为梅里尔法"克隆"了斯佩特法，所以有梅里尔法"可能由另一个作者在更早的时候发现"的说法。

10. 圆方三角板法

前述 9 种方法实际得到的 π 值都准确到小数点后四五位以上。在现实生活中，往往不需要这么高的精度。因此，一种精度不太高的但更简单实用的"圆方三角板"法应运而生。

所谓圆方三角板，就是专门化圆为方的三角板。只要把它往圆上一放，所求的正方形的边长就出来了。

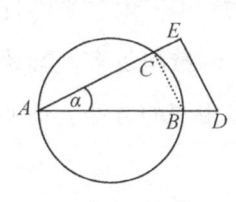

图 7-16

如图 7-16，AB 为已知圆的直径，AC 为化成的正方形的边长，容易算得 $\alpha = \arccos(\sqrt{\pi}/2)$。然而，角 $\arccos(\sqrt{\pi}/2)$ 是用尺规作图法作不出来的。因此，我们就取它的近似值 27°36′。然而，27°36′也不好作，于是取 $BC = 23$，$AC = 44$ 做个直角三角板。在这里，$23:44 = \tan\alpha = 0.522\ 7$；而 $\tan 27°36′ = 0.522\ 8$，两者相差极少。当然，由于会遇到更大的圆，我们实际做的三角板是 ADE，也取 $DE:AE = 23:44$。

将三角板 ADE 的斜边往已知圆直径上一靠，使小锐角顶点在直径的一端 A 上，那么，三角板的长直角边与圆的交点 C 与 A 之间的长 AC，就是所求正方形的边长。可算得此法用到的 π ≈ 3.141 582 1…，与 π 真

值的绝对误差仅为 -0.000 010 5…。

7.3 π与超越数、希尔伯特第7问题

凡是能满足某个整数系数代数方程的复数，叫代数数；凡不是代数数的数，叫超越数。π，iπ，e 等都不是任何一个整系数代数方程的根，因而它们都是超越数。欧拉在 1744 年认为，这种数超越了代数方法的效力，从而提出了超越数的概念，并给出上述定义。欧拉还凭直觉提出以代数数为底，代数数的对数的超越性的定理。从这一定理可得出所有自然数 $N \neq 10^K$（K 为整数）的常用对数都是超越数，但没有证明。1934 年，俄国-苏联数学家盖尔丰德证明了这个结论。

盖尔丰德

在欧拉之后，兰伯特、勒让德也区分了代数数和超越数。19 世纪初，瑞士数学家鲁伊利尔初步证明了超越数的存在，并指出了它的构造方法。1840 年，刘维尔证明自然对数的底 e = 2.718 28… 不是二次代数数。1844 年，他还宣布了超越数的存在并实际构造出一批超越数，并猜测 e 是超越数，但没有给出严格证明。1873 年，埃尔米特证明了 e 是超越数，但未能证明 π 是超越数。林德曼于 1882 年在《数学年鉴》上用实质上和埃尔米特相同的方法，证明了 π 的超越性。

1874 年，德国数学家乔治·康托尔利用反证法给出了刘维尔定理的新证明，而且超越数"大大多于代数数"。从而奠定了超越数理论的稳固基础。

7.1.6 小节说过，要证明尺规作图法无法化圆为方的关键，是证明 π 是超越数。由此可见，化圆为方的研究促进了超越数理论的研究，超越数理论的研究又解决了化圆为方。

虽然 e 和 π 的超越性已先后得到证明，并能实际构造出另外一些超

第7章 "大明星"不是冒牌货——π 与名题

越数,但有关超越数的研究还远未结束。例如,至今还远远无力证明任意一个具体的数是不是超越数——这比构造出一个超越数困难得多。举例来说,现在还无法证明欧拉常数 γ 是不是超越数,甚至是不是无理数。又如 e^e,π^π,π^e,甚至 $e\pi$,$e+\pi$ 的超越性至今也未能证明。再如,有时看似超越数的数却不是超越数——例如 $e^{i\pi}$ 看似超越数,实际上 $e^{i\pi} = -1$。

希尔伯特

1900 年,在巴黎召开的第二次国际数学家大会上,希尔伯特提出了著名的 23 个问题,其中第 7 个问题就是某些数的无理性和超越性问题:如果 α 是不等于 0 和 1 的代数数,β 是无理代数数,那么 α^β 是不是超越数?1929 年,盖尔丰德证明了:如果 α 是不等于 0 和 1 的代数数,β 是二次复代数数,那么 α^β 就是超越数。而特例为 $e^\pi = (-1)^{-i}$ 即 $e^\pi = i^{-2i}$ 是超越数。1930 年,俄国-苏联数学家库兹明把这个结果推广到 β 是二次实代数数的范围,特例为 $2^{\sqrt{2}}$ 是超越数。1934 年,盖尔丰德和德国数学家施奈德分别用不同的方法,证明了希尔伯特第 7 问题的后半部分;这一肯定前述欧拉凭直觉猜测的证明,被称为盖尔丰德-施奈德定理。

1955 年,出生在德国的英籍数学家罗斯发表了"对于代数数的有理逼近"一文,彻底彻底解决了用有理数逼近无理数的问题,把创立了 30 多年的这一理论发展为罗斯定理或瑟厄-西格尔-罗斯定理。瑟厄又译图埃,是 19～20 世纪的挪威数学家。西格尔是德国数学家。

由此可见,化圆为方、对超越数的研究、数学发展等问题互相促进和影响。而希尔伯特第 7 问题又是 20 世纪促进它们进一步发展的强大动力。这正如希尔伯特所说:"只要一门科学分支能提出大量的问题,它就充满生命力,而问题缺乏则预示着独立发展的衰亡和终止。"

7.4 π 与近似计算

利用 π 和弧度制带来了许多近似计算的实用方法，例如用 π 和弧度制计算任意角的正弦值。

如果你身边没有电子计算机，没有能算三角函数的函数型计算器，没有数学用表，能算出任意角的三角函数值吗？也许有人会回答："不能。"下面这种方法能告诉你如何计算。利用苏格兰数学家麦克劳林发现的应用广泛的正弦展开式

$$\sin x = x - \frac{x^3}{3!} + \frac{x^5}{5!} - \frac{x^7}{7!} + \cdots,$$

可以计算任意角准确到任意位数的正弦值，并可由此算出其他角的三角函数值。以下通过计算 sin10° 准确到小数点后 5 位的值，来说明具体算法。

麦克劳林

棣莫弗

先将 10° 化为 π/18 弧度，按麦克劳林展开式，就有

$$\sin 10° = \sin \frac{\pi}{18} = \frac{\pi}{18} - \frac{1}{3!} \times \left(\frac{\pi}{18}\right)^3 + \frac{1}{5!} \times \left(\frac{\pi}{18}\right)^5 - \cdots$$

$$\approx 0.174\ 533 - 0.000\ 886 + 0.000\ 001$$

$$= 0.173\ 648 \approx 0.173\ 65。$$

0.173 65 就是所求的值。当然，还可进而求得 cos10° = 0.984 81 和其他

三角函数值。

这是第一个例子。

第二个近似计算的例子是阶乘的近似计算公式。

1730 年，出生在法国的英国数学家棣莫弗发表了《分析杂论》一书，对 $n!$ 的一个无穷级数展开式给出了近似公式 $n! = \sqrt{2\pi n}\, n^n e^{-n}$——π 又"莫名其妙"地出现在一个与它"毫不相干"的算式中。但它却被称为"斯特林逼近"，因为苏格兰数学家詹姆斯·斯特林在同年的论著《微分法或无穷级数的简述》中也给出等价的级数。

斯特林不但给出了级数的前 5 个系数，还给出了决定后面系数的递推公式。他只用了级数的前几项，就算出了 $\lg(1\,000!)$ 等于 2 567 加上一个精确到小数点后 10 位的小数，进而求得 1 000! 的近似值。下面是如何利用斯特林逼近来进行阶乘的近似计算。

将 1 000 代入近似公式，就有

$$1\,000! = \sqrt{2 \times 1\,000\pi} \times 1\,000^{1\,000} e^{-1\,000} = 79.27 \times 367.88^{1\,000}。$$

把它的两边取常用对数，就得到 $\lg(1\,000!) = 2\,567.7$。由此可知，1 000! 是一个 2 568 位数——斯特林当年得到的结果。

在斯特林逼近中，也出现了 π 和 e "熔于一炉"的现象。

第三个近似计算的实例，是在堆垒数论即加性数论的整数分拆（或称分析）中。

要解答的问题是：把任意自然数 n 分成若干个自然数的和，问分法的个数 $p(n)$ 如何计算？当 n 值较小时，我们可以一个个列出来解答。例如当 $n=2$ 时，分法只有 $2=1+1$ 这一种，即 $p(2)=1$。然而，当 n 很大时，却难以用这种一一列出的方法解答。这个看来无"公式"可言的问题，却可以用近似公式 $p(n) \sim (4\sqrt{3}n)^{-1} e^{\pi\sqrt{2n/3}}$ 来解决。

7.5　π 与连分数、最佳逼近理论

中国汉代制定三统历（公元前 104 年）时，就有了连分数术。在五

邦贝利

六世纪，印度数学家阿耶波多用连分数解过一次不定方程。1572年，意大利数学家邦贝利在他的《代数学》一书中，首次用连分数表示一个数的平方根近似值——例如 $\sqrt{2}=[1,2,2,\cdots]$。沃利斯在1695年的《数学著作集》中最先使用"连分数"这一名称，他还给出了连分数收敛计算的一般法则。布龙克尔则将沃利斯的一个无穷乘积式变为 π 的一个连分数。而欧拉和兰伯特对连分式的研究，已在 4.2.2 小节谈到。

欧拉于1748年在瑞士洛桑出版的《无穷分析引论》一书中，给出了级数和连分数互化的一般方法，奠定了连分数的理论基础。兰伯特也证明了 $\tan x$ 连分数展开式的收敛性。1768年，法国数学家拉格朗日在一篇文章中，证明了二次方程的实根是周期连分数即循环连分数的定理。而他在1776年"论数值方程的解法"一文中，用连分数给出了求方程无理根的近似方法，在同年的另一篇文章中，则巧妙地用连分数给出了一个微分方程的近似解。自拉格朗日之后，连分数的应用越来越引起人们的注意和重视，成为解决许多问题的重要工具。例如，e 和 π 都是无理数，首先就是用连分数法证明的。

那么，π 与连分数又有什么关系呢？我们在 5.2.6 小节的 2. 谈到，祖冲之的 355/113，是在分母小于 16 604 的所有分数中最接近准确 π 值的分数，下面证明这一点。

连分数按一级级近似值展开，可得到一串渐近分数，例如 π = [3, 7, 15, …]。以下的序列（7-1）为后面要说的最佳分数——其中正体数是展开到第13级得到的13个渐近分数：

$$\frac{3}{1},\ \frac{13}{4},\ \frac{16}{5},\ \frac{19}{6},\ \frac{22}{7},\ \frac{179}{57},\ \frac{201}{64},\ \frac{223}{71},\ \frac{245}{78},\ \frac{267}{85},\ \frac{289}{92},\ \frac{311}{99},$$

$$\frac{333}{106},\ \frac{355}{113},\ \frac{52\,163}{16\,604},\ \frac{52\,518}{16\,717},\ \frac{52\,873}{16\,830},\ \cdots,\ \frac{103\,638}{32\,989},\ \frac{103\,993}{33\,102},\ \frac{104\,348}{33\,215},$$

$$\frac{208\ 341}{66\ 317},\ \cdots,\ \frac{312\ 689}{99\ 532},\ \cdots,\ \frac{883\ 719}{265\ 381},\ \cdots,\ \frac{1\ 146\ 408}{364\ 913},\ \cdots,\ \frac{4\ 272\ 943}{1\ 360\ 120},\ \cdots,$$

$$\frac{5\ 419\ 351}{1\ 725\ 033},\ \cdots,\ \frac{80\ 143\ 857}{25\ 510\ 582},\ \cdots。 \tag{7-1}$$

密率 355/113 是其中第 4 个渐近分数，也是分母不超过 16 604 的圆周率的最佳渐近分数，即在分母不超过 16 604 的所有分数中，355/113 的值最接近准确 π 值。

最佳分数是最佳近似分数的简称。设分数 P/Q 比一切分母不大于 Q 的分数都更加接近无理数 x，即 $|x - P/Q| < |x - p/q|$（其中 $q \leqslant Q$，$p/q \neq P/Q$），那么 P/Q 就叫 x 的最佳近似分数。也就是说，要找一个比最佳分数 P/Q 更接近 x 准确值的分数，是找不到的——除非分母大于 Q。根据连分数理论，每个渐近分数都是最佳分数，所以又称最佳渐近分数。但是，除了渐近分数以外，还有许多最佳分数。例如 $\frac{52\ 163}{16\ 604}$ 就是一个 π 的最佳分数，但不是渐近分数。

现在提出这样的问题：在 (7-1) 中的第 4 和第 5 两个渐近分数 $\frac{355}{113}$ 和 $\frac{103\ 993}{33\ 102}$ 的分母 113 与 33 102 之间，能不能找到最佳分数的分母，并由此找到最佳分数？答案是肯定的——例如 $\frac{52\ 163}{16\ 604}$。再进一步问：在这些 π 的最佳分数中，哪一个分母最小？

根据有理逼近理论，计算出这些分数要用到下面的两个定理。

设将 x 展开成连分数，即 $x = [a_0, a_1, \cdots, a_n, \cdots]$。各渐近分数依次是

$$\frac{p_0}{q_0} = \frac{a_0}{1},\quad \frac{p_1}{q_1} = \frac{a_0 a_1 + 1}{a_1},\quad \cdots,\quad \frac{p_n}{q_n}, \cdots。$$

记 $x_n = [a_n, a_{n+1}, \cdots]$，就有

定理 7-1 在分母不大于 $q_1 = a_1$ 的一切分数中，只有 $a_0 + \dfrac{1}{q}$（其中

$\dfrac{a_1+1}{2} \le q \le a_1$）是最佳分数；

定理 7-2 设 $n \ge 2$，在分母大于 q_{n-1}，但不大于 q_n 的一切分数中，只有 $\dfrac{tp_{n-1}+p_{n-2}}{tq_{n-1}+q_{n-2}}$ [其中 $\dfrac{1}{2}\left(x_n - \dfrac{q_{n-2}}{q_{n-1}}\right) < t \le a_n$] 是最佳分数。

（7-1）就是根据这两个定理算出来的。

（7-1）按分母从小到大的顺序排列，每后一个都比前一个更接近 π。可以看出，$\dfrac{355}{113}$ 与 $\dfrac{52\,163}{16\,604}$ 之间没有最佳分数。在 $\dfrac{355}{113}$ 和 $\dfrac{103\,993}{33\,102}$ 之间共有 147 个最佳分数——用 $\dfrac{355t+333}{113t+106}$ 求得（其中 $t = 146$，147，…，292）。

再设 A 是所有比 $\dfrac{355}{113}$ 更接近 π 的分数的集合，A 中最小的分母是 S。如果将 A 中以 S 为分母的分集合记作 B，那么 B 只可能是有限集，因为在比 $\dfrac{355}{113}$ 更接近 π 的假定下，分子是有界的。对于无理数 π 来说，两个同分母不同分子的分数 R_1/S 与 R_2/S 与 π 的距离必然不相等。所以在有限集 B 中必有与 π 最接近的分数 R/S。

现在，证明 R/S 只能是最佳分数。事实上，任取 R'/S'（$S' \le S$），如果 $S' = S$，那么由 R/S 的定义可知，R/S 比 R'/S（$= R'/S'$）更接 π；如果 $S' < S$，同时，R'/S' 又比 R/S 更接近 π——当然比 $\dfrac{355}{113}$ 更接近 π，那么 R'/S' 属于 A，而这与 S 是 A 中的最小分母矛盾。这样，就证明了 R/S 是最佳分数。

由于（7-1）中 $\dfrac{355}{113}$ 以后的全部最佳分数都属于 A，而分母最小的是 $\dfrac{52\,163}{16\,604}$，因此 R/S 就是这个分数。于是得出结论：在分母小于 16 604 的分数中，不存在比 $\dfrac{355}{113}$ 更接近准确 π 值的分数。

第7章 "大明星"不是冒牌货——π 与名题

再来看 $\dfrac{355}{113}$ 前后几个最佳分数与 π 之间的差的绝对值 Δ：

$\dfrac{22}{7} = 3.\dot{1}4285\dot{7}$，$\Delta_1 = 10^{-3} \times 1.264\cdots$；

$\dfrac{333}{106} = 3.\dot{1}41\,509\,433\,962\,24\dot{6}$，$\Delta_2 = 10^{-5} \times 8.321\cdots$；

$\dfrac{52\,163}{16\,604} = 3.141\,592\,387\cdots$，$\Delta_3 = 10^{-7} \times 2.662\,132\cdots$；

而对循环节 112 位的 $\dfrac{355}{113}$，$\Delta_4 = 10^{-7} \times 2.667\,641\cdots$。

比较以上各个 Δ 可看出，$\dfrac{333}{106}$ 和 $\dfrac{355}{113}$ 的繁简程度差不多，但 Δ 却相差约 312 倍；而 $\dfrac{52\,163}{16\,604}$ 的 Δ_3 仅比 $\dfrac{355}{113}$ 的 Δ_4 约小 0.2%，但分母 16 604 却约是 113 的 147 倍，显得很繁杂。由此，可看出密率的又一优越性。

此外，中国数学家张景中在 2001 年写给本书作者之一的信中，给出了 16 604 的一个简单的初等证明，现介绍如下。

因为 355/113 = 3.141 592 920 353 98…，π = 3.141 592 653 587 79…，所以

0 < 355/113 − π < 0.000 000 266 742 2…。

设既约分数 q/p 比 355/113 更接近 π，因为 π < 355/113，所以

0 < 355/113 − q/p = 355/113 − π + π − q/p

= (355/113 − π) + (π − q/p) < 2d，

所以 (355 p − 113 q)/113 p < 2d，即 p > (355 p − 113 q)/(226d) > 0。

这时，p 和 q 要满足以下条件：

(1) 355 p − 113 q 是正整数；

(2) 当 355 p − 113 q ≥ 2 时，必有 p > (355 p − 113 q)/(226d) ≥ 1/(113 d) ≥ 33 173；

(3) 当 355 p − 113 q = 1 时，有 p > (355 p − 113 q)/(226d) ≥ 16 586，即 p ≥ 16 587。

又由 $355p - 113q = 1$ 得到 $q = (355p - 1)/113$，即 $355p - 1$ 应能被 113 整除。

设 $p = 16\,587 + k(k = 0, 1, 2, \cdots)$，

而 $355p - 1 = 355 \times 16\,587 + 355k - 1 = (52\,109 \times 113 + 3 \times 113) + (67 + 16k)$，即 $67 + 16k$ 为 $(355p - 1)/113$ 的余数。

当 $k = 0, 1, 2, \cdots, 16$ 时，都不满足 $67 + 16k$ 被 113 整除。而当 $k = 17$ 时，$67 + 16k = 67 + 16 \times 17 = 3 \times 113$；此时 $355p - 1$ 能被 113 整除，$p = 16\,587 + 17 = 16\,604$，对应的 $q = (355p - 1)/113 = 52\,163$。

这就证明了 16 604 是比 355/113 更接近 π 的分数中分母最小的一个。

张景中还在《数学家的眼光》一书中，用这种"鸡刀宰牛"的方法，给出了 $p > 16\,586$（注意：不是 16 587）的证明。

德国数学家舒伯特在《数学随笔与游戏》中说，"四位以内之数"作分子和分母的分数，没有比密率更准确的。此外，1982 年中国台湾出版的《环华百科全书》甚至将 16 604 减小到 113。这类看法，显然大大低估了密率的优越性。

最佳逼近理论的核心是最佳逼近定理：如果 a 为任意实数，而 p_n/q_n 是 a 的连分数展开式中的第 n 个渐近分数，则在分母为 $q \leqslant q_n$ 的一切有理数中，p_n/q_n 是 a 的最好的有理近似值，即 $|a - p_n/q_n| \leqslant |a - p/q|$（当 $q \leqslant q_n$ 时）；进一步，还有 $|a - p_n/q_n| \leqslant 1/q_n q_{n+1}$。可以看出，定理的前半部分即前述定理 7-1；根据定理后半部分可算得 Δ。例如，算第 4 个渐近分数 $\dfrac{355}{113}$ 的 $\Delta = |\pi - 355/113| \leqslant 1/(113 \times 33\,102) = 10^{-7} \times 2.667\,641\cdots$，而这正是前面的结果。计算时 $q_n = 113$，$q_{n+1} = 33\,102$。

最佳逼近理论有着广泛的用途。例如，在历法中的"四年一闰，但逢整百年不闰"，就可用这一理论证明。

π 值无数有趣巧合中的一个，是约率和密率与 2 的关系——第 7，22，113，355 位都是 2。这个"秘密"，被蒙蒂·泽格在 1979 年出版的

《圆周率的玄机》一书中最早披露。

同样有趣的事实也被《圆周率的玄机》提到：π 值的 52 163 位是 2，而 16 604 位（是 1）的前一位也是 2——而这两个数正好构成那个有趣的 $\frac{52\ 163}{16\ 604}$。

7.6 π 与弧度制

计量角度的方法有"度制"：分周角为 360 份，每份为 1°。"新度制"：分周角为 400 份，每份为 1^g 即 1 新度或称 1 冈（特）——1grade（在德国称 gon）；新度为法国资产阶级革命后使用。"苏联密位制"：周角的 1/6 000 为 1 密位。"英美密位制"：周角的 1/6 400 为 1 密位或 1 密耳——1mil。也有将周角分为 1/(2 000π) 或 1/6 300 作为 1 密位的。

不过，作为平面角的国际单位制里辅助单位的，却不是上述角度单位，而是"弧度"。它是弧度制里的角的单位。

把周角均分为 2π 份，每份就是 1 弧度，这种计量角的方法就是弧度制。那么，采用弧度制有什么优点呢？

第一，它可以简化一些公式。例如，计算弧长 l 的公式 $l = \pi\alpha'r/180$（α' 为用度制表示的弧长 l 所对圆心角的度数，r 为圆的半径），就可以简化为 $l = \alpha r$（α 为用弧度制表示的弧度数）。又如，在物理学中计算匀速圆周运动的向心加速度 a 的公式 $a = \omega^2 r$（ω 是以弧度/秒为单位的角速度），也是这种简化的结果；否则这个公式就是 $a = (\pi\omega'/180)^2 r$（ω' 是以度/秒为单位的角速度）。这类例子不胜枚举。

第二，便于三角函数作图。在直角坐标系中作函数图像时，一般要求纵横轴单位选取一致；如果不一致，画出来的函数图像就会"走样"，如圆会变成椭圆。如果三角函数的自变量用角度制的角度，由于角度制是 60 进位的，而三角函数值是 10 进位的实数，就会使画出来的三角函数图像没有统一标准。而如果用弧度制的角度，这时三角函数的自变量和函数都是 10 进位的实数，就使得三角函数和其他初等函数一样，能方便地在直角坐标系中作图。事实上，人们都是这样做的。

第三，便于建立曲线的极坐标方程 $F(\rho, \theta) = 0$。它就是根据动点的性质寻求极径 ρ 和极角 θ 的关系式。而建立这种关系式常用极角的三角函数，如常见的圆的渐开线、旋轮线、阿基米德螺线，在弧度制下才得到显见的、简单的形式 $\rho = \alpha\theta$。否则在角度制下的方程将是形式更复杂的 $\rho = \pi\alpha\theta/180$。

第四，便于基础科学知识的需要。如果取周角的 $1/K$ 作为度量角的单位，就又出现了一种角的新单位。不失讨论的一般性，设圆的半径为 1，则周长为 2π，单位圆心角所对的弧长则为 $2\pi/K$，于是得到 $\lim\limits_{x\to 0}\dfrac{\sin x}{x}= \dfrac{2\pi}{K}$。这样，所推得的许多公式都得带着系数 $2\pi/K$。例如导数 $(\sin x)' = (2\pi/K)\cos x$。为了简化这类公式，只要取 $K = 2\pi$ 就行了，即圆周角应取 2π 这个量数，也就是采用弧度制。

由此可见，弧度制的产生是基础科研的一种必然需要的结果。事实上，许多公式特别是微积分公式都是因此而得到简化的。

第五，利于近似计算。例子见 7.4 节的第一例。

第六，导致一个重要的极限 $\lim\limits_{x\to 0}\dfrac{\sin x}{x} = 1$ 的诞生。如果不采用弧度制，这个极限将是 $\lim\limits_{x\to 0}\dfrac{\sin x}{x} = \dfrac{\pi}{180}$。前一种简洁的形式进行微积分公式的推导，远比后一种繁杂的方便。

弧度制既然有这么多优点，那它又是怎么产生，由谁创立的呢？

在 6 世纪，阿耶波多把圆周的 $360 \times 60 = 21\,600$ 等分定义单位，并取 π 为 3.141 6，然后，由 $C = 2\pi R$ 中算得半径的近似值为 3 438（3 437.738 732…），从而以半径的 1/3 438 为单位，来计算三角函数的值。他得到正 30°的正弦为 1719，这在当时是最好的结果。容易看出，他的工作中孕育着弧度制的思想。

欧拉最先引入了角的弧度的概念——在《无穷分析引论》中，提出三角函数应是对应的函数线与圆半径之比，主张用半径来度量弧长。设半径为 1，则半圆周长就是 π，所对圆心角的正弦为 0。同样，1/4 圆周长是 π/2，所对圆心角的正弦为 1，记作 $\sin(\pi/2)=1$，这就是现在的弧度制。从此，π 又有了新的含义：相当于 180°的角度值。而"弧度"（rad）一词，则是化学工程师兼数学教师詹姆斯·汤姆森，首先于 1873 年 6 月 5 日在北爱尔兰首府贝尔发斯特女王学院的一次数学考试题中创用的。詹姆斯是爱尔兰著名物理学家威廉·汤姆森（即开尔文）的哥哥；他在 1849 年得出了冰的熔点随压力增加而降低的公式，被弟弟用实验证实，一时传为佳话。

rad 是 radian 或 radin 的缩写，由半径 radius 和角 angle 两字合成。在 1935 年中国出版的《数学名词》中，radian 曾译为"弪"——由"弧"、"径"两字各取一半合成，在中国颇为流行。1956 年（和 1993 年）出版的《数学名词》才废除这个字，并定为"弧度"，符号是 radian。弧度的符号也几经变换。1881 年，美国数学家霍尔斯特德用 ρ 表示弧度单位，例如 3πρ 表示 3π 弧度。1907 年，鲍尔则用 r 表示。而在 1909 年，霍尔等又用 R 表示。直到 1925 年，英国数学家朗尼的《平面三角学》一书，还用 π^c 表示 π 弧度；但他又声明，为了简便起见，c 通常省略不写，后来的三角书都将表示弧度的符号省去，并沿用至今。

7.7　π、圆方率与大自然法则

在平面几何中，正方形和它的内切圆的面积之比为 4: π（约 100: 78.54，以下用希腊字母"μ"代表）。这个 μ 即所谓"圆方率"，也称为"方圆比率原理"。实际上，圆方率应称为"方圆率"——"方"："圆" $=\mu$。

也许有人会认为这个 μ 太简单了，不值一提。然而，下面的趣味故事将告诉我们：并不是每个近现代人都知道这个 μ 的！

杰克·伦敦

美国作家杰克·伦敦在他的小说《大房子里的小主妇》里，给圆方率提供了趣味的计算题材。

有一段钢杆深埋在田地中央。杆的顶端系着一条钢索，钢索的另一端系在田地边缘的一部拖拉机上。司机压下了起动杆——发动机就开动起来了。

拖拉机向前驶去，以钢杆为中心在它的四周划了一个圆圈。

格列汉说："为了彻底改善这部拖拉机，您剩下一件事，就是把它所划出的圆形改成正方形……对了，这样的耕作方法在方块的田地上，会荒废掉许多土地的。"

"几乎每十英亩要损失三英亩之多。"格列汉作了一些计算，然后他发现，"不会比这少的。"这里的英亩，是英制面积单位——1 英亩约合 4 046.86 平方米。

那么，格列汉的计算结果正确吗？设正方形田地边长是 a，那它的面积就是 a^2，内切圆面积则是 $\pi a^2/4$。这样，剩下部分的面积是 $(1-\pi/4)\,a^2$，π 取 3.14，得答案 $0.22\,a^2$。由此可见，正方形田地里未经耕种的部分，不是杰克·伦敦所写的 30%，而是——22%！

由杰克·伦敦的错误计算，我们可以得到一个"貌不惊人"的结论：近现代人，并非个个都知晓 μ 及其应用——即使他生活在欧美发达国家。

μ 还有一个"弟弟"——"二八律"。

空气中的氮和氧的体积比约 78∶22，人体中水分与其他物质之比也约 78∶22……于是，有人就把这个比称为"大自然法则"，而犹太人则称为"宇宙大法则"。

1897 年，意大利经济学家维弗利度·巴瑞多根据宇宙大法则，提出了一个近似的原则——琐碎的多数与重要的少数之比，称"80∶20原理"。也叫"巴瑞多定律"或"二八律"，又称"最省力法则"或"不平衡法则"。其要义是：在任何特定的群体中，重要的因子通常只占少数，而不重要的因子则占多数。因此，只要控制重要的少数，即能控制全局。例如，他认为，在意大利，80%的财富为20%的人所拥有。据说，后来人们发现，许多事物的发展都不同程度地遵循这一规律。

当然，μ的这个"弟弟"仅仅是一个有点玄的近似统计结果，并不是完全正确的科学理论，我们仅仅是把它当"八卦"来娱乐一番。

7.8 π与空隙

谁也不怀疑π值是一个常数，但却不一定都能灵活运用。不少人对"π是常数"在实际上的认识比理论上肤浅得多。下面举出4个趣题来说明这一点。

(1) 分别沿篮球和地球的表面大圆箍上一条铁丝，再分别把两条铁丝加长1米，问：谁与铁丝间的空隙大？

不少人会不假思索地算回答：当然是篮球与铁丝之间的空隙大。当问到"为什么"时，这些人将会回答：因为地球太大了，铁丝加长1米，根本不算一回事，不会对空隙产生大的影响；而篮球很小，铁丝加长1米，会使空隙加大很多。

这个回答全错。设篮球和地球半径分别为r和R，显然分别是一样大的两个空隙：$\left(\dfrac{2\pi r + 1}{2\pi} - r\right)$米 $= \dfrac{1}{2\pi}$米，和$\left(\dfrac{2\pi R + 1}{2\pi} - R\right)$米 $= \dfrac{1}{2\pi}$米。

(2) 如果你站在半径为r的月球的"赤道"上不动，但却随月球自转绕大圆一周；类似地，你在半径为R的地球上也如此。问：你的头比脚在哪个星球上经过的路程要多些？

也许你认为月球小、地球大，当然在地球上转一周时头比脚多经过的路程要比在月球上多些。但事实是，两种情况下头比脚多经过的路程

图 7-17

是一样的——与星球大小无关。

（3）一根铁丝捆在地球赤道上（图7-17），然后把它加长0.5米，问：这时它与地球之间的平均空隙能否通过一只老鼠？

如果凭"直觉"回答，也许这个空隙会小于一根头发丝的话。那就错了。事实上，这个空隙为 $0.5/(2\pi)$ 米——约8厘米，足以让一般老鼠通过。

（4）假设地球被一根钢丝在赤道上紧捆起来，接着把钢丝冷却 1℃——这时钢丝的长度要缩短约 10^{-5}（十万分之一），但不会断裂，也没有被强行拉着不缩短，问：它将切入地球多深？

初看起来，像这样微小的温度变化，似乎绝不会使它切入地球很深，但计算结果却与这一"初看"大相径庭。

由于钢丝总长约 4×10^7 米——地球赤道的大约长度，所以要缩短 $4\times10^7\times10^{-5}$ 米 $=400$ 米，半径将比原来小 $400/(2\pi)$ 米 $=64$ 米。因此，因钢丝冷却1℃之后，切入地球的深度是64米，而不是"绝不会使它切入地球很深"。

那为什么想象与事实相去甚远呢？这是由于对"π是常数"的认识仅仅停留在"理性"上，没有通过具体的问题进行感性体验的缘故。事实上，"π是常数"，意味着半径增大或减少"多少"，周长都增加或减少2π个"多少"，而不管原来的半径有多大。

这种认识可以不经过计算就可以回答以下趣题：假设地球半径增大100米，会不会把捆在它赤道上的一条绳子撑断？这条绳子最多允许伸长 10^{-5}——否则就会被撑断。答案是：不会。类似的问题是，设想一条绳子贴着地面绕在地球赤道上，如果把它加长1米，容易看出来吗？如果新绳子上每一点离地面一样高，那么，新绳子离地面有看得出来的距离吗？

7.9 π 与转圈悖论

把硬币 A 不打滑地绕大小一样的不动硬币 B 的边缘转动一周，问 A 转了几圈？如果回答"1 圈"的话，那就错了！事实是"2 圈"——著名的"硬币悖论"。类似的情况，我们称为"转圈悖论"。

取 8 个大小相同的硬币，排成图 7-18，让其中最下面那一个硬币 M 绕另外 6 个固定不动的硬币不打滑地滚动。问：M 绕它们滚完一周时，M 自己转了多少圈？我们约定"自己转了 1 圈"是指转了 360°。例如，如果圆周上一点在右，转动后这一点又第一次再向右，则"转了 1 圈"；在第二次再向右时，则"又转了 1 圈"，等等。

"用事实说话"的结果是——4 圈。下面来"计算"一下，M 一共走多少弧线。为

图 7-18

此，我们设 M 由"顶点"A 向邻近两个圆之间的"小凹地"移动，不难看到，M 沿滚动的弧 AB 包含 60° 的角。每个固定圆上有两个这样的弧，两者相加，就是 120° 或等于圆周的 1/3。因此，M 在环绕每个固定圆的 1/3 圆周时自己也转了 1/3 圈。由于固定圆有 6 个，所以 M 转了 2 圈。这个答案和刚才实验的结果不一样！于是，我们不得不承认"说话的事实"而寻找"计算"中的错误。那么，错在哪里呢？

把 M 无滑动地沿着长度为 1/3 圆周的直线上滚动时，M 的确只转 1/3 圈。但是，如果 M 是沿着曲线——圆周、圆弧或折线滚动时，刚才的说法就错了。在上题中，M 绕相当于它的圆周的 1/3 圆弧旋转时，自己一共转了 2×1/3 圈 = 2/3 圈，而不是 1/3 圈。因此，M 绕过 6 个这种弧线时，就自转 4 圈了。这个结果，可以从下列叙述得到解释。

图 7-18 中的虚线圆圈表示 M 绕完 ⊙O 上的 $\overparen{AB}$ 时的位置。这时 M 的

最"高"点已不是原来的点 A，而是虚线圆中的点 C 了。从虚线圆中的点 A 和 C 的位置关系不难看出，M 各点都转动了 $120°$ 即 $1/3$ 圈。那么，定圆上有两个 $60°$ 的"路程"，这就相当于 M 转了 $2/3$ 圈。因此，如果 M 沿着非直线转，那么它就要转出和沿同样长直线转时不同的圈数。

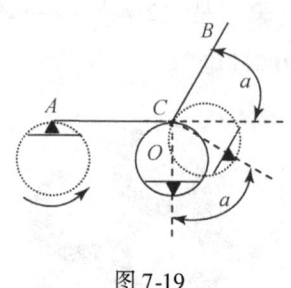

图 7-19

下面，我们从图 7-19 来说明这个似乎令人难以置信的、奇怪的几何事实。

设半径为 r 的 $\odot O$ 沿一直线滚动，它在和它的周长 $2\pi r$ 相等的线段 AB 上正好滚一圈。现如图 7-19 在 AB 的中点 C 将 AB 弯折，使 CB 与原来的方向成 a 的角。于是 $\odot O$ 从 A 出发转了半圈之后就到了 C，但它要转到 CB 上去，就必须多转 a 角：图 7-19 中两个 a 角有彼此互相垂直的两边而相等。

在这个转弯过程中，$\odot O$ 并没有沿线段滚动，但的确多出来一个旋转角 a 来。那么这个 a 是多少圈呢？

由于一圈是 2π 角，所以 a 角就等于 $a/(2\pi)$ 圈。看，神奇的 π 就在"转圈"中出现了！接下去，$\odot O$ 又在 CB 上转了半圈，因此 $\odot O$ 在整个折线 ACB 上一共转了 $1 + a/(2\pi)$ 圈——a 以弧度为单位计量。

由此可知，一个绕凸多边形（正多边形或图 7-20 所示的任意多边形）外边滚动的圆绕完各边后转的圈数，应是它在与各边总长相等的直线上所转的圈数，再加上这多边形外角的和除以 2π 的商这么多圈。而任何凸多边形外角的和恒为 2π，而 $(2\pi)/(2\pi) = 1$。这就是说，

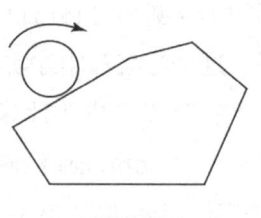

图 7-20

圆在任何凸多边形外边滚动时，滚动一周后它自转的圈数，要比它在与这多边形的周长相等的直线上自转的圈数多 1 圈。例如，设图 7-20 中的圆和多边形周长分别为 5 和 25，那么，圆绕着多边形转一周时自转

了（25/5）+1 圈 = 6 圈。

当凸多边形边数无限增加便成了圆，因此一个圆绕另一个等大的圆转一周后，它自己自转了（1+1）圈；绕另一个直径为它 3 倍的圆转一周后，它自己自转了（3+1）圈，等等。

于是我们得出结论一：一个"圆"绕一条凸封闭曲（或直）线外侧无滑动地滚动时，它自转的圈数是（封闭线总长/"圆"周长）+ 1 圈。

再来看图前面 7-18 那类由一些等直径圆弧组成的曲线的情况。由前述分析可以得到结论二：一个"圆"绕一条由同它等直径圆弧组成的凹封闭曲线一周时，自己自转的圈数是（"圆"在其中任一个圆所接触的弧上滚动的圈数 × 固定圆的个数 × 2）圈。在算"固定圆的个数"时，只能算"圆"所接触的圆，不能算没接触的圆——例如图 7-18 正中那个不能算。

比如，在图 7-21 中，⊙O 绕另外三个圆组成的曲线上滚动一周时，因为 ⊙O 在 ⊙B 上滚动了 180° 即 0.5 圈，所以它自转的圈数是 0.5×3×2 圈 = 3 圈。又如，在图 7-22 中，⊙O 绕由另外 4 个圆组成的曲线滚动一周时，它自转了 4×2×(5π/6)/(2π) 圈 = 10/3 圈。

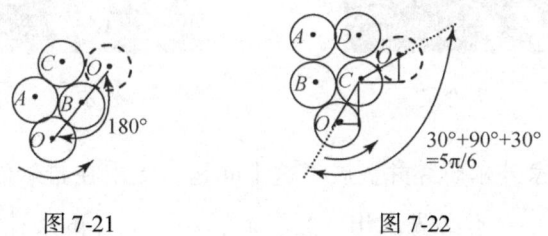

图 7-21　　　　　　　图 7-22

7.10　鼓点声中的 π

"鼓点声中还有 π——耸人听闻！"别忙下结论，这——千真万确，一位数学家还因此"自鸣得意"呢！

1954 年 5 月，瑞士洛桑，学术会。

"这个问题的结论虽然在前些时候已经被物理学家猜到；然而对大多数数学家来说，似乎很遥远的将来才能证明这一结果。"一位数学家在讲演中自豪地说，"当我狂热地作出证明时，我的煤油灯开始冒烟，我刚完成证明，厚厚的煤烟灰就像雨一样从天花板上落到我的纸上、手上和脸上了。"

这段讲话中的"这个问题"是什么？这位物理学家是谁，"猜到"了什么？这位点煤油灯的数学家又是谁，作出了什么"证明"？

1910 年，荷兰物理学家洛伦茨在德国哥廷根大学的一次讲演中提出了一个问题：可不可以从听到的鼓点声中推知鼓的形状？这个问题相当于由一个椭圆方程 $\Delta u + \lambda u = 0$ 的本征值 λ_n（即鼓膜振动的自然频率）来确定鼓膜形状。

洛伦茨　　　　　　　　外尔

德国数学家外尔研究并扩展了这个问题，提出在希尔伯特空间上的直接计算方法——不必先求出，λ_1，λ_2，$\cdots$，λ_{n-1} 再来计算 λ_n（人称"极大极小方法"），作出了回答。这就要求知道 λ 很大时，小于 λ 的特征值的个数 $N(\lambda)$，其中 $\lambda = \sqrt{\dfrac{2\pi\nu}{u}}$（$\nu$ 是本征频率，u 是波在鼓膜中的传播速度）。设 A 是鼓膜的面积，外尔证明了在 $\lambda \to +\infty$ 时，$N(\lambda) \to \dfrac{A\lambda}{4\pi}$。这个式子恰好证实了洛伦茨的猜想：频率在 ν 和 $d\nu$ 之间足够高的

第 7 章 "大明星"不是冒牌货——π 与名题

谐波数目与边界的形状无关,仅和它围成的面积成正比。外尔的方法和理论"相当漂亮",为解决洛伦茨的问题提供了钥匙。

至此,前面的几个问题全部得到解答。于是,年已古稀的外尔,愉快而"自鸣得意"地回忆起 40 年前的"煤油灯工作"……

洛伦茨、外尔的"听音辨鼓"的理论,在 20 世纪八九十年代曾出现研究高潮,有了更精确的估计……

"世界用图画向我说话,我用音乐来回答。"印度诗圣泰戈尔在《新月集》中有这样美妙的诗句。对此,我们也鹦鹉学舌:"乐者用鼓点说话,外尔用 π 回答。"

第8章 好伙伴形影不离
——无处不在的 π

这个奇妙的 3.141 59 溜进了每一扇门，冲进了每一扇窗，钻进了每一个烟囱。

——德摩根

π 是一个奇迹般的数，数学公式、定理……中几乎无处不在，它还会在科海中漫游。

8.1 π 与伯努利难题

雅格布·伯努利是伯努利数学家族的佼佼者。他对无穷级数很有研究，也求出过一些无穷级数的和，但在求 $1+\frac{1}{2^2}+\frac{1}{3^2}+\frac{1}{4^2}+\cdots$——"伯努利级数"时却一筹莫展。于是他说，如果谁能把求和方法告诉他，他将非常感激。但他终未如愿，直至"含恨到九泉"。

伯努利死后两年，欧拉"横空出世"。他用奇妙、大胆的类比求得这个和为 $\pi^2/6$。看，π 又出现在一个似乎与它毫不相干的伯努利级数求和问题中！以下是欧拉的求法。

假设有一个 $2n$ 次代数方程

$$b_0 - b_1 x^2 + b_2 x^4 - \cdots + (-1)^n b_n x^{2n} = 0 。 \tag{8-1}$$

式 (8-1) 有 $2n$ 个不同的根 $\pm\beta_1$，$\pm\beta_2$，$\cdots$，$\pm\beta_n$。如果两个代数方程有相同的根，而且常数项相等，那么这两个方程其他项的系数也应该分别相等，就有

第8章 好伙伴形影不离——无处不在的 π

$$b_0 - b_1 x^2 + b_2 x^4 - \cdots + (-1)^n b_n x^{2n} = b_0 \left(1 - \frac{x^2}{\beta_1^2}\right)\left(1 - \frac{x^2}{\beta_2^2}\right)\cdots\left(1 - \frac{x^2}{\beta_n^2}\right)。$$

比较上式两边 x^2 的系数,就得到

$$b_1 = b_0 \left(\frac{1}{\beta_1^2} + \frac{1}{\beta_2^2} + \cdots + \frac{1}{\beta_n^2}\right)。 \tag{8-2}$$

考虑三角方程 $\sin x = 0$,它有无穷多个根:0,$\pm\pi$,$\pm 2\pi$,…。将 $\sin x$ 展开为级数后,把方程两边除以 x,就得到

$$1 - x^2/3! + x^4/5! - x^6/7! + \cdots = 0。 \tag{8-3}$$

显然 (8-3) 的根是:$\pm\pi$,$\pm 2\pi$,…。

本来 (8-3) 的左方有无穷多项,与代数方程 (8-1) 的左方明显不同。但欧拉不管这些,硬拿 (8-3) 与 (8-1) 类比,并对 (8-3) 运用 (8-2),就得到 $\frac{1}{3!} = \frac{1}{\pi^2} + \frac{1}{(2\pi)^2} + \frac{1}{(3\pi)^2} + \cdots$。这个式子就是有名的 $\frac{\pi^2}{6} = 1 + \frac{1}{2^2} + \frac{1}{3^2} + \frac{1}{4^2} + \cdots$。这就解决了伯努利难题。

对于自己的"高招",欧拉曾自豪地说:"类比是伟大的引路人。"

欧拉的类比虽然巧妙、大胆,但却有失严密。因为,虽然"一元 n 次方程有 n 个根"成立,但既无"一元无限次方程有无限个根"的定理,也不知道一元无限次方程根与系数的关系。欧拉自己也认识到这一点,因此,他不为求得答案而满足,而是采用其他方法继续研究。他的研究包括:①把级数和算到小数点后 6 位:1.644 934,这与 $\pi^2/6$ 的前 7 位值相同;②用前述类比法算出其他级数和,并同样计算出小数点后多位,其值也符合得很好;③最终找到求该级数和其他级数和的严格方法,并发表在他的《无穷分析引论》之中。

欧拉大胆地将有限推向无限进而得出正确结论的"歪打正着",给我们两点启示。

首先,不能局限于现成的理论裹足不前,不敢越雷池一步。否则便会错过碰到鼻子尖的真理,丧失作出新发现的时机。要敢于突破,像欧拉那样;要敢于猜想,像哥德巴赫和费马作出以他们姓氏命名的猜想那

样。经验虽然"有限",但很可能是"无限"真理的一部分。挪威数学家阿贝尔在 1826 年写道:"在数学中几乎没有一个无穷级数的和是以严格的方式确定出来的"。所以,要敢于冲破"有限",直取"无穷",进而得到真理。

邮票上的欧拉

其次,光有大胆还不够,因为确定真理要经过严格的逻辑证明。否则,像欧拉这样的大家也会写出"可怕的公式":$0 = 1^n - 2^n + 3^n - 4^n + \cdots$($n$ 为自然数);即使验证了 1 亿亿个数,也不能证明"1 + 1"。所以,在把有限推向无限之后,应寻求严格的逻辑证明。

8.2 π 与伯努利数

8.2.1 伯努利数

雅格布·伯努利在《猜度术》一书的第二部分中,利用"伯努利数"给出了一个求整数的自然数次幂之和的著名公式

$$\sum_{k=1}^{n} k^c = \frac{n^{c+1}}{c+1} + \frac{n^c}{2} + \frac{1}{2}\binom{n}{1}B_2 n^{c-1} + \frac{1}{4}\binom{n}{3}B_4 n^{c-3} + \cdots 。 \quad (8-4)$$

式中的 $B_2 = 1/6$,$B_4 = -1/30$,… 被称为"伯努利数"。

雅格布·伯努利不但给出了计算伯努利数的递推公式,而且还应用 (8-4) 成功地求得前 1000 个自然数 10 次方幂的和

$$S_{10}(1\,000) = 1^{10} + 2^{10} + \cdots + 1\,000^{10}$$
$$= 91\,409\,924\,241\,424\,234\,424\,241\,924\,242\,500。$$

显然,这个 32 位数用通常方法算工作量是很大的。因此,雅格布·伯努利对他的公式极为欣赏,曾不无得意地说:(法国天文学家、

第8章 好伙伴形影不离——无处不在的 π

物理学家）布里阿德编纂的大部头著作《无穷算术》是多么劳而无功，他在书中用了九牛二虎之力才算出 1~1 000 的前 6 次方幂和，而我只不过用 1 页纸，七八分钟就算出来了。

当然，求整数方幂和有时并不需要准确值，这时可用近似公式

$$\sum_{k=1}^{n} k^c = \frac{1}{c+1}\left(n+\frac{1}{2}\right)^{c+1}$$

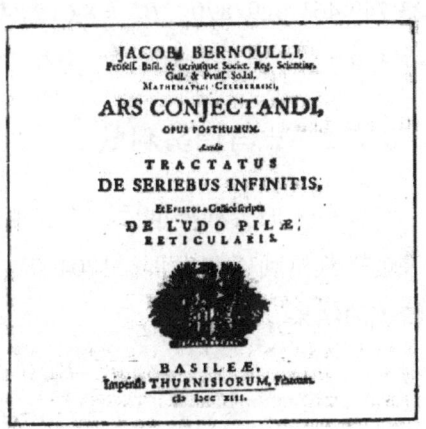

《猜度术》扉页

计算。它是布尔诺和塔尔伯特在 1984 年发现的。如果用它算出 $S_{10}(1000)$，就可得到 $9.141\,04\times10^{31}$。它和前述准确值比较，相对误差仅约 20 万分之一——$(9.141\,04 - 9.140\,99)/9.140\,99 \approx 5\times10^{-6}$。此外，还有一个更为准确的近似公式

$$S_c(n) = \frac{1}{c+1}\left(n+\frac{1}{2}\right)^{c+1}\left[1 - \frac{1}{12\left(n+\frac{1}{2}\right)^2}\binom{c+1}{2}\right.$$

$$\left. + \frac{7}{240\left(n+\frac{1}{2}\right)^4}\binom{c+1}{4} - \cdots + \cdots\right]。$$

现在，伯努利数通常用欧拉后来给出的一个关系式来定义：

$$t(e^t - 1)^{-1} = \sum_{n=0}^{\infty}\frac{B_n t^n}{n!}。$$

伯努利数满足 $B_n = 0$（$n \neq 1$ 且为奇数）及"伞形法则" $B_n = (1+B)^n$，而 $(1+B)^n$ 指的是 $C_n^0 B_0 + C_n^1 B_1 + \cdots + C_n^n B_n$。这样，我们就可以求得：$B_6 = 1/42$，$B_8 = -1/30$，$B_{10} = 5/66$，$B_{12} = -691/2\,730$，$B_{14} = 7/6$，$B_{16} = -3\,617/510$，$B_{18} = 43\,867/798$，$B_{20} = -174\,611/330$，$B_{22} = 854\,513/138$，$B_{24} = -236\,364\,091/2730$，$B_{26} = 8\,553\,103/6$，$B_{28} =$

$-23\ 749\ 461\ 029/870$,$B_{30} = 8\ 615\ 841\ 276\ 005/14\ 322\cdots$;而 $B_0 = 1$,$B_1 = -1/2$;n 为其他奇数时 B_n 为 0。

8.2.2 π 与伯努利数

雅格布·伯努利辞世后,不但他的难题留给了欧拉,而且他的上述成果也被欧拉利用和发展。1704 年,欧拉得到了 π 与伯努利数联系的最精美的结果

$$\sum_{n=1}^{\infty} n^{-2k} = \frac{B_{2K}(-1)^{k-1}(2\pi)^{2k}}{2(2k)!}。 \qquad (8\text{-}5)$$

由 (8-5) 可以得到以下三点:

(1) 知道伯努利数就可以求得 $\sum_{n=1}^{\infty} n^{-2k}$。例如,知道 $B_{12} = -691/2730$,就得到表 6-1 中的 "37" 式 $\frac{691\pi^{12}}{638\ 512\ 875} = 1 + \frac{1}{2^{12}} + \frac{1}{3^{12}} + \frac{1}{4^{12}} + \cdots$;

(2) 知道 $\sum_{n=1}^{\infty} n^{-2k}$,就可求得对应的伯努利数 B_{2k},这就多了一种求伯努利数的方法;

(3) 由 (8-5) 可明显看出 π 与伯努利数神秘地联系在一起了,而这正是本节的主题。

伯努利数还与黎曼函数 $\zeta(s) = 1 + 1/2^s + 1/3^s + \cdots$(式中 s 为自然数)有关——π 与黎曼函数结伴同行。这里提到的黎曼是一位德国数学家。

有趣的是,当 $\zeta(s)$ 中的 s 为偶数时,都有简洁的公式——如 $1 + 1/2^2 + 1/3^2 + \cdots = \pi^2/6$,$1 + 1/2^4 + 1/3^4 + \cdots = \pi^4/90\cdots\cdots$但 s 为奇数时,却没有类似的简洁公式,也不知道 $\zeta(s)$ 是不是有理数;而且,还没有发现 $1 + 1/2^3 + 1/3^3 + \cdots$,$1 + 1/2^5 + 1/3^5 + \cdots$ 等和 π 相关。事实上,$1 + 1/2^1 + 1/3^1 + \cdots$ 就发散于 ∞,与 π 无关。

这一个谜:为什么 s 为偶数时 $\zeta(s)$ 必然与 π 有关,而 s 为奇数时却不是如此?直到 1977 年,法国数学家罗杰·阿佩里才证明了(1978 年

第8章 好伙伴形影不离——无处不在的 π

6月公布）$\zeta(3) = 1 + 1/2^3 + 1/3^3 + \cdots$是一个无理数（这被称为阿佩里定理），它收敛于 1.202 056…。此外，后来的数学家还求得 $\zeta(5) = 1.036\ 927\cdots$，那么 $\zeta(7), \zeta(9)$ 等又等于多少呢？

数学家们早就知道 π 及其所有的幂都是无理数，因此对 s 为偶数时 $\zeta(s)$ 的同样的结论也成立。但有趣的是，从欧拉时代以来就提出的当 s 为奇数时的类似问题——欧拉曾试图解决这一问题，200多年来却毫无进展。直到阿佩里只用到欧拉时代就已知的结果，并用了一个精巧的方法，就揭

朱迪林

开了 $\zeta(3)$ 的面纱。遗憾的是，虽然阿佩里已经"开了路"，但数学家们却难以用类似的方法证明 $\zeta(5)$，$\zeta(7)$ 等也是无理数，以及求得 $\zeta(5), \zeta(7)$ 等的值。不过，进入21世纪之后有了新进展——从2009年6月起在澳大利亚纽卡斯尔大学工作的俄罗斯数学家沃迪姆·朱迪林，以及法国数学家坦盖伊·里沃阿尔，证明了 $\zeta(5), \zeta(7), \cdots, \zeta(19)$ 这8个数都是无理数。

伯努利数还与费马大定理有着重要联系——这是德国数学家库默尔发现的。

8.3 π 与伯努利多项式

三角级数 $f(x) = \dfrac{a_0}{2} + \sum\limits_{n=1}^{\infty}(a_n \cos nx + b_n \sin nx)$ 中的傅里叶系数 a_n 和 b_n 可以用

$$a_n = \frac{1}{\pi}\int_{-\pi}^{\pi} f(x)\cos nx\, dx \quad (n = 0,1,2,\cdots)$$

和

$$b_n = \frac{1}{\pi}\int_{-\pi}^{\pi} f(x)\sin nx\,dx \quad (n = 1, 2, \cdots)$$

来表示。

对每个自然数 n，我们把 n 次伯努利多项式 $\phi_n(x)$ 定义为

$$\phi_n(x) = x^n - \frac{n}{2}x^{n-1} + \binom{n}{2}B_1 x^{n-2} - \binom{n}{4}B_2 x^{n-4} + \binom{n}{6}B_3 x^{n-6} - \cdots。$$

利用 $\phi_n(x)$ 的主要性质，可以直接确定 $\phi_n(x)$ 的各个傅里叶系数，并进而得到

$$\phi_{2k}(x) = 2(-1)^{k+1}(2k)!\sum_{n=1}^{\infty}\frac{\cos 2n\pi x}{(2n\pi)^{2k}};$$

设此式中的 $x=0$，就得到欧拉当年求得的关于 s 是偶数（即 $s=2k$）时的黎曼函数 $\zeta(s)$ 的公式

$$\zeta(s) = \zeta(2k) = 1 + \frac{1}{2^{2k}} + \frac{1}{3^{2k}} + \cdots + \frac{1}{n^{2k}} + \cdots = \frac{2^{2k-1}}{(2k)!}B_k\pi^{2k}。$$

这个公式和（8-5）本质一样。

从这里可以看出欧拉的不凡之处：把无穷级数从一般的工具转变为一个重要的研究科目，并得到 ζ 函数在偶数点的值 $\frac{2^{2k-1}}{(2k)!}B_k\pi^{2k}$。而这就为计算 $\zeta(2k) = \sum_{n=1}^{\infty} n^{-2k}$ 开辟了正确的道路。

事实上，利用上述 $\zeta(2k) = \frac{2^{2k-1}}{(2k)!}B_k\pi^{2k}$ 及伯努利数 B_k（相当于 8.2 节中的 B_{2n}），就可以求得：

$$\zeta(2\times 1) = \frac{2^{2\times 1-1}}{(2\times 1)!}\frac{1}{6}\pi^{2\times 1} = \frac{\pi^2}{6},$$

$$\zeta(2\times 2) = \frac{2^{2\times 2-1}}{(2\times 2)!}\frac{1}{30}\pi^{2\times 2} = \frac{\pi^4}{90},$$

$$\zeta(2\times 3) = \frac{2^{2\times 3-1}}{(2\times 3)!}\frac{1}{42}\pi^{2\times 3} = \frac{\pi^6}{945},$$

$$\zeta(2\times 4) = \frac{2^{2\times 4-1}}{(2\times 4)!}\frac{1}{30}\pi^{2\times 4} = \frac{\pi^8}{9\,450},$$

$$\zeta(2\times 5) = \frac{2^{2\times 5-1}}{(2\times 5)!}\frac{5}{66}\pi^{2\times 5} = \frac{\pi^{10}}{93\,555},$$

$$\zeta(2\times 6) = \frac{2^{2\times 6-1}}{(2\times 6)!}\frac{691}{2\,370}\pi^{2\times 6} = \frac{691\pi^{12}}{638\,512\,875},$$

……

而这些结果，正好分别是表 6-1 中的一些式子。

有兴趣的读者，还可以进一步求下去。

8.4 π 与 "上帝创造的最完美的公式"

在法国巴黎发现宫二、三层的展厅，设有"数学的历史"陈列室（21 厅）。在其中古代数学和近代数学部分的间墙上，悬挂着一个公式。数学公式千千万，是什么公式这么不同凡响？

打开任何一本大部头的数学书，都会发现被称为欧拉公式的公式多得不胜枚举。例如，本节中的欧拉公式是指：$e^{ix} = \cos x + i\sin x$；$\cos x = (e^{ix} + e^{-ix})/2$，$\sin x = (e^{ix} - e^{-ix})/2$ 和 $e^{i\pi} + 1 = 0$。原来，巴黎发现宫悬挂那一个公式就是 $e^{i\pi} = -1$——$e^{i\pi} + 1 = 0$ 的"变种"。

意大利数学家邦贝利是最早承认虚数的人。他对三次方程进行长期研究后于 1572 年给出了 $\pm\sqrt{-1}$ 和 $a + b\sqrt{-1}$ 的计算法则，从而将数系推广到虚数和复数领域。

科茨

但是，当时人们对实数、虚数、对数函数、指数函数、三角函数之间的关系，并没有深刻的认识而找到有机的联系。直至 1714 年，牛顿的学生、英国数学家罗杰·科茨才给出 $ix = \ln(\cos x + i\sin x)$ 这一包含虚数与三角函数等之间的联系式。

1740 年 10 月 18 日，欧拉在给约翰·伯努利的信中指出，$y = 2\cos x$ 和 $y = e^{ix} + e^{-ix}$ 都是微分方程 $d^2u/dx^2 + \beta^2 x = 0$ 的解，应相等。1743 年，

欧拉得到的公式是：$\cos x = (e^{ix} + e^{-ix})/2$ 和 $\sin x = (e^{ix} - e^{-ix})/2$。他在名著《无穷分析引论》中又重新发现了上述科特斯的结果并写成现代形式：$e^{ix} = \cos x + i\sin x$——使人们更进一步明确了实数、虚数、对数函数、指数函数、三角函数之间密切的联系，而且使它得到广泛的应用。他设式中 $x = \pi$，就得到著名的 $e^{i\pi} + 1 = 0$。

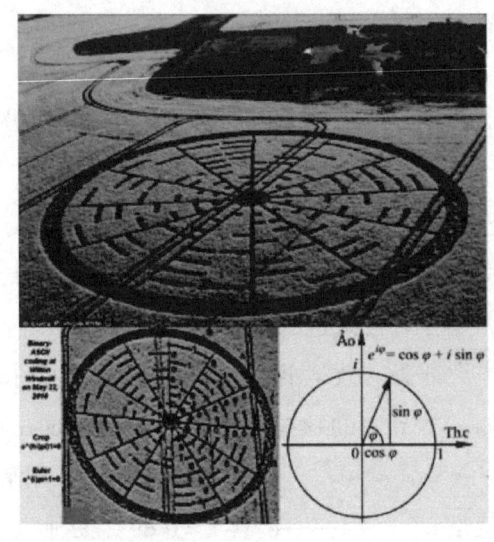

2010 年 5 月 22 日，英国威尔特郡穆尔伯勒市附近的直径 91 米麦田怪圈展现欧拉公式

在 $e^{i\pi} + 1 = 0$ 里，数学中最著名的"五朵金花" 0, 1（都来自算术），i（来自代数），π（来自几何），e（来自分析学）妙不可言地同时"美丽绽放"，两个最著名的超越数结伴而行，实数和虚数熔于一炉。美国数学家莫里斯·克莱因在 1972 年出版的名著《古今数学思想》一书中，称赞它是"整个数学中最卓越的公式之一"和数学中"最优美的公式之一"。怪不得爱德华·卡斯纳和詹姆斯·罗伊·纽曼在《数学和想象力》中认为：它可能是"世界上最短也是最有名的公式……无论是神秘主义者、科学家、哲学家、数学家，都能感受到它的魅力"。而美国学数学史家塞路蒙·波克纳在《数学在科学起源中的作用》一

书中，则称它为"魔术般的公式"。高斯更是语出惊人："如果被告知这个公式的学生不能立即领略她的风采，这个学生将永远不会成为一流的数学家。"

除了数学家之外，其他"名人"也"不甘落后"。美国物理学家、1965 年诺贝尔物理学奖得主理查德·菲利普·费曼说，欧拉公式是"欧拉的宝石"。在以色列数学史家伊莱·马奥尔写的《无穷之旅——关于无穷大的文化史》一书中，认为欧拉公式的力量能和神比肩："很多人认为它具有不亚于神的力量。"《数学信使》杂志的读者曾投票将它评为历史上最美的数学公式。《数学信使》又译《数学情报员》，由德国出版商朱利叶斯·施普林格于 1842 年在柏林创立的施普林格出版社主办。2004 年 10 月号的英国《物理世界》杂志，则通过读者投票，将它和麦克斯韦方程组一起并列为科学界最伟大的公式中的前两位。《欧拉神话般的公式》的作者，在书中称它为"数学美的典范"。

总之，欧拉公式优美神奇、内涵丰富、哲理深刻、魅力无穷。于是，我们把英国著名诗人威廉·布莱克《天真的预言》中的诗句献给它：看到大千世界/在一朵花中映射辽阔苍穹/在你的手掌中把握着无限/在你的一瞬间包含着永恒……于是，它被印上了"π迷"们的 T 恤衫。

就这样，$e^{i\pi}+1=0$ 就被一些人"神化"为"上帝创造的最完美的公式"。其实，从哲学角度看，数学忽略任何具体内容，只研究存在形式中的"数量积形"问题，这种高度的抽象性，使得很多数学公式，往往揭示了世间万物的"同一首歌"。科学上的完美，就是简洁！它把数学中奇特而重要的"五朵金花"，用如此简洁的公式联系成整体，绝非巧合。

由 $e^{i\pi}+1=0$ 还可得出 $e^{-2i\pi}-1=0$。这后一个式子更是巧妙地让 0，1，2，i，π，e 这"六大明星"同台献艺，它和盖尔丰德的 $e^{\pi}=i^{-2i}$、欧拉的 $i\ln i=\pi/2$ 有异曲同工之妙。

8.5　π 与曲线长度

如图 8-1 所示，有一条全部由无穷多个半圆组成的波浪形曲线，左

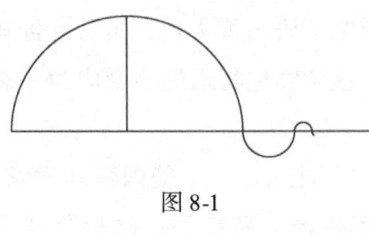

图 8-1

边最大的一个半圆的半径是 0.9，往右各半圆的半径依次是它的 1/10，1/100，…，即分别是 0.09，0.009，…。虽然半径越来越短，但显然不会是 0。

现在问这条波浪形曲线有多长？

由于 $0.9+0.09+0.009+\cdots=1$，我们就知道答案是 π。看，π 又在这里"跳了出来"！当然，这是必然的——每个半圆的长度都用 π 表达。

此外，我们知道：长短半轴分别为 a，b 的椭圆的周长是 $ab\pi$，也含有 π。

那么，有没有那种不含圆（或椭圆）、圆弧（或椭圆弧）的曲线的长是 π 呢？

8.6　π 与曲线图形面积

有关圆或其中一部分的问题要涉及 π，这已不足为奇，但求许多非圆或圆弧围成的图形面积时，也会出现 π，这就有点"奇怪"了。

求图 8-2 中椭圆 $x^2/a^2+y^2/b^2=1$ 的面积。显然，只要先求出它在第一象限的面积 A，再 4 倍即可。由于阴影部分曲边梯形的面积为 $y\mathrm{d}x$，所以 $A=\int_0^a y\mathrm{d}x$，利用椭圆的参数方程和定积分换元法，就可以得到椭圆面积 $S=4A=\pi ab$。可见，出现 π 是求面积过程中积分运算的必然结果。

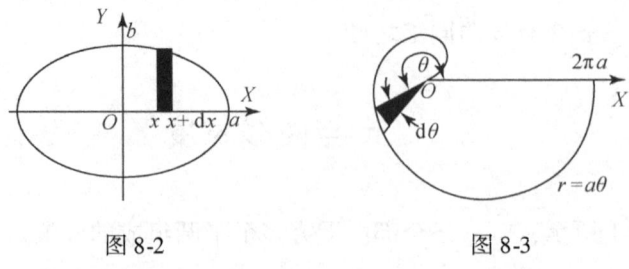

图 8-2　　　　　　图 8-3

求图 8-3 中阿基米德螺线 $r = a\theta(a > 0)$ 上，相应于 θ 由 0 变到 2π 的一段弧与极轴围成图形的面积 A，就有 $A = (a^2\theta^2 d\theta)/2 = 4a^2\pi^3/3$。可见，$\pi$ 也是计算中积分运算的结果。

图 8-4 的心形线 $r = a(1 + \cos\theta)(a > 0)$ 所围图形面积为 A，有
$$A = 2\int_0^\pi \frac{a^2}{2}(1 + \cos\theta)^2 d\theta = \frac{3\pi a^2}{2}。$$
出现 π 的原因，还是求面积过程中积分运算的结果。

图 8-5 的抛物线 $x^2 = 4ay$ 与箕舌线 $y = 8a^3/(x^2 + 4a^2)(a > 0)$ 围成的图形面积为 A。用积分运算就得到 $A = 2a^2(\pi - 2/3)$。看，π 在积分运算中又出现了。

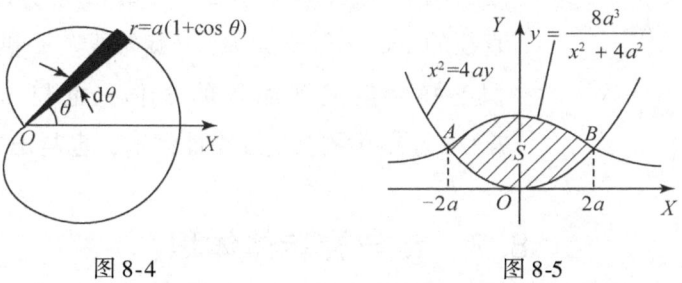

图 8-4　　　　　　图 8-5

如果你计算 $y = 4/(1 + x^2)$ 的图像曲线与 X 轴所夹的面积在 $x = 0$ 与 $x = 1$ 之间的那部分，就会发现这个曲边梯形的面积也正好是 π。

我们再来看一个名例：求正弦交流电 $i = I_m \sin\omega t$ 的平均值 I_{PJ}。这相当于求正弦曲线所围成的曲线图形面积。图 8-6 所示正弦交流电的正负半周对称，所以在一个周期内交流电的"平均值"为 0，这种含义的"平均值"没有什么意义，

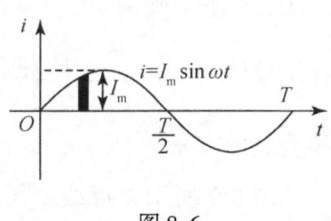

图 8-6

而前述 I_{PJ} 则是先分别取正负半周的绝对值再"平均"，这是有意义的；这种 I_{PJ} 又叫均绝值。因此，要求它的 I_{PJ}，就要先求得正半周的平均值。可以算得电流 i 的 I_{PJ} 是

$$I_{PJ} = \int_0^{\frac{\pi}{2}} I_m \sin\omega t \, dt / (T/2) = \frac{2I_m}{\pi},$$

即平均值是最大值 I_m 的 $2/\pi \approx 0.637$ 倍；对电动势和电压，也存在这个倍数关系。这里，π 又"神秘莫测"地出现在计算结果之中了。

π 出现在曲线形面积之中的例子已不胜枚举，问题是：哪些曲线形面积中含有 π，哪些不含 π？有无简单的规律加以描述？

回答这个问题可不简单。

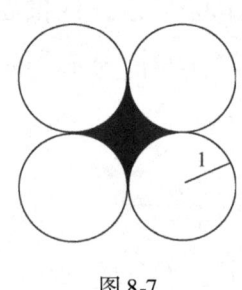

图 8-7

像图 8-7 中涂黑部分那样由单位圆的圆弧组成的"水壶"形的面积，竟与 π 毫无关系。答案是："水壶"形的面积为 4——一个整数！而这类例子不胜枚举："摆线"的长度等于旋转圆直径的 4 倍，与 π 无关；"旋轮线"一拱下的面积正好为生成圆面积的 3 倍，也与 π 无关；7.1.2 小节中提到的 3 个曲线形，也与 π 无关。

8.7　π 与旋转体体积

由曲线绕某一轴旋转所成的旋转体的体积是否也与 π 有关呢？我们来看两个实例。

图 8-8 所示椭圆 $x^2/a^2 + y^2/b^2 = 1$ 所围成的图形绕 X 轴旋转而成的旋转椭球体的体积 $V = \int_{-a}^{a} \left(\frac{\pi b^2}{a^2}\right)(a^2 - x^2)\,dx = \frac{4\pi ab^2}{3}$。可见旋转椭球体的体积公式中有 π。

求图 8-9 所示星形线 $x^{2/3} + y^{2/3} = a^{2/3}$ 围成的星形绕 X 轴所产生的旋转体的体积 V。由原星形线方程可得 $y^2 = (a^{2/3} - x^{2/3})^3$，所以 $V = \int_0^1 \pi(a^{2/3} - x^{2/3})^3 dx = \frac{32\pi a^3}{105}$。可见，星形线旋转体的体积公式也含有 π。

第 8 章　好伙伴形影不离——无处不在的 π

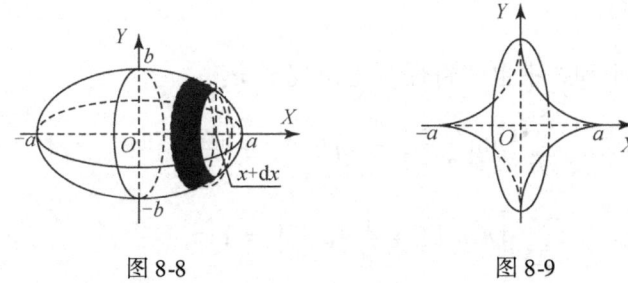

图 8-8　　　　　　　图 8-9

研究了许多旋转体的体积公式中都含 π 之后猜想：任何旋转体的体积公式中都有 π。以下是证明。

设图 8-10 所示任意曲线 $y = f(x)$，它在区间 $[-a, b]$ 上绕 X 轴旋转，并与垂直于 X 轴的两个平面（这两个平面由 $x = -a$ 和 $x = b$ 绕 X 轴旋转而成）的一部分构成一个旋转体。其体积微元即阴影部分的体积就是 $\pi y^2 \mathrm{d}x$，所以它的体积 $V = \int_{-a}^{b} \pi f^2(x) \mathrm{d}x$ ——结果中必然含 π。

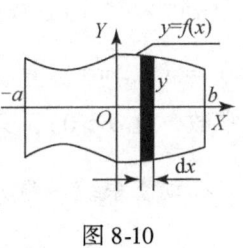

图 8-10

8.8　"数学天空"任 π 飞

"天空中没有翅膀的痕迹，而我已飞过。"

这是泰戈尔在《流萤集》中的著名诗句。π 就是在"数学天空"经常飞过的那对翅膀——事实上，π 在"数学天空"中的确"十处打锣九处在"。

几何中凡是有关圆、球、旋转体的体积等有关公式中必有 π。

π 在数学其他分支中的频繁出现和广泛应用不胜枚举。

傅里叶在 1811 年将偏微分方程的解表示为傅里叶积分形式，其中有 π。

1781 年，欧拉给出欧拉第二积分，其中伽玛函数里也有 π。例如，

197

$\Gamma\left(\dfrac{1}{2}\right) = \sqrt{\pi}$。

以下两个和式中也"奇怪"地出现了 π：

$$\sum_{n=2}^{\infty}\left(n\ln\dfrac{n+1}{n-1} - 2\right) = 3 - 2\ln 2 - \ln\pi,$$

$$\sum_{n=2}^{\infty}\left[n^2\ln\left(1 + \dfrac{1}{n}\right) + 1\right] = \ln\pi - \dfrac{3}{2}。$$

通过概率积分式子 $\int_{-\infty}^{+\infty} e^{-x^2}\mathrm{d}x = \sqrt{\pi}$，π 和 e 被巧妙地联系在一起。

在概率论中，有标准正态分布的概率密度公式 $f(x) = (\sqrt{2\pi})^{-1}e^{-\frac{1}{2}x^2}$ ($x \in \mathbf{R}$)，以及和它本质相同的高斯正态分布曲线公式 $f(x) = (\sqrt{2\pi}\sigma)^{-1}e^{-\frac{(x-a)^2}{2\sigma^2}}$ ($x \in \mathbf{R}$；a 是平均值，σ 是标准误差，它们都是常数，且 $\sigma > 0$)，其中都有 π。

在动态系统、遍历理论中，有 $\lim\limits_{n\to\infty}\dfrac{1}{n}\sum\limits_{i=1}^{n}\sqrt{x_i} = \dfrac{2}{\pi}$。

总而言之，π 早已深入到数学的各分支、各领域中：函数变换、奇异积分、椭圆函数、概率论、非欧几何……正如陈省身所说："π 这个数浸透了整个数学。"

8.9 "科学海洋"任 π 游

在电学中，库仑定律里、电场强度公式里有 π……

在原子物理学中，有人注意到质子与电子的质量比为 1 836.11，与 $6\pi^5$ 的值有令人惊异的"巧合"程度——如取 8 位 π 值可算得 $6\pi^5 =$ 1 836.118…。《当代物理》的编辑们认为，这种令人惊异的接近，不仅是偶然的"巧合"，而是基本粒子内禀性质可能和宇宙的某种几何特征有关。α 粒子在原子库仑场的偏转公式里、电子轨道运动的频率公式里有 π……

在热学中，麦克斯韦速度分布律里、分子的算术平均速率公式里也

第8章 好伙伴形影不离——无处不在的 π

有 π……

在流体力学中，细管内黏滞流体流量的泊肃叶公式（即泊肃叶 – 哈根公式）里有 π，黏滞流体阻力的斯托克斯公式里也有 π……

在光学中，照度定律里、夫朗和费单缝衍射合振幅公式里，也有 π……

在相对论中，相对论的场方程里、计算行星近日点的进动公式里，也有 π……

原子物理学里的精细结构常数、夸克的能级系数等许多常数或常量，都和 π 联系在一起……

量子理论中最基本的方程，有海森堡（基于矩阵理论）和薛定谔（基于波动理论）的两种不同但等价的表达形式；妙不可言的是，它们都和 π "打交道"。而海森堡测不准原理的表达式里也有 π……

布朗运动的概率公式中也有 π……

第9章 增智能健身心——π的奇趣

大千世界，无奇不有。

——中国谚语

9.1 杀人魔逢π栽跟斗

法国的两位数学家伽罗瓦和鲁柏，是一对在事业上互相勉励、生活上相互关心的好朋友。经济上相对富有的鲁柏经常接济伽罗瓦。

伽罗瓦思想进步，言论激进，1831年7月14日，他就因"反政府罪"被第二次关进监狱。次年4月29日出狱后，他去找老朋友鲁柏借宿，可是看门女人告诉他，两周前鲁柏已经被人杀害，家里汇给他的巨款被洗劫一空。伽罗瓦听后十分悲痛。悲痛之余，他问看门女人，杀人凶手被抓到了没有？现场有没有留下什么线索？看门女人告诉他，警察

现场发现鲁柏没吃完的馅饼

勘察现场时，只看到鲁柏手里紧紧捏着她送给他的没吃完的半个苹果馅饼，令人费解。她认为凶手很可能就在该公寓内，因为案发前她一直在值班室里，没外人进来。不过，这座四层楼的公寓每层有 15 间房，共住 100 多人，情况复杂，这也是警方至今没有破案的原因之一。

伽罗瓦低头沉思了片刻，就请看门女人带他到楼上，走到三楼 314 房停了下来。他问："这房间谁住过？"看门女人回答："是米塞尔"。"此人如何？""他爱赌钱，好喝酒，昨天已经搬走了。""真可惜他走了，这个米塞尔就是凶手！"伽罗瓦肯定地说。

看门女人听后十分惊奇地睁大了眼睛，忙问："有什么依据？"伽罗瓦分析说："鲁柏手里未吃完的馅饼就是一条线索；馅饼，英语叫 pie，而它在希腊语中就是圆周率 π。人们在计算时常取的 π 值是 3.14，鲁柏是一位喜欢数学且善于思考的人，临死前他终于想到利用现成物品来暗示杀人凶手所住房间的号码 314，所以他就紧紧捏住馅饼不放。"

π 馅饼成了杀人犯的"陷"饼

根据伽罗瓦的分析判断，警方立即搜查了米塞尔的新住所，并逮捕了他。经审讯，米塞尔承认因赌输了钱，又看到鲁柏家里汇来了巨款，遂生谋财害命之杀机。但万万没想到，此案却被伽罗瓦用 π 破获了。这真是："法网恢恢，疏而不漏。"

9.2　π 中素数有几何

如果不考虑小数点，将 π 值在任意位数上中断，能否得到素数？

研究结果有趣而且使人惊奇——至今只发现了 4 个素数：3，31，314 159 和 38 位的"天文数字"：31 415 926 535 897 932 384 626 433 832 795 028 841。最后一个是 1979 年在美国伊利诺大学，由罗伯特·

贝利和马文·旺德利希发现的。罗伯特·贝利还计算了前432位的π值，再也没发现素数。

更有趣而不可思议的是，前三个素数颠倒过来，依然是素数——称为"逆素数"或"反素数"：3，13，951 413。截至2009年年底，已知最大的反素数为 $10^{10\,006}+941\,992\,101\times10^{4\,999}+1$，由延斯·克鲁斯·安德森在2007年10月发现。

有没有第5个或更多个由π值形成的素数？至今仍然是一个有趣的谜。

上述314 159，是一个非常奇特而有趣的素数，在前1 000万位π值中至少出现过6次。它不但是一个逆素数，而且各位数的补数组成的6位数即796 951也是一个逆素数。它是三个素数31，41，59连写而成；更有趣的是，这三个素数都是"孪生素数"，即分别与它们相差2的29，43，61也分别是素数！31，41，59，这三个数的和131，这三个数各自的立方的和304 091，也都是素数；而且，它们各自的5次方的和859 409 651，也很可能是素数。

9.3 π与素数的奇妙巧合

将最小的三个奇素数1，3，5（1被看成最小的素数）分别重复一次得到113 355，这是一个完全由奇素数组成的奇数，将其"平均"放在分母与分子上，就得到密率355/113。看，π完全浸透在奇数之中！有趣的巧合是，如果分别把355/113的分子、分母的百位数与个位数对调，再在分母的个位数上加1，就到新的分数553/312 = 1.772 435 8…。它的前5位数字正好与准确π值的平方根——1.772 453 8…的前5个数吻合，而且后3个数字仅仅顺序不同而已！

约率22/7也是一个有趣的与奇素数有关的近似π值。将22/7写成3 + 1/7，可看出它完全由奇素数构成。

1/7 = 0.$\dot{1}$42 85$\dot{7}$ 也是一个非常有趣的数：循环节142 857与2，3，

第 9 章 增智能健身心——π 的奇趣

4，5，6 的积，分别仍然由这 6 个数字组成（例如 142 857×2 = 285 714），仅仅是各数字的位置依次移动——具有这种性质的数，被数学家称为 "循环数"；而乘以 7 则得到 999 999。利用这个有趣的特点，可以速算某数与 142 857 的积。下面是说明这种速算的实例：要计算 142 857×23，就把 23 除以 7，得到商 3 和余数 2；再用余数 2 乘以 142 857，

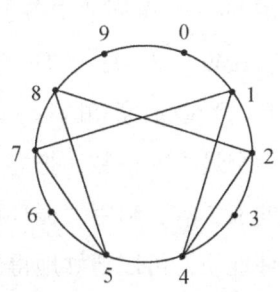

142 857 形成的对称图案

就立即得到 285 714——2×142 857 的首位必定是 2，再根据 "依次移动" 的特点，很容易得到 285 714；最后，在 285 714 的个位 4 中减去商 3，并把商 3 放在开头，就得到答案 3 285 711。

循环数还有一个奇妙的几何特征——形成对称图案。把 0～9 这 10 个数均匀地排在一个圆周上，那么这个循环数中各数字的顺序就成了一个有趣的对称图案。

142 857 还有一个有趣的特点：142 + 857 = 999；这个结果决定了 142 857 必定能被 999 整除，商是 143。利用这个特点和 142 857 143 × 7 = 1 000 000 001（其中的 142 857 143 由 142 857 与 143 "合成"），马丁·加德纳发现了一种计算某个 9 位数与 142 857 143 乘积的 "闪电算法"。下面是说明这种算法的两个实例。实例一：计算 577 831 345 × 142 857 143，用 7 除 577 831 345 577 831 345（由 577 831 345 "重复" 一遍得到），就立即有了答案 82 547 335 082 547 335。实例二：计算 9 位数乘法 354 602 751 × 142 857 143，用 7 除 354 602 751 354 602 751，就立即得到答案 50 657 535 907 800 393。

按照美国数学家丹尼尔·山克斯的估计，循环数在素数的倒数中大概只占 3/8——1/7 "下面" 的 10 个是：1/17 = 0.$\dot{0}$58 823 529 411 764 $\dot{7}$，1/19 = 0.$\dot{0}$52 631 578 947 368 42$\dot{1}$，1/23，1/29，1/47，1/59，1/61，1/97，1/109，1/113。特别有趣而奇妙的是，其中 1/19 和 1/7 颇有点 "沾亲带故"：1/7 的一个循环节中的数字 1，4，2，8，5，7，恰好在

1/19 的一个循环节中各出现两次。

1949 年 12 月 24 日，俄国 – 美国数学家勃罗诺夫斯基在伦敦的政治期刊《新政治家和国家》上，出了一个圣诞节前夕的"数学娱乐节目"：求一个最小的整数，把它左边的最高位移到最右边以后，新数恰好是原数的 1.5 倍。利用"循环数" 058 823 529 411 764 7（1/17 的循环节）的循环性质，可以巧妙地得到这个最小的整数为 1 176 470 588 235 294。这样，就有 1 176 470 588 235 294 × 1.5 = 1 764 705 882 352 941；有趣的是，有"1.5 倍关系"的这两个 16 位数，正好由 058 823 529 411 764 7 分别乘以 2 和乘以 3 得到！

"哪里有数，哪里就有美。"从 1/17 的循环节和这个题目，我们可以感受到希腊哲学家普鲁克勒斯这一名言的魅力，体验数学美给我们带来的欢乐！

9.4 π 与根式这样"多角恋"

准确 π 值不能用一个有限的带根号的简单式子表达出来，因为它是超越数。

但是，人们却发现 π 能用一些简单的根式——这里指带根号的数近似地表示出来。例如多次提到的 $\sqrt{10} = 3.162\cdots$，可以表示两位近似 π 值 3.1。而 $\sqrt{2} + \sqrt{3} = 3.146\cdots$，$\sqrt{2}/0.45 = 3.142\cdots$，$88/\sqrt{785} = 3.140\cdots$，都可以表示 3 位 π 值。$\sqrt[3]{31} = 3.141\ 38\cdots$ 则表示 4 位 π 值。$(\sqrt{30}/10 + \sqrt{6}/2)^2 = 3.141\ 607\cdots$ 可准确到小数点后 4 位。$13\sqrt{146}/50 = 3.141\ 591\ 953\cdots$ 可表示 7 位准确 π 值。最后，$9\ 801/(2\ 206\sqrt{2}) = 3.141\ 592\ 730\cdots$ 则可表示 8 位准确 π 值。

那么，还有没有更准确的表示 π 近似值的根式呢？有的。把 1, 2, 3, 4 这 4 个数排成 2 143 之后除以 22，再将所得的商开 4 次方，就得到我们说过的 $\sqrt[4]{2143/22} = \sqrt[4]{9^2 + 19^2/22} = 3.141\ 592\ 653\cdots$，正好是前 10

位 π 值。

而拉马努金在 1914 年发现的 3ln（5 280）/ $\sqrt{67}$ ≈ 3.141 592 653 和 3ln（640 320）/ $\sqrt{163}$ ≈ 3.141 592 653，都可表示 10 位准确 π 值。在这里，除了用根号以外，他还用了自然对数。

9.5 西文字母里藏迹隐踪

难道 π 与英文字母还有什么关系么？这又是一个趣味问题。

如果将 26 个大写的英文字母如图 9-1 所示按顺时针方向排成一个圆圈，再将其中左右呈轴对称的字母——例如 A，H 等拿掉。这样，剩下的字母就形成 5 个小的字母集团。

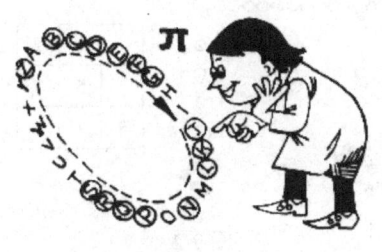

图 9-1

有人惊奇地发现，如从字母 J 开始顺时针方向数各小集团中所含字母的个数，分别是 3，1，4，1，6 个；按这个顺序，恰好能组成前 5 位近似 π 值——3.141 6。

为什么从 J 开始数呢？这里有一种有趣的解释：J 是希腊神话中的主神朱庇特（Jupier）即众神之王宙斯（Zeus）的第一个字母——也是太阳系"八行星"体积和质量的"老大哥"木星（Jupier）的第一个字母，既然两个"老大"都有 J，就理所当然从这里开始数啰！据说，这个有趣的现象由一位西方占星学家最早发现——他说这是"上帝"的"有意安排"。马丁·加德纳在《科学美国人》中也介绍了这个奇妙的巧合。

第二个巧合是，由西伯来文可以得到近似 π 值。

西伯来文的"圆周"一词，由 Qof，Vaf 和 He 等字母构成，但却读成 Qof，Vav。将这两个拼音中字母代表的数值各自相加后，就分别得到 111 和 106。111×3=333，而 333/106 就是我们在 7.5 节中提到的

"最佳渐近分数"的第3个,它的值是——3.141 509…。

另一个巧合是 π 与英文字母、希腊字母的"圆中有方"关系。π 是第 16 个希腊字母,而 $16 = 4^2$;P 是第 16 个、i 是第 9 个英文字母,而 $9 = 3^2$。$16 + 9 = 25 = 5^2$;$16 \times 9 = 144 = 12^2$;$9 \div 16 = 0.562\ 5 = 0.75^2$。这样,就有人诙谐地一语双关:"圆(π,Pi)中有方(平方)。"

9.6 纵横图中的秘密

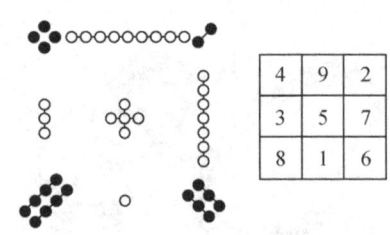

图9-2

纵横图又叫幻方或魔方,它是一些具有奇妙性质的数字组成的图案,属于早期组合数学的内容,至今已被应用于程序设计、图论、人工智能、对策论、组合分析等领域。

幻方的发明权,举世公认属于中国。中国数学史上流传的神话称之为"洛书"。古籍《论语》、《周易·系辞》上都有记载。图9-2所表示的三阶幻方,最早出现在公元前约500年的《大戴札记》。东汉数学家、天文学家徐岳所著《数术记遗》中把它称为"九宫"。宋代杨辉是世界上第一个排出丰富的纵横图和讨论其构成规律的数学家;他所著的《续古摘奇算法》等书中称之为"纵横图",唐代以后开始称为"洛书"。

那么,π 与幻方又有没有联系呢?罗别克构造出图9-3左边的幻方,发现了幻方与 π 之间有趣的联系。

图9-3左边幻方中的数字为 π 准确值相应的位数,如"15"代表 π 值从整数3开始数的第15位。右边方框中的数字为 π 准确值中相应于左边对应位置的数字,例如"9"代表左边幻方15位上的 π 值是9。

研究发现,右边方框中每行数字之和对应相等于每列数字之和。而左边幻方的各行、各列、各对角线的5个数之和都等于65。

第 9 章　增智能健身心——π 的奇趣

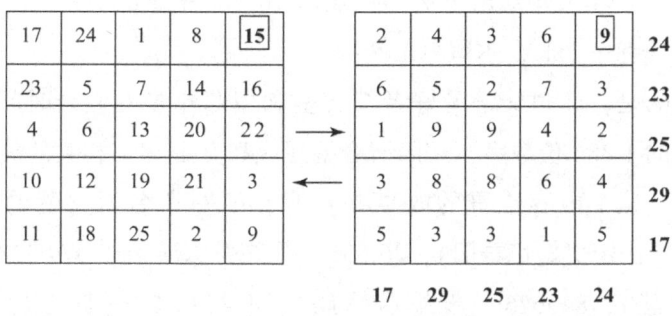

图 9-3

9.7　"π痴"们如何编"π诗"

为了帮助记忆多位 π 值，人们发明了形形色色的方法。例如，利用韵律优美的诗歌、有趣的故事、顺口的口诀等。

"伞已撕，已无救而漏，吾伞无……"这一口诀可帮助记忆前 11 位 π 值。

古老的中国曾经流传着一首打油诗：山颠一石一壶酒，二侣舞仙舞，罢酒去旧衫……它可以帮助记忆 16 位 π 值。

华罗庚用的"山巅一寺一壶酒，尔乐苦煞吾，把酒吃，酒杀尔，杀不死，乐尔乐"，就是背 23 位 π 值的口诀。据说，这来源于下面的故事。新中国成立前浙江省某地一所小学有位教书先生，整日里不务正业，就喜欢到山上找庙里的和尚喝酒。他每次临行前留给学生的作业都一样：背诵圆周率。开始的时候，每个学生都苦不堪言。后来，有一位聪明的学生灵机一动，想出妙法，把圆周率与先生上山喝酒联系起来记忆。先生一回来，发现学生居然都能背下来，很是奇怪。回头一想，就什么都明白了，原来是编了这段暗中讽刺自己的顺口溜。

另有一首帮助记忆小数点后 46 位 π 值的口诀：三弟要试一壶酒，冷肉和三壶，摆酒吃酒赛，冷面不是肉，冷肉撕碎碎，瘪三来吃酒，误领二伯伯，是要就去要，肉酒三斗酒……

207

1997年，李文军编出记忆小数点后100位π值的口诀，它的开头是：山巅一寺一壶酒，尔留巫山雾……

更绝的是，苏州文学爱好者李相呈利用两年多的业余时间，将π小数点后的1 386位数字，按照谐音编写成和算π名人相关的故事。

据说，这个内容连贯的故事共4章，第一章名为《爱的伤痛》：3.141 59（伤定伊始忆吾旧），26 535（爱路吾深误），8 979 323（布鹃雀鸠深爱甚），84 626（步施遛爱路），4 338 327（誓三生不生尔气）……这段的大意是：祖冲之还在读私塾时，就将研究圆周率的初步成果巧妙地应用到了自己对女同学的追求之中，结果一举从单相思暗恋阵营中突围而出，圆满地实现了爱情的"双向选择"。

当然，"爱情π诗"在国外也不少见。例如，美国弗吉尼亚一位叫迈克·契斯的软件工程师，就写过长4 000字的"爱情π诗"。

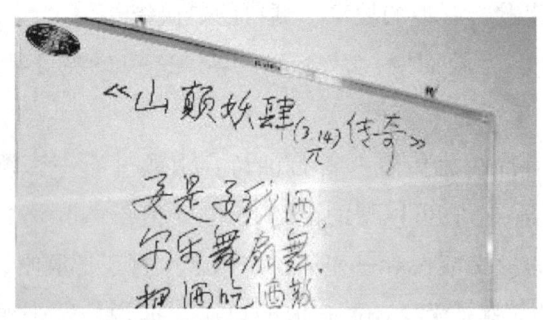

《山颠妖肆（3.14）传奇》一角

而家住河南郑州的一位老人，则在2010年3月14日公布了他的长3 140字的叙事诗《山颠妖肆（3.14）传奇》，把枯燥乏味的数字解读成一首意境优美、情节生动、便于记忆的汉语故事。

故事的又一个例子是：（一个农民有一块）山（田），一斗一石籼（米），（养了）七（只）羊（和）四（匹）马；即"山，一斗一石籼七羊四马"。这句话里每个字的笔画数，就是对应的π值3.141 592 653。

可以看出，中国人用字的谐音或笔画数代表对应数字。

第9章 增智能健身心——π 的奇趣

当然,用诗记 π 并不是中国人的"专利",所不同的是,他们通常用字母的个数代表相应数字——字长记忆法。当然,最简单的字长记忆法的"诗",可能就是 "How I wish I could calculate pi."(我好想算出圆周率)了。

1906 年,美国人欧尔在《文摘》杂志上刊登了一首诗,只要把每个词换成它所含字母的个数,就能得到准确到 30 位小数的 π 值:

Now I, even I, would, celebrate
  3 1   4 1   5   9

In rhymes inapt, the great
 2   6   5   3   5

Immortal Syracusan, rivaled nevermore,
    8   9   7   9

Who in his wondrous lore,
  3 2 3   8   4

Passed on before,
  6   2   6

Left men his guidance
  4 3   3   8

How to circles mensurate.
  3 2   7   9

现将这段诗试译如下:现在/我甚至要庆贺——用那伟大的诗句/叙拉古那无与伦比的伟人(阿基米德)/他有令人瞠目结舌的学识/从古到今/给来人指向导航/怎样揭开圆的奥秘。

1914 年,《科学美国人增刊》也载有一首帮助记忆 π 的诗:

See, I have a rhyme assisting my feeble brain, its tasks ofttimes resisting.

它可帮助记忆 13 位 π 值。诗的大意是:我有一个顺口溜/它能让我笨拙的头脑变得灵活/并时刻发挥作用。

另外有三段分别帮助记忆 8，15 和 21 位 π 值的诗如下。

May I have a large container of coffee? 诗的大意是：我能要一大杯咖啡吗？

How I want a drink, alcoholic of course, after the heavy lectures involving quantum mechanics. 它的大意是：我要在一次重要的涉及技巧的讲演之后/举行一次酒会。

Sir, I bear a rhyme excelling

In mystic force and magic spelling

Celestial sprites elucidate

All my own striving can't relate.

诗的大意是：先生/我们要作一首优美的诗/述说天上的妖魔用神秘的力量和符咒为所欲为/而我所有的努力/都无济于事。

在 7.5 节中我们给出了 π 的前 13 个渐近分数，其中第 6 和第 9 两个分别是

$$\frac{104\ 348}{33\ 215} = 3.14\ 592\ 653\cdots \text{和} \frac{833\ 719}{265\ 381} = 3.141\ 592\ 653\ 58\cdots,$$

以下诗句可帮助记忆这两个分数：

$$\frac{\text{calculator will get fair accuracy}}{\text{but not to } \pi \text{ exact}} \rightarrow \frac{104\ 348}{32\ 215},$$

$$\frac{\text{dividing top lot through (a nightmare)}}{\text{by number below, you approach } \pi} \rightarrow \frac{833\ 719}{265\ 381}。$$

以上两段"分数诗"的大意分别是：计算机能给出一个合理的准确度/但却不是 π 的真值/做一个周而复始地除以数的噩梦吧/你将越来越接近准确 π 值。

学理科的大学生们也加入背 π 诗歌的创作。一首"校园歌曲"这样唱出了 16 位 π 值："How I like a drink, alcoholic of course, after the heavy lectures involving quantum mechanics." 把它翻译成中文是：我要喝什么/才上过一堂累人的量子力学/当然要喝杯酒。

对于用字母的个数代表相应数字写"π 诗"的方法，伊夫斯在

第9章 增智能健身心——π 的奇趣

《数学史概论》中提出了一个趣题:"为了记住 π 的十进制的展开式,在课本上给出的最成功的帮助记忆的诗歌,能够给出 30 位准确的十进制数;但是不能编出产生超过 31 位准确值的帮助记忆的诗歌。为什么?"这里的 30 位和 31 位,都是指"小数点后"。

下面给出答案:因为第 32 位值是 0,所以如果能编出超过 31 位的外文记忆诗句,那么在 32 位处的字母数应是 0 个;这显然是不可能的。而如像前用"calculator 表示'10'"那样用一个单词表示两个数字也不可能,因为 32 位的前一位是 5,要表示"50"则要用有 50 个字母的一个单词,而这是没有的——虽然最长的一个英文单词多达 1 909 个字母(它指的是一段 DNA)。

正因为如此,没有其他附加条件又能帮助记忆的 π 值诗句都不会超过 31 位。例如,德恩汉姆·拉勒特于 1926 年在纽约出版的《数学基础》一书中,那个帮助记 31 位小数 π 值的句子。

而一首背 31 位小数 π 值的诗是这样的:

Sir, I bear a rhyme excelling

In mystic force and magic spelling

Celestial sprites elucidate

All my own striving call't relate.

Or locate they who can cogitate

And so finally terminate. Finis.

它的中文大意是:各位/我做了一首绝妙好诗/它和魔咒一样/具有不可思议的力量/就像出自神仙的手笔/说的尽是玄之又玄的道理/就请各位屈指一算/这就是我的诗。

可是,没有什么能难倒痴迷 π 的、"死不认输"的"诗人们"——他们自有妙计高招。有的用 10 个字母的词表示 0,例如下面要看到的美国软件工程师、数学家和作家迈克·契斯的诗《馅饼,E:仿〈乌鸦〉》,就是如此。有的用标点符号表示 0——迈克·契斯的《一个自我指涉的故事》就是这样。又如,有的人用不包括句号的标点符号表示数字0——例如"Value: pi"中的":"表示数字0。

契斯的记忆暗含740位π有效数字的诗（网站www.Joyofpi.com有全文），体裁和美国作家艾伦·坡的《乌鸦》诗如出一辙。

9.8 "老外"赋"π诗"万紫千红

康顿

不仅是美国人编了许多"π诗"，世界各国的"π诗迷"也"八仙过海"编"π诗"。例如，一首能帮助记30位小数π值的法国诗歌，就可以在以下美国学者写的书中找到：康顿于1925年在堪萨斯州出版的《数学珍宝》，里克斯于1931年在纽约出版的《数学游戏》第50页，海伦·阿伯特·梅里尔的《数学游览》。

这些"π诗"不但数量多如牛毛，难以卒述；而且万紫千红，争奇斗艳。

一首法文诗是：

Que j'aime à faire apprendre ce nombre utile aux sages!
Immortel Archimède antique, ingénieur,
Qui de ton jugement peut sonder la valeur?
Pour moi ton problème eut de pareils avantages.

中文可译为：真想让阿基米德看看这个数值/这位不朽的智者、艺术家和工程师/你看出它是什么了吗/它就是你研究很久的问题。

而达维德·兰茨写的下列优美的西班牙语诗能帮助记忆前11位π值：Sol y Luna y Mundo Proclaman al Eterne Autor del Cosmo. 中译文的两种版本分别是：日、月、宇宙齐声赞扬造物主；太阳、月亮、地球——宇宙永恒的主宰。

一首希腊语诗是这样的：

Αει ο θεος ο Μεγαζ γεωμετρει

第9章 增智能健身心——π 的奇趣

Το κυκλου μηκοζ ινα οριση διαμετρω

Παρηγαγεν αριθμον απερανιον

και ον φεν ουδεποιε ολον

θνητοι θα ευρωσι.

它是希腊数学家尼古劳斯·哈齐达基斯写的。中文大意是：造物主就是用几何学定义圆周和直径的比率/它是一串没有尽头的数字/这串数字到底有多长/大概只有天知道。

意大利数学家、诗人艾西多罗·费兰提写的一首意大利语诗如下：Che n'ebbe d'utile Archimede da ustori vetri sua somma scoperta? 翻译成中文是：阿基米德发明了聚光镜/但这对他又有什么用？

诗中"聚光镜"的背景是：传说阿基米德用能聚集阳光的玻璃镜，烧毁来犯的罗马战船。但最后罗马人还是攻陷了希腊西那库斯城，杀死了阿基米德。

荷兰语的一首诗是：Eva o lief, o zoete hartedief uw blauwe oogen zyn wreed bedrogen. 中文意为：亲爱的夏娃/你湛蓝的双眼真叫人意乱情迷。

这是荷兰奈美根大学数学系和物理系的一首流行歌曲。

一首英文诗是：See, I have a rhyme assisting My feeble brain, its tasks oft-times resisting. 中文意为：我做了一首诗/以增强我的记忆力/背一些难记的东西。

富兰克·威克斯特罗姆翻译的瑞典诗是：

Ack, o fasa, pπ numer förringas

ty skolan låter var adept itvingas

räknelära medelst räknedosa

och så ges tilltron till tabell en

dyster kosa.

Nej, låt istället dem nu tokpoem

bibringas!

它的中文大意是：天啊/π 越来越不受重视了/现代学生学习几何学时只

会用计算机/连九九乘法表都不会背了/既然如此/还不如念诗算了。

申博尔斯卡

有人发现用日语背圆周率就简单多了：san ichi yon ichi go ku ni roku go san go hachi。其中某些数字的组合恰好等于其他日本字。例如，ichigo 是"草莓"，kuni 是"国家"。将部分数字转换成日本字，就成了一段易记的文字："3.14 草莓国的清晨六点，五根筷子……"当然，也有一些牵强的成分，例如"筷子"的日文是 hashi，和日文的"八"（hachi）不同。

但是，上述诗歌的文采都无法和诗歌《π》相比。它是 1996 年诺贝尔文学奖得主、波兰女诗人维斯拉娃·申博尔斯卡写的，赞美 π 坚定不移地向着无限延伸：地球上最长的蛇不过四十英尺（1 英尺合 0.304 8 米）/神话和传说中的蛇也无分轩轾/组成 Pi 的数字列队行进透迤/它不会在页边栖息/它会继续走过书桌/穿过空气/越过墙壁、树叶、鸟巢、云霓/直上九霄/穿过广袤无垠的天际/那彗星的尾巴显得多么短小/就像鼠尾和小辫子/而星光显得多么脆弱/撞在空间上便弯曲了轨迹……

9.9　愚蠢的巴霍姆和精明的狄多女王

大名鼎鼎的俄国作家列夫·尼古拉维奇·托尔斯泰，在远没有他的《战争与和平》那样著名的小说《一个人需要多少土地》中，写了一个叫巴霍姆的人买土地的故事，片段如下。

"那么，什么价呢？"巴霍姆问。

"我们的价是统一的：每天 1 000 卢布。"

巴霍姆没听懂。"每天？这是什么样的一个单位呀？一天等于多少俄顷？"俄顷又译俄亩，1 俄顷约合 10 925.4 平方米。

"我们，是不会计算这些的，"那人说，"我们只是论'天'出卖；

第9章 增智能健身心——π 的奇趣

你一天之内走出多少地方，那些地方就是你的了，价钱呢，就是 1 000 卢布。"

"可是，"成了"丈二和尚"的巴霍姆说，"一天之内是可以走出很大一块地来的呀！"

"那就全是你的，"那个酋长笑着说，"只有一样：你若是在白天赶不及回到你出发的地点，你的钱就算白花了。"

这几个巴什基尔人分手了，大家约好明天天不亮就在这儿会齐，等旭日东升——就出发。

结果，巴霍姆从 A 出发走出图9-4 示路线围成的地，但由于他拼命地走，以至于"嘴里流出血来，已经死在那里了……"

可以看出，由于巴霍姆想买到尽可能多的地，在第一和第二阶段——AB 段和 BC 段走得太远，以至于最后走出一个梯形——面积为 76.1 平方俄里。1 俄里约合 1.066 8 千米。

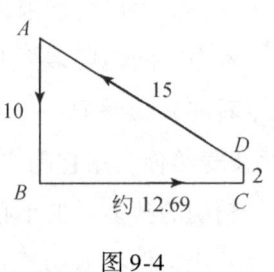

图9-4

巴霍姆用 1 000 卢布买了 76.1 平方俄里的地，留给他的儿子。他的墓碑上刻有他的名字，而托尔斯泰则不无讽刺地在名字旁写了一行字："这位农民的墓穴宽 3 俄尺，长 6 俄尺。"1 俄尺约合 0.711 2 米。

巴霍姆累死那天共走了 40 俄里，围成梯形。但他的初衷是想走出一个正方形。如果真是这样，那这块地的面积将是 100 平方俄里，比他的梯形大约多了 31%。

这样，问题就出来了：走 40 俄里，走出什么样的地面积最大？

答案众所周知，这块地应是圆形。这是因为在所有等周的图形中，圆的面积最大；或者说，在所有等面积的图形中，圆的周长最小。顺便指出，在所有等表面积的物体中，球的体积最大；或者说，在所有等体积的物体中，球的表面积最小。

那么，圆周长 40 的圆面积是多少呢？大约是 127，比 76.1 多了约 67%，比 100 多了约 27%。由此可见，如果巴霍姆懂数学的话，他可以为儿子多买到 67% 的土地。或者说，如果他只想买到 76.1 的地，就只需走长约 31 的圆周，也不必走 40 而累死了。

但是，古罗马诗人帕布留斯·维吉尔·马洛笔下罗马史诗中的狄多女王，就聪明多了。

狄多女王是罗马皇帝泰雅王的女儿，也是公元前 800 年地中海东岸的腓尼基国国王——一个暴君的妹妹。在她的哥哥谋杀了她的丈夫之后，她就携随从悄悄从海上逃往非洲突尼斯。在那里，她向当地部落的酋长——土著的雅布王送上珍贵的珠宝等物之后，乞求在海边给她"不大于一张犍牛皮所能围起来的土地"，以便有安身之处。

雅布王问她要多少土地。她说只要一张犍牛皮所能围起来的地方。由于看起来似乎是一个微不足道的要求，所以雅布王就爽快答应了："牛皮送给你，用它围住的土地就是你的领地。"

精明的狄多女王小心地把犍牛皮切成许多细细的小条，结成一条长绳，并用它们在海边围成了一个半圆——这些小条所能围成的最大面积。在这块半圆形的土地上，她建立了拜萨（意为牛皮）城。后来，它发展为闻名遐迩的迦太基国，她——成了首任女王……

我们不知道雅布王给她的犍牛皮有多大，也不知道她切得多细，海岸线是什么形状。但是，如果假设犍牛皮长 2 米、宽 1 米，她切成宽 1 毫米的小条，相连部分的长度忽略，海岸线是直线；那么，就不难算出这块半圆形的地约 0.637 平方千米——足够她和她的随从安身了。

狄多女王圈地的故事也被认为是非洲流行的神话传说。它是如此有名，以至于还有酋长考验她的智慧、牛皮变成灰鼠皮等版本。她的译名也如此之多：吉东、吉冬、狄东、黛多、纪塔娜……

9.10 游览巴黎不妨光顾"π 宫"

在"时装之都"巴黎罗斯福大街的绿化区内，矗立着一座三层的

第9章 增智能健身心——π的奇趣

宫殿式建筑，这就是举世闻名的法国青少年科技宫——发现宫，又名巴黎科学馆或探索皇宫。发现宫（图9-5（a））是一座综合性科技博物馆，1935年由法国物理学家让·巴普蒂斯特·佩兰倡导，并用1926年所得的诺贝尔物理学奖金捐资修建，1937年建成。除星期一休息外，每天免费向青少年开放。青少年可通过馆内各种设备了解人类科技发展的过去、现在和将来，也可在教师指导下从事研究、实验。

佩兰

在发现宫二、三层的展厅，设有"数学的历史"（21厅）、"信息（计算机）"（22～50厅）、"数学"（30和31厅），但π"至尊至贵"的地位赢得了设计者们的青睐，将它从数学中分离出来，单独开辟为32厅——"π厅"（π-Room）或"π屋"（图9-5（b））。

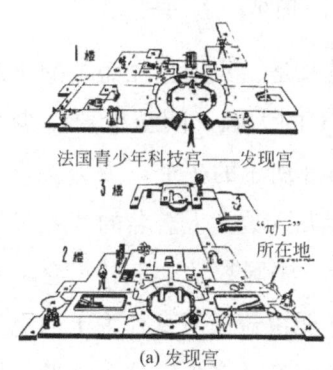

(a) 发现宫

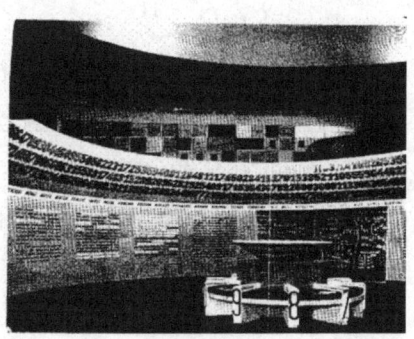

(b) 发现宫中的"π厅"

图9-5 发现宫和其中的"π厅"

多年以来，让·布雷特一直是这座展览教学区面积为1.8万平方米的发现宫（现名科学教育中心博物馆）数学方面的负责人。读者如果到巴黎，不妨去那里一睹π的风采——包括墙壁上介绍祖冲之求圆周率的文章。

当然，世界上的"π宫"远不止巴黎的这座。在美国"谷歌"

217

（Google）公司的 4 座办公楼中，有 3 座以数学符号命名，其中的一座就叫"Pi"[另两座分别叫"e"（自然对数的底）和"phi"（黄金分割数）]。

9.11 谜语、游戏和 π

一则谜语说：细细两条腿，帽儿头上戴，不当圆规使，算圆离不开。谜底就是大名鼎鼎的 π。

π≈22/7 的第一个游戏是，将图 9-6 所示用火柴棍组成的等式，移动一根改成另一个近似等式。答案见图 9-7。

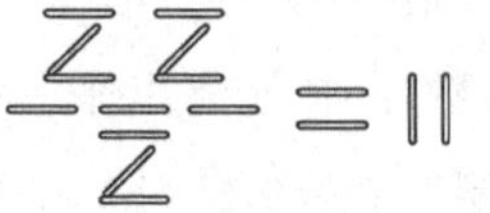

图 9-6 $\dfrac{22}{2}=11$ 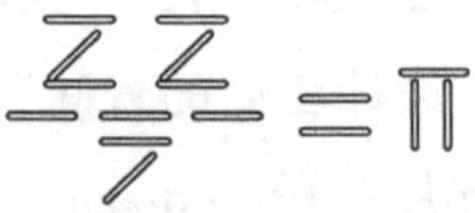 　　　　图 9-7 $\dfrac{22}{7}=\pi$

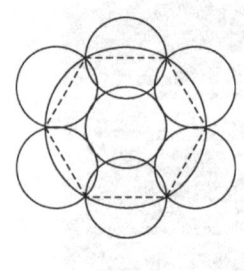

图 9-8

π 的第二个游戏是，要用直径为 1 的小圆去完全盖住半径为 1 的大圆，问至少要多少个小圆？答案是如图 9-8 所示的 7 个。

这类问题可以归入数学上著名的"勒贝格覆盖问题"。1914 年，法国数学家亨利·仑·勒贝格提出的问题是：能覆盖任何直径为 1 的点集的凸图形的面积最小值 S 是多少？这个问题已取得了一些进展，但仍有许多问题没能解决。例如，已知 S 介于 $\dfrac{\pi}{8}+\dfrac{\sqrt{3}}{4}$ 和 0.844 114 4 之间，但具体值是多少却不知道。勒贝格 27 岁当中学教师时发表了创造性的论文"积分·长度与面积"，以著名的"勒贝格积分"理论成为 20 世纪积分学革命的先锋，实变函数论的奠基者。

覆盖问题是一类长盛不衰的数学问题。例如，在 1991 年 3 月 19 日举行的第九届美国数学邀请赛中，就有一道覆盖题：如图 9-9 所示，12

个等大而且相切的圆覆盖在另一个半径为 1 圆的圆周上，这 12 个圆的面积之和是 $\pi(a-b\sqrt{c})$（a，b，c 都是正数，c 不能被任一素数的平方整除），求 $a+b+c$。答案是 135（提示：算出小圆的半径之后，再算出它们的面积之和）。

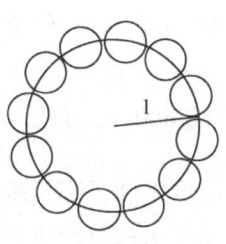

图 9-9

"方中排圆"是第三个游戏趣题：在边长 10 的正方形中，最多能排下多少个互不相交的直径为 1 的圆？如像图 9-10 那样"整齐"排，则只能排 100 个，因为此时有如图 9-11 所示较大的空隙。而如图 9-12 那样排，虽然有如图 9-13 那样较小的空隙，但上部却出现一窄长条空隙，所以仅仅能排 105 个。正确的答案应如图 9-14 排出的 107 个。

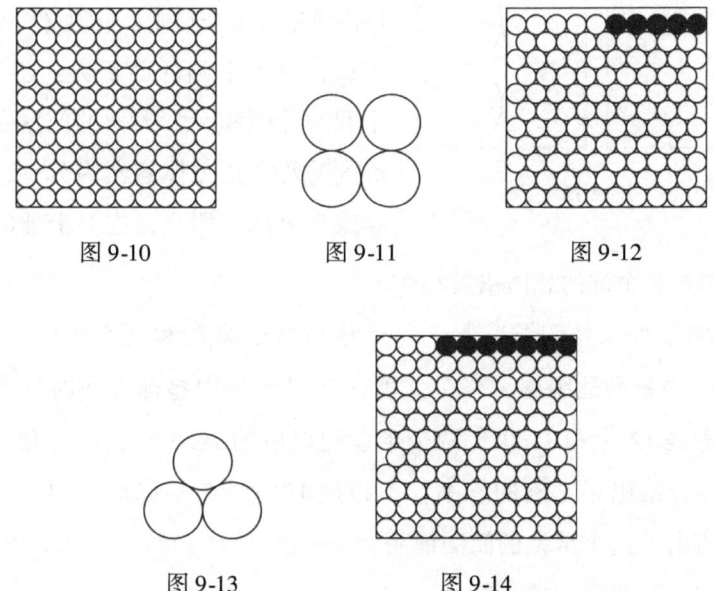

图 9-10   图 9-11   图 9-12

图 9-13   图 9-14

留给读者的一个问题是：将上题中的"正方形"改为"正方体容器"，将"圆"改成"球"，问这个容器最多能装多少个小球？

类似的问题是，德国天文学家和数学家开普勒在 1611 年提出的"开普勒猜想"：设体积为 L 的箱子装 n 个半径为 r 的球，则所有的球的体积和箱子体积之比（即"箱装球的密度"）$\rho = \dfrac{4n\pi r^3}{3L} \leqslant \dfrac{\pi}{3\sqrt{2}} \approx$ 0.740 480…，而且 $\rho = \dfrac{\pi}{3\sqrt{2}}$ 是最佳的（装的球最多而密度最大，此时每4个球像堆橘子那样堆放）。这个问题由德国天文学家开普勒在一本谈雪花的书中最早提出，后来成为希尔伯特第十八个问题的第三部分。1993年得到这个问题的最新结果是 $\rho \leqslant 0.773\ 055\cdots$，但显然与 0.740 480… 还有一定的差距。1998 年，美国密歇根（密执安）大学的数学家黑尔斯宣布证明了开普勒猜想。经过知名杂志《数学年鉴》指派的审查委员会用去 5 年对这个冗长证明的验证，虽然没有发现错误，但至今未被最终肯定。

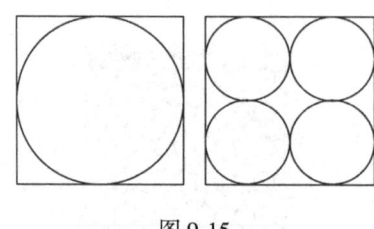

图 9-15

另一个问题是：在等大的两个正方形内分别放 1 个圆或 4 个圆（图 9-15），那么，这 1 个圆的面积大，还是这 4 个圆的总面积大？类似的问题是：在等大的两个正方体容器内分别放 1 个球或 8 个球，那么，这 1 个球的体积大，还是这 8 个球的总体积大？

更难的"13 球问题"是：一个单位球最多能和几个单位球相切？1694 年，牛顿和达维德·格雷戈里在探讨天空中星球分布时得到的答案，分别是 12 个和 13 个。两个半世纪以后的 1953 年，许特和荷兰数学家瓦尔登给出了正确的答案：不超过 12 个。3 年以后，加拿大数学家利奇给出了这个结论的简洁证明。

第四个游戏是"凑 π"。

用 0～9 这 10 个整数组成一个分数，分子分母各 5 个，要求不重复也不遗漏，凑成尽可能接近准确 π 值。你能想出多少种方法？下面是其中 9 种：

76 591/24 380 = 3.141 550…，   95 761/30 482 = 3.141 558…，

39 480/12 567 = 3.141 561⋯, 97 468/31 025 = 3.141 595⋯, 37 869/12 054 = 3.141 612⋯, 95 147/30 286 = 3.141 616⋯,

49 270/15 683 = 3.141 618⋯, 83 159/26 470 = 3.141 632⋯, 67 389/21 450 = 3.141 678⋯。

其中斜体加粗的那个，几乎精确到小数点之后 5 位小数。

最后一个游戏是"用 π 取整凑数"。

我们知道，数学上用"[n]"表示"取 n 的整数部分"，例如 [3.25] = 3。

那么，用若干个 π，仅仅通过若干次加、减、乘、除、乘方、开方之后取整，而不用其他任何数学符号，你能不能得到指定的任何整数呢？例如，用 3 个 π 能不能得到 17，18，19，20 呢？下面各给出一种答案：

17 = [π × π × $\sqrt{π}$]，18 = [π] × [π + π]，

19 = [π(π + π)]，20 = [$π^π ÷ \sqrt{π}$]。

9.12 π 与 50，144，360 的"天作地合"

中国古书《九术通考》上记载，边长为 7 的正方形，周长为 28；而它的内接圆周长用约率算，是 22。这 28 与 22 相加得 50，是"大衍之数，合方圆同径两周数也"。还说，这大衍之数也是勾股的原本。当勾 3 股 4 弦 5 的时候，勾方 9 加股方 16 再加弦方 25 也是 50！

此外，π 的前 144 位数加起来等于 666，而 144 = (6 + 6)(6 + 6)。这又是一个巧合。

圆有 360°，那我们就来看看 π 的前 360 个数吧。这又是一项惊人的发现：从第 359 个数开始，出现了数字 360。也就是说第 360 个数"6"正好位于 360 的中央！这记载于蒙蒂·泽格的《圆周率的玄机》中。

9.13 π 的 "对称" 这般神奇

最有趣的、最神奇惊人的发现是：π 前 33 位值中魔术般的 "对称"！

我们用两根竖杠 "|" 将前 33 位 π 值作如下划分，并用折线连接相关数字：

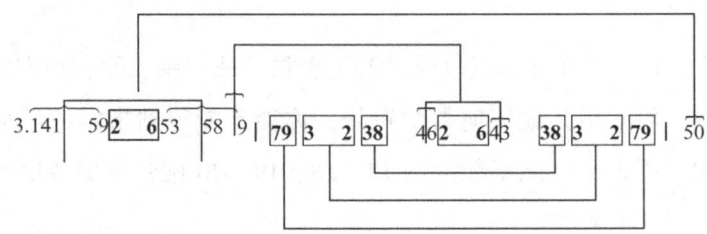

在 32 位小数中，有两个 26，如果以第二个 26 为中心，就有 79，32，38 这三对数，"轴对称" 地列于它的两侧。这是 "对称 1"。

前一个 26 的前 5 个数 14 159 各个数字之和，与后 5 个数 53 589 各个数字之和，恰好为 50；而且，这 10 个数正好是第一根竖杠之前的 10 个数。这个 50，恰好是第二根竖杠之后的数。这是 "对称 2"。

第二个 26 之前的 46 与之后的 43 的和是 89，恰好是第一根竖杠前的数。这是 "对称 3"。

79，32，38 中间的 32，正好是 79，32，38 各个数字之和。这是 "对称 4"。

虽然以上有的 "对称" 比较牵强，但却十分有趣迷人。能有上述发现的当然不是等闲之辈，他能从几百年人们熟视无睹的前 33 位 π 值中发现这么奇妙的规律！

这个人就是《科学美国人》杂志 "数学游戏" 专栏作家马丁·加德纳。在这个科普杂志 1965 年 1 月号上，他发表了谈上述对称的趣文。

那么，加德纳为什么要研究 π 的 32 位小数，并将它与 26 联系在一起呢？据说是因为很多自然现象与 32 和 26 这两个数字有关。例如，人有 32 颗牙齿，水晶体共 32 类，水在 32°F（32 华氏度）结冰，地球的重力加速度约 32 英尺/二次方秒，原子第四轨道上最多容纳 32 个电子，基本粒子中有 32 种长寿命粒子，等等。而群论中的有限单数群总数则是 26——当时这仅仅是尚未证实的猜想。但加德纳却有"未来先知"的"火眼金睛"——后来，人们果然在 1983 年证实了有限单数群的总数确是 26。英文字母的总数也正好是 26 个。

当然，这仅仅是一些有趣的巧合。不过，我们也可以看到他大量的投入和非凡的慧眼。

从 1957 年起，加德纳就主持著名的《科学美国人》杂志"数学游戏"专栏，编写、改造、创新了很多稀奇古怪的故事和游戏，以大量的篇章，无比地丰富了数学各领域的内容，把数学这门许多人看来枯燥乏味的科学，变成了生动有趣的"艺术"，从而吸引了大批青年投身数学，成为美国几乎家喻户晓的"美国的国家财富"。对此，有人

加德纳

认为，"在数学的这座金碧辉煌、神圣庄严毫不亚于奥林匹斯的数学圣庙中，供奉着欧几里得、牛顿、欧拉、伽罗瓦等大神，无疑他也会叨陪末座"，将他誉为"人类心智的保护神"。

9.14 π 也是"天地英雄"

"在这土地与河流构成的大地上，土地一直是一个现实主义者，它坚守着自己的原则，有什么便向世界提供什么——食物和美，丑陋和贫穷；"《明亮的河》一文写道，"而河流却是个理想主义者，它以飘逸的流动之姿，以不停的歌唱，毫不停止地奔流，直到自己应该到达的宽度和广度之中。"

是的，打开地图册，大地上许多蜿蜒曲折的江河映入眼帘，奔向浩

瀚无垠的大海，到达"宽度和广度之中"——不管是"惊涛拍岸，卷起千堆雪"的长江，还是"滋洛阳千种花，润梁园万顷田"的黄河……

为什么江河总是弯曲的呢？复杂的地形使土壤不一、因地球自转形成的科里奥利力、水流惯性对两侧河岸的影响不一，是最重要的几个原因。科里奥利是一位法国数学家和工程师，因首先在1835年提出著名科里奥利力——它使北半球的河流冲刷右岸比左岸更厉害，南半球则相反，而扬名立万。

不知道你研究过河流的实际长度与"直线长度"的关系没有？这里说的直线长度，是指河的源头到入海（湖）口之间的"直线"距离——通过这两点之间的大圆弧线的长。英国剑桥大学的地球科学家汉斯教授经过研究，惊讶地发现：江河的实际长度与直线长度的比值，很接近π值，尤其是在平原上疏松泥土里流淌的河流——亚马孙河就是最好的例子。

大自然将"π"生动地
书写在大地之上

那么，这一结论有没有科学解释呢？爱因斯坦经过研究、分析后，首先作了科学的解释。江河有一种走出尽可能多的环形路径的倾向，这是因为最细微的弯曲将会使外侧的水流加快，从而造成对外侧河岸更大的侵蚀和更急的转弯，这一过程的正反馈将导致河流更加曲折，而渐增的转弯最终会使河流绕回原处而"短路"；同时，河流将变得较为平直，形成一个"U"形湖。这两种趋势的平衡，导致比值π的出现。

就这样，大自然用蜿蜒曲折的江河，生动地将"π值"书写在大地之上！

当然，由于山区岩石比平原泥土较硬，上述外侧侵蚀冲刷将受到限

第9章 增智能健身心——π的奇趣

制,于是弯曲程度也不会那么厉害,所以流经山区的江河的上述比值,会比π小一些;而且,由于地形等其他复杂的原因,实际情况并不是这样简单。

而约翰·达维德·巴罗则把他的"弦有效宇宙"理论著作起名为《空中的π》——当然,这仅仅表示一个天文学家对π的关注而已。

而在1995年4月,英国《自然》杂志则刊登文章,介绍英国伯明翰市阿斯顿大学计算机科学与应用数学系的物理学家、数学家罗伯特·马修斯,如何从100颗最亮的星星中随意选取一对又一对进行分析,计算它们位置之间的角距。他检查了100万对因子,据此求得π值约为3.127 72。此外,在1881年,类似研究的先行者——意大利数学家切萨罗也得到相同的结果。

看来,π的确成了一个"天地英雄"!

既然π成了天地英雄,就会有"李鬼"冒充——一个麦田怪圈。

2008年6月初,在英国维尔特郡的巴伯里城堡附近的麦田里,发现了一个直径为150米的麦田怪圈。英国《每日邮报》在18日最早报道了这个消息。威尔特郡紧邻牛津大学所在的牛津郡,每年4~9月的收获季节,这里都会出现一些神秘的麦田怪圈,奇特的景观每年都会吸引大量的游客,牛津郡因此"沾光"。但是,像这种奇怪的麦田怪圈,不但一般人解不开它的"密码",就连许多专

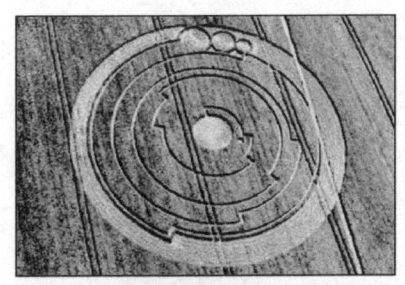

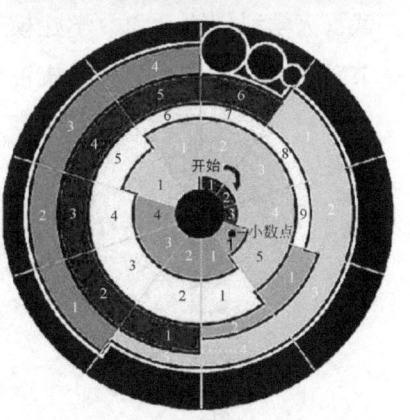

直径150米的麦田怪圈(上)
和它包含的"π密码"(下)

家也感觉奇怪得"令人难以置信"。

不过,最后还是有"高手"——退休的英国天体物理学家迈克·里德解开了它的谜团。他说,从图中黑色中心边缘的"开始"(start)顺时针从里往外读数(包括小数点 decimal point),直到省略(ellipsis)前的 10 个呈放射状扩散排列的色块,每一色块数目和 π 的前 10 位数值 3.141 592 654 相对应!最后一位"4"由四舍五入得到。对此,英国麦田怪圈专家、摄影师露西·普林格勒评论说:"这是一个令人惊讶的发现——一个具有重大影响的事件。"而研究者认为,这个麦田怪圈的创造者应该是专业天文学家和数学家。

9.15 π、"白色情人"和爱公同庆

"哈!哈!哈!"2004 年 3 月 14 日 15 点 9 分,武汉大学工学部体育馆欢声笑语不断……

是什么活动要选在这个不是"整点"的时刻开始?该校数十名学生为什么在这里欢聚一堂?

啊,明白了!314 159——圆周率的"生日"嘛!

武汉大学科幻协会和数学建模协会的大学生把 3 月 14 日定为"圆周率节",选定 15 点 9 分开始庆祝,来展示生活中 π 的魅力。

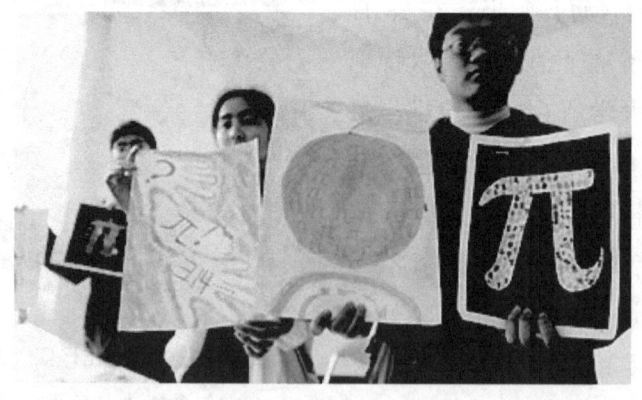

武汉大学的学生庆祝圆周率的节日

第9章 增智能健身心——π的奇趣

大伙儿收集了大量与π有关的图片、音乐、电影等资料,有π型包装的某知名香水,有以"3.141 59……"为乐谱的交响乐,还有π型手表、衣服等……不少学生还创作了以π为内容的绘画作品,大学生王毓乾现场演示了古代数学家刘徽如何利用割圆术计算出π值。

这次活动的组织者陈志文说:"我们打算向有关部门申请,让圆周率节名正言顺,号召全省甚至全国的大中小学生都来关注这个节日,关注身边的数学和科技。"

当然,把3月14日定为"圆周率节",武汉大学的学生还不能获得创新"专利"——莫道君行早,更有早行人。

每年3月14日,是美国旧金山市的"π的节日"。下午1点59分,热闹的人群要围着当地的科学博物馆绕行3.14圈——他们就这样表示3.141 59。同时,人们嘴里还吃着各种各样的饼子,因为饼(Pie)在英语里与π同音。看来,π在这里与人们同欢共乐了。

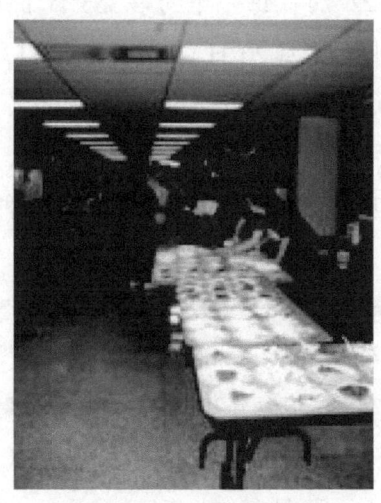 

滑铁卢大学供应免费的馅饼　　　　3月14日:π的节日

加拿大安大略省的西南的滑铁卢大学,也是在每年同样的时刻开始庆祝"圆周率日"。内容之一是,大学在当天供应免费的馅饼。钟情它的还有美国人——2009年,美国众议院正式通过将每年的3月14日定为圆周率日。此外，美国麻省理工学院还要将它"国际化"——首先倡议将3月14日定为国际圆周率日。

在全球各地的一些大学数学系也会在这一天开派对庆祝。

每逢重大节日，"谷歌"都会在主页上的"Google"添加一些与节日有关的元素——曾把国际圆周率日的doodle（意为"涂鸦"）作为"3.14"的首页的Logo（意为"标志"）。

而目前全球公认的最长域名，则用到π的前63位小数：http：//www.14159265358979323846264338327950288419716939937510582097494592.com/

对圆周率日的"终极解释"是1592年3月14日上午6时54分。这个时间以美国式记法是3/14/1592 6:54，对应前10位近似π值3.141 592 654。

不过，世界各地的圆周率日五花八门。例如还有所谓"圆周率近似值日"：7月22日（英国式日期记为22/7）；每一年的第355日下午1时13分（平年是12月21日，闰年则是12月20日），暗指355/113。

当然，在"π节"这一天有不同的庆祝方式。一些"π协会"的人（或"π节"庆祝者）要聚在一起思考π在他们生活中的角色，没有了π的世界会是怎样，"吃"π（包括馅饼），"喝"π（例如一种鸡尾酒），玩π（例如一种彩罐游戏）。

在美国麻省理工学院，每年秋季都要举行一次足球比赛。足球迷们不但要为自己喜爱的球队加油，还要大声呼喊自己最喜爱的数字：3.141 59。这所学院似乎在鼓励"π痴"，所以新生录取通知书尽量安排在3月14日发出，而无法在这一天发通知书时，就有许多人失望。

至于以"圆周率之歌"为名的歌曲，更是多如牛毛。

总之，人们就这样以各种不同的方式来庆祝"π的节日"和"歌颂"π。

日本、韩国、中国台湾等地的"白色情人节"3月14日，还是爱因斯坦的生日（1879年），也是马克思的逝世纪念日。从概率的角度说，以3月14日为生日的名人应大约是名人总数的1/365，但有趣的巧合是，这里提到的两位最有名的犹太人都与"3.14"结缘！此外，奥地利作曲家、"圆舞曲之父"（老）施特劳斯的生日也是这一天，那就让我们和"π迷"们奏响他的《拉德茨基进行曲》，同庆祝"π节"吧！

9.16 π英雄击败"魔鬼机器"

数学为科普作家的写作提供了丰富的思想，诸如第四维、默比乌斯带、超空间、克莱因瓶、π等，都是写作题材。这里提到了两位德国数学家：默比乌斯是著名的默比乌斯带的发明者，费利克斯·克里斯琴·克莱因是著名的克莱因瓶的发明人。

在美国电影《星际旅行》（又译《星际迷航记》）的"下一代"中，有一个"引狼入室"的情节。数学在这个情节中是英雄——π击败了"魔鬼计算机"。当斯波克要这台电子计算机"完整地算出π"的时候，由于π是无限不循环小数，迫使计算机全神贯注地进行永无休止的计算，从而打败了邪恶的魔鬼电脑，为船员们赢得了宝贵的修复飞船的时间。

以π为写作题材并不限于科普作品。在好莱坞新锐、美国"鬼才导演"达伦·阿罗诺夫斯基，在1998年执导的首部名为《π》（又名《盛开的数字：π》）的影片里，就有一位数学天才因为在股市里苦心寻找数字的规律而发疯，结局是给了自己脑袋一电钻。还有一部叫《网路上身》的电影中，也有珊卓·布拉克利用符号π，侵入他人资料库的情节。1966年，英国"悬疑大师"西区柯克制作的影片《突破铁幕》中，一个德意志民主共和国的间谍组织的名字就是"圆周率"。连武侠小说家也爱π，于是有文章"金庸讲π的历史"。

至于以π为主题的书籍，更是不少，如《π的乐趣》、《π的历史》等。此外，还有许多网站也以π为专题，如最著名的网站

www.cecm.sfu.ca/pi。

毋庸置疑，其他的作家也能在他们的创作中更多地运用数学——包括π！

香水散发"π气息"？

当然，商家们也会精明地打出"π牌"。例如，一种男用香水就散发出π"无穷的神秘气息"——广告词是"探索π，探索宇宙！"与此类似的"探索π就像探索宇宙"，则是达维德·丘德诺夫斯基的"名言"。而他的弟弟格雷戈里·丘德诺夫斯基则补充了探索的困难："更像是深海探险。四周一片混浊，什么也看不见。"不过，陈省身向公众普及数学知识而制作的、名为"数学之美"的12张2004年挂历却看得清清楚楚——其中一张是"π"。

9.17 $e^{\pi\sqrt{163}}$ =262 537 412 640 768 744 吗

"三个无理数一台戏"——e，π，$\sqrt{163}$"能够"联合形成一个整数，这似乎太令人惊异了！事实上，印度神奇的数学家拉马努金就首先推测，$e^{\pi\sqrt{163}}$是一个整数——数值为262 537 412 640 768 743.999 999…。由于后面几位都是9，因而可能会是一个整数。

事实果真如此吗？半个世纪过去了，没有人能得出正确答案。

拉马努金

据说，人们在1972年用电子计算机计算，居然得到小数后200万位都是9的结果。但是，如果它要是一个整数，就必须证明9应该"无限循环"。但有学者却得到…743.999 999 999 999 250…的结果（即小数点之后第 13 位就不是 9 了）。

最后，美国亚利桑那大学的数学家约翰·布里洛"证明了"这个数等于 262 537 412 640 768 744。他真的证明了吗？

事实上，这个数并不是一个整数。这个位数很多的近似值只是愚人节——每年 4 月 1 日的一种数学玩笑，刊在 1975 年 4 月出版的《科学美国人》杂志上。它的作者，就是大名鼎鼎的马丁·加德纳。

9.18 圆和球，两张天下最美的脸

9.18.1 杨振宁和"金童玉女"

1. 杨振宁的"圆形轨迹"

2004 年 7 月 17 日，杨振宁在北京大学作报告，给一千多位到场的北大、清华学生说，2003 年 10 月 19 日他的夫人杜致礼"先走一步"之后，年底他就回到了"起点"中国，居住在当初生活过的清华园内。

对于自己的"叶落归根"，杨振宁动情地说，20 世纪的伟大诗人艾略特在他的《四个四重奏》的诗中说，我们从起点走到终点，结果又回到了起点。杨振宁还展示了类似图 9-16 的图形，来形象地加以说明。杨振宁提到的托马斯·斯特恩斯·艾略特，是出生在美国密苏里州路易斯的英国诗人。他在 1944 年写下的《四个四重奏》，是他自己的登峰造极之作。

其实，不单是杨振宁喜欢圆，连意大利诗人但丁也说过："圆是最美的图形。"可以说，人类对圆和球都"情有独钟"。原因很简单，它们是最简单而又最美丽的一对"玉女金童"。

可不是吗？连音乐都要像图 9-17 那样画上圆圈哩！图 9-16 和图 9-17，都原载于 1970 年在纽约出版的《圆的发现》一书，书的作者是美国数学家布鲁诺·穆拉里。

图9-16 作为永恒象征的咬自己尾巴的蛇

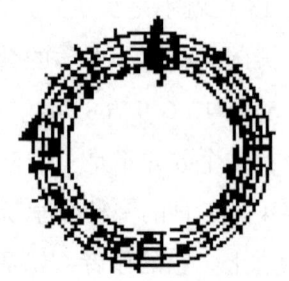
图9-17 表示一个发音物体的无始无终的乐谱

2. "金童玉女"与您相伴

哈特

美国著名学者迈克尔·哈特在《历史上最有影响的100人·序》一书中说:"发明轮子的那个人——假定轮子确实是由一个人发明的话——是一个非常有影响的人物,也许比列入本书的大多数人物还重要得多。"

哈特的话不无道理。在现代社会,轮子的芳踪倩影随处可见,重要性无可替代——例如美国就因为汽车多如牛毛,被称为"轮子上的国家"。

毋庸置疑,大约在公元前六千年由美索不达米亚人做出的世界上第一个轮子——圆木盘轮,就是圆这个"玉女"在第一次"整容"之后的"人造美女"。

"天上圆圆,地上圆圆,姑娘房里圆圆,和尚庙里圆圆。"这是中国江南的一首谜一样的儿歌,说的也是——圆和球。

其实,圆和球这对"玉女金童"的倩影随处可见:从旭日夕阳,到东升玉兔;从露珠雨点,到飞天彩虹;从"一石击破水中天"后的同心圆水波,到许多瓜果的粗略形态;从漂浮在水面上的油滴,到猎枪用的铁质霰弹；从体育比赛的许多球类，到人体的眼球头颅；从浩瀚宇宙中璀璨群星的大致形状，到它们漫长而似圆的椭圆轨道……

当然，"金无足赤，人无完人"，圆和球也是这样。这正如1982年菲尔兹奖得主、美籍华裔数学家丘成桐所说："完美的圆和正方形在自然界中是没有的。"如果您也爱恋圆（或球），可要有这种心理准备啊！

3. "天设地造""金童玉女"

那么，是谁造就了这对"金童玉女"呢？它们又为什么会受到人类的特别宠爱呢？

在图9-18布满肥皂液薄膜的铁丝圈边缘，套有一根细棉线，细棉线的另一端被结成一个小圈浮附在肥皂液薄膜上。当我们用小针刺破上述小圈内的肥皂液薄膜的时候，就会看到，小圈内的肥皂液薄膜消失了，小圈被肥皂液薄膜拉成一个像图9-19那样的圆圈！

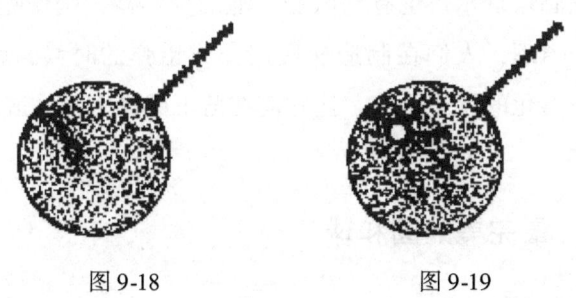

图9-18　　　　　图9-19

物理学家告诉我们，这是表面张力作用的结果。

我们再来把一滴橄榄油滴入浓度适当的酒精溶液中，您会发现它是十分规则的球形！这下不用解释了，也是表面张力作用的结果。

不过，这个"表面张力作用"的解释，并不令人十分满意——为什么表面张力作用的结果不是正方形、正方体或其他图形呢？

这时，瑞士-德国数学家斯泰纳说话了。在周长相等的平面图形中，圆的面积最大；或者说，在面积相等的平面图形中，圆的周长最小。据说，阿基米德也证明过这样的结论。

类似地，在表面积相等的立体图形中，球的体积最大；或者说，在体积相等的立体图形中，球的表面积最小。大自然就是这样神奇地"节约材料"的，生物也是这样的"数学家"，人类也因此对它们宠爱有加。

当然，人类的宠爱还有另一个原因。假设我们的轮子和乒乓球等都不是球形，那会是什么结果呢？

《吹肥皂泡的少年》

但是，这些与表面张力作用造就"金童玉女"有什么关系呢？

原来，表面张力有使液体表面收缩到最小的趋势。既然在面积相等的平面图形中圆的周长最小，在体积相等的立体图形中球的表面积最小，那么"金童玉女"就在"天设地造"中唯一而且必然地应运而生了。

也是这个原因，吹出的肥皂泡总是球形的——连法国画家夏尔丹也有《吹肥皂泡的少年》的画作呢！

根据这个道理，人们在制造铁质霰弹或铅弹的时候，就从高约45米的塔上滴下熔化的铁或铅液，让它们在落下的途中凝结成球形，最后落在冷水池中。

9.18.2 最完美的圆和球

1. 最完美的圆

"圆是空间的主宰，它决定空间的大小和形状，一切事物都听命于它。"约翰·戴维斯在1854年出版的《圆的测量》一书中说，"一提到圆，我们就会想到永恒，因为圆盖满了无限的时空。它是所有界限的原型。是人类开启上帝智慧宝库的钥匙。"这位戴维斯的趣闻，是在这本书中的"语不惊人死不休"："我用数字计算之后，发现这个值是6比19。用19除以6，就得到圆周率3.166…。有人问我，你是如何证明直径和圆周之比是6比19的？我回答说，大家都认为苹果是酸的，所以苹果就是酸的，这就是证明。"真是"乱拳打死老师傅"！

那怎么来体现这位戴维斯赞美有加、"法力无边"的圆呢？中国人有最完美的解答。

2001年,中国成都金沙村遗址。

"啊!好漂亮的图案!"考古人员兴奋不已。就这样,三千年前的"太阳神鸟"(即"四鸟绕日")漩涡纹黄金装饰品重见天日。它表现的太阳与太阳神鸟,是中国古代太阳和太阳神话的珍贵实物记录。在中国远古神话传说中,太阳鸟就是阳鸟和凤凰。

故事还没有完——2005年8月16日,中国国家文物局正式公布,采用四鸟绕日金饰图案作为"中国文化遗产标志"。

在金沙遗址出土的黄金装饰品四鸟绕日　　中国文化遗产标志四鸟绕日

那么,四鸟绕日有什么独特魅力,能击败包括"双凤朝阳"等当时竞争中国文化遗产标志的"各路高手"呢?看一看它"图案简洁的美"和"寓意深邃的韵"就知道了:造型精炼简洁,线条流畅、极富美感,徽识特征好;体现中华民族自强不息、昂扬向上、追求光明的精神风貌;动感十足,完美的圆寓意民族团结、吉祥和谐、包容海纳,围合的圆体现了保护的概念,彰显了保护祖国文化遗产的强烈责任心和神圣使命感。一句话说完:古老的神话向往与现代的简约时尚组合得如此完美,让我们不得不佩服祖先的智慧与灵感,赞叹古人把"天人合一"的哲学思想和丰富的想象力、艺术创造力及精湛工艺结合得如此天衣无缝!

2. 最完美的球

你能想象世界上最圆的球有多圆吗？来自意大利、比利时、日本和美国等国的科学家组成的科研小组给出了答案。他们在 2008 年共同制成的直径为 93.75 毫米的两个硅球，用激光光学干扰仪从球体表面上随机选择 6 万个点测量，半径误差仅 0.3 纳米，弯曲率仅 60~70 纳米！这项工程共耗资 320 万美元，耗时 5 年，甚至使用了前苏联制造核武器的离心机来提取纯度高达 99.99% 的硅–28，作为每个质量为 1 千克的硅球的材料，最终在澳大利亚打磨完工。

科学家打磨最完美的球——硅球

科学家们这样"不惜血本"的原因之一是，这对硅球有可能成为"地球质量 1 千克"的全球新标准。铂铱合金制成的"标准国际千克原器"，不是从 1889 年第一届国际计量大会以来就完好无损地存放在巴黎塞夫尔一个城堡中的三层锁保险箱中 120 年了么，怎么又要搞"硅千克原器"呢？

原来，国际质量和测量局的物理学家理查德·戴维斯说，与众多复制品的平均质量相比，这个"标准国际千克原器"，轻了 50 微克，给从事科研和数据统计等精密工作的人带来不少麻烦。于是，负责制定单位和度量标准的计量学家们，就提出了多个重新定义千克标准的建议。其中一个建议由名为阿伏伽德罗项目的国际小组提出：通过数量明确的硅原子来精确定义千克标准。2011 年，国际计量委员会将对这个问题作出最终裁决。这里提到的阿伏伽德罗是意大利化学家，以提出"阿伏伽德罗常数"而名灼古今科技界。

9.19 随车移动的 π

2008 年底，有人在北京海淀的一个小区拍摄到一辆"马自达"的

第9章 增智能健身心——π的奇趣

汽车尾部，在大大的"3"后面，装饰了一串用不锈钢打造的一组数字 3.141 592 653 589 793 238 462 643 3——π的前 26 位数。

对这个能"随车移动的 π"可以看出，车主爱车的独具一格和文化品位，不得不让人佩服。他巧妙地利用车尾序列号经过装饰，不但把折射中国也是世界灿烂文化和成果的圆周率，浑然天成地融汇在繁华的车水马龙之中，而且颇有在扰攘的红尘之中"出淤泥而不染，濯清莲而不妖"的寓意。在让人会心地莞尔一笑之余，更感受到先贤们创造出的灿烂文化那种恒久而炫目的光辉！

π 的前 26 位数

不过，这位开"马自达"的"老兄"也不要得意自己的"首创"。因为一位"π 迷"——美国数学家达维德·哈罗德·贝利，早就在玩"π 车牌"了。

达维德·哈罗德·贝利的"π 车牌"

9.20 假鼻子有了"兄弟版"

第谷·布拉赫

距今 400 多年以前，一位天文学家也在计算 π 值，最终在 1580 年得到 $π ≈ 88 ÷ \sqrt{785} ≈ 3.14085$——这也不错，相对误差仅约 0.024%。他就是丹麦哥本哈根的数学家第谷·布拉赫。

因 26 岁时在仙后座中发现了著名的"第谷新星"等成就，第谷被誉为"近代天文学始祖"。大名鼎鼎的"天空立法者"开普勒，曾当过第谷的助手。

不过，成就卓著的第谷在年轻时有个傲慢自大的缺点。他 20 岁就读于德国罗斯托克大学时，曾在酒后和同学帕斯贝格争论一个数学问题。两个醉醺醺的年轻人决定在黑暗中用决斗"解决争论"，结果第谷被对方不小心一剑削去了鼻子。此后，他只好自己"美容"——用随身携带的黏合剂，随时将一个金子（一说金银合金）做的假鼻子粘上，于是有了"金鼻子"的绰号……

第谷去世 300 年后的 1901 年，他的尸体被考古学家挖掘出来。虽然尸体已腐，但"金鼻子"完好无损，只是因氧化已变成绿色。所以有历史学家怀疑，他的假鼻子并非金银制成，而是铜；也有人认为是盗墓者把"金鼻子"换成了"铜鼻子"。

进入 21 世纪，第谷的假鼻子有了"兄弟版"——世界首例"人造下巴"。英国退休商人巴利·吉尔斯因患下颌癌而切除下巴，严重影响咀嚼。2006 年 6 月，由伦敦医学院口腔和上颌面科教授伊阿因·胡奇逊领衔主刀，把钛金属片插入吉尔斯下颌缺损处当"支架"，利用移植来的骨骼、肌肉和皮肤，塑造出一个假下巴，牙医达伍德还在他的口腔下面镶入一排假牙。

第 10 章　难理解却易明白
——研究 π 的价值何在

> 这里必须杜绝一切疑虑，任何犹豫都无济于事。
> ——马克思把但丁写在地狱门口
> 　的诗句移到科学的入口处

不少科学家认为，目前对 π 的研究已经完结，对 π 的位数越来越多的计算已毫无价值，"这种计算纯粹是一种数学游戏"，是一种"比赛"，和"为了人类的虚荣心"，也是"出于好奇"。并认为"在实际生活中用 8 位以上的 π 值，事实上是没有用途的"。

例如，法国著名天文学家、物理学家阿拉戈说："从精确度的意义上说，即使圆周长和直径之间存在一个完全精确数字表示的比值，我们也不可能由此得到更好的什么用途。"又如，美国著名天文学家西蒙·纽康就认为："以 30 位小数 π 值来计算已知宇宙周长引起的误差，已微小到用最好的显微镜也分辨不出来了。"再如，俄国－苏联著名数学教育家、科普作家别莱利曼也在他的《趣味几何学》一书中认为："长长的一排表示 π 近似值的数字，实际无论在实用或理论上都毫无价值。"

持以上观点的人，大多从实际测量出发，认为"计算的精确度并不能因 π 值位数的增加而增加，它不能超过量度的精确度"。以当今能观测到的不到 200 亿光年——约 10^{24} 千米的宇宙为例，如果取 35 位小数 π 值计算，就可以算得周长已精确到小于 10^{-4} 毫米数量级！

然而，美国科普作家萨根写的《接触未来》一书中的女主角艾伊莉，却执著地寻找着躲藏在 π 背后小数点的数学意义。这又是为什么呢？

原来，人们计算越来越多位数等的目的并不只在于实际精度的需要，而在于它对下述各节中重要而广泛的研究，有十分重大的意义。正因为如此，研究 π 才成为古今中外许多人长盛不衰的课题，也是许多人的兴趣所在。例如，日本学者柴田昭彦从 1979 年 10 月开始，就与一些算 π 的"世界纪录保持者"进行书面通信，了解到许多第一手资料，并把它们写成受到各方面重视的综述性文章。

"源头茫昧虽难觅，活水奔流喜不休。"采自《数·科学的语言》一书的法国数学家、物理学家庞加莱的这段话，是 π 研究者们心态的真实写照。这本书的作者是美国数学家、线性规划的奠基人乔治·贝纳德·丹齐克——他的父亲在法国留学时的老师就是庞加莱。

10.1 对数系理论作贡献

数系经三次扩充，到 18 世纪，已形成自然数、整数、有理数、实数、复数五大数系，但数系的严格理论还没有建立。到了 19 世纪，不但对五大数系的逻辑结构、性质、定义作了深入的研究，建立起严格的理论，还发现了诸如各种超复数、向量、矩阵、超穷数等。而在得到的这些成果中，超越数 π "功不可没"。

π 和 7.3 节提到的刘维尔数 t 这两个超越数有如下区别：①π 的各数字排列没有规律，而 t 的数字排列有规律；②无法仅凭某一"公式"而不经计算写出任意多位 π 值，但却可以根据刘维尔的"公式"写出任意多位 t 值。于是我们不无理由地猜想，超越数也可以进行再分类。例如，博雷尔就认为有正规数和非正规数之分，等等。

可见对数系理论的研究促进了对 π 更深入的认识；而对 π 更深入的认识，又扩充、发展了数系理论。

10.2 其他数学成就应运而生

由于对 π 的研究，促成了其他众多数学成就的产生。以下仅能作

第10章 难理解却易明白——研究 π 的价值何在

挂一漏万的举例。

(1) 古希腊数学家欧多克索斯发展了同胞安提丰用边数不断增加的圆内接正多边形逼近圆周,古希腊数学家布里森的"内外夹"思想,创立了"穷竭法",丰富了"逐次逼近法"的内容,体现出"化曲为直"和"以直求曲"的积分早期雏形。

(2) 在算 π 的过程中,对各种无穷表达式的研究促进相应理论的发展。例如无穷乘积式、连分数理论、最佳逼近理论等。

(3) 在蒲丰用几何法求 π 的过程中,概率论、概率统计等也得到了丰富和发展。受蒲丰思想的启示,人们还创立了"蒙特卡罗方法"。

(4) 丰富和发展了超越数的理论。

(5) 充实了数学美的内容,反映了人们对完美境界的追求。

"神话富有诗意,但却胜过诗,因为它表达了真理;"在一本关于埃及和美索不达米亚文明之觉醒的书中说,"神话具有理性,但却超越理性。"

"数学富有诗意,但却胜过诗,因为它表达了真理;"在塞路蒙·波克纳的《数学在科学起源中的作用》中,把上述"神话世界"的"诗、理论"移植到"数学王国"说,"数学具有理性,但却超越理性。"其实,我们已经登临过这种"胜过诗,超越理性"的胜景:在沃利斯神奇的 $\dfrac{\pi}{2}=\dfrac{2\times2\times4\times4\times6\times6\times\cdots}{1\times1\times3\times3\times5\times5\times\cdots}$ 中,在莱布尼茨和谐的 $\dfrac{\pi}{4}=1-\dfrac{1}{3}+\dfrac{1}{5}-\dfrac{1}{7}+\dfrac{1}{9}-\cdots$ 中,在刘徽充

伯特兰·阿瑟·威廉·罗素

满智慧闪光的割圆术中……波克纳的这个观点,和英国数学家伯特兰·阿瑟·威廉·罗素的看法惊人地相似:"数学,如果正确地看待它,不但拥有真理,而且具有至高无上的美。"而对 π 的研究,无疑会为数学美的乐园垒砖加瓦和增光添彩。

世界上本来不存在绝对完美的境界,但这并不妨碍人们矢志不渝地

去追求那水月镜花般的"绝对完美"！在这条"蠢并快乐着"的道路上，研究 π 无疑是一项重要的数学活动。这也印证了出生在德国的美国数学家理查德·柯朗的话："数学……反映了人们……对完美境界的追求。"

(6) 有助于解决数的正规性问题。长期以来，人们猜想 π, e, $\sqrt{2}$, $\sqrt{10}$ 和许多其他数学常数的小数展开数字中，任何一个数字的极限频率都是 1/10。如果真是这样，那么这些数都是正规数。要解决这个问题，研究 π 的高精度值就是一个重要途径——至今没有发现 π 的任何不正规性。沿着这个思路，计算 π 的数字的新公式和模式，就有可能会揭示出解决正规性问题的新方法。

(7) 对 π "计算的方法和思路可以引发新的概念和思想。"美国女数学教师、著名科普作家西奥妮·帕帕斯在《数学趣闻集锦》一书中这样说。

研究 π 对于其他数学成就的意义，自 1995 年起曾在美国新泽西 AT&T 贝尔实验室担任技术顾问的拉加里亚斯说："新的研究进展促使 π 触及更宽广的数学问题，并与之前无法联想一起的领域产生关联。"达维德·哈罗德·贝利也同意这种观点："我不知道 π 与混沌理论、数论还有哪些关联——它一方面属于计算器理论，另一方面是纯粹数学领域的研究。"当 π 所含的谜团全部解开后，或许还能运用在密码学上。如果 π 具有随机性质，就可以用于加密，形成难以破解的信息安全防护措施。方法是将信息转换成 0 与 1，任意选择圆周率中的一段小数，将其安置在所传递的信息数列结尾或起始点，仅有知道起始用来加密的小数，才能解密。

总之，许多新公式、新概念、新思想和新应用，在研究 π 的征途中化茧成蝶……

10.3 计算机进展的指标和实用前的特殊试验手段

当今电子计算机的算速越来越快，容量越来越大，软硬件越来越先

第 10 章 难理解却易明白——研究 π 的价值何在

进。这就给人们提出了新课题：如何对这种进展进行检验？

显然，除了理论研究外，最好的方法是用于"实战"。例如，让它与最好的棋手下棋便是一种方法。1996 年和 1997 年，IBM 公司的"深蓝"两度与苏联 – 俄罗斯国际象棋大师卡斯帕洛夫对弈国际象棋，就是早期的名例。

另一种方法就是将它用于计算位数越来越多的 π 值的实战。可以设想，从对 π 进行数值计算这一角度来衡量，在其他条件完全相同时，如果甲机比乙机能算出更多位数的 π 值，无疑甲比乙更先进。

事实上，能否准确算出位数越来越多的 π 值，已成了许多专家用来检验计算机可靠性、精确性、运算速度、计算机容量、字长的限制的有力方法、手段和衡量计算进展的指标。

"挑战圆周率计算纪录对于检验计算机的性能和改进计算方法十分有益。"屡创算 π 世界纪录的日本数学家金田康正说："π 和珠穆朗玛峰一样都是客观存在，我想精确测算出其数值，因为我无法回避它的存在。"而在 2009 年 4 月创当时算 π 纪录的日本数学家之一的高桥大介也说，超级计算机系统中"只要有一台出故障，就不可能完成整个运算过程"。

计算多位 π 值有益于计算机理论的发展。因为一种大规模的计算机服务的程序设计会导致大得多的程序设计能力，这对计算机科学显然价值连城。

每台新电子计算机软硬件在投入正式、经常的使用前，必须进行适当的函数试验，以检验其运算速度、可靠性、精确性、容量、字长等参数是否达到设计指标。其中最常用的试验手段就是让它计算出多位 π 值。方法是，让编码员和程序设计员在新机上多次练习，计算多位 π 值。如果该机多次计算都能准确符合已知多位 π 值，那么说明该机准确可靠，否则不准确、不可靠。并由此得出各种参数的实际值。具体做法是，将一个程序用于一台已能正常工作的计算机，如果它能成功地进行多位 π 值的准确计算，那么说明这一程序能使它正常工作。这时再将这个已经核对无误的程序用于待试机，如果后者也能多次准确无误地计算并达到设计的各项指标，那么，它就可以投入正常、经常的使用。如果相反，计算出的 π 值有错，那么就说明计算机软硬件中有故障。

另一种方法是，用两种不同的公式分别算 π，如果两次结果数字不符，就说明计算机软件或硬件有问题。

一个实例是，1986 年，一个 π 值的计算程序，就检验出一批"克雷-2"型电子计算机中的一台，有某些模糊的硬件问题。

另一个实例是，当英特尔公司推出奔腾 CPU 时，就曾通过运行 π 的计算而找到的一个设计上的小问题。

还有一个实例是，在 1995 年 6 月下旬，日本东京大学的计算机专家们制作了一款"Super π"软件（图 10-1）。它可以用来算 π，但它更适合于用来测试 CPU 的稳定性和测试 CPU 运算所需时间。即使你的计算机系统运行了一天的 Word 和 Photoshop 都没有问题，而运行"Super π"却不一定能通得过。它的使用方法是，选择你要计算的位数———一般选 104 万位，再点击"开始"就可以了，运算一次所花费的时间越短越好。后来，它已经成为世界公认的考察计算机处理器浮点运算能力和计算机稳定性性能的标准之一。

图 10-1

对于 π 与电脑的这种关系，难怪美国应用数学家菲利普·戴维斯不无感慨地在《大数数学》一书中说："奥妙无比的圆周率，如今已沦为电脑的热身工具。"而出生在加拿大的美国著名数学和物理学科普作家、美国《科学新闻》周刊科学记者伊凡斯·彼德森，则在他于 1990 年出版的《真理群岛》一书中说："对电脑而言，最大的挑战就是计算

第 10 章 难理解却易明白——研究 π 的价值何在

圆周率——它就像电脑的心电图。"

10.4 认识"计算机影响数学"更加深刻

数学理论和方法的进展促进了电子计算机的诞生和变革，计算机的诞生和发展也促进了数学的进展。下面谈这种相互促进关系中有关 π 的三个方面。

（1）计算机的发明和改进促进了数学问题的解决，有时甚至使人工计算不可能解决的问题变成可能。用计算机算出 10 万位 π 值，人们从中看出了各个数字在 π 值中出现的频率，这有助于对 π，e，$\sqrt{2}$，这些"大腕"是不是正规数的研究，从而促进这类问题的最后解决。而这 10 万位则是人工在短期内无法完成的。

金田康正等只用超级电脑的一半能力和约 600 个小时，就求出了约 12 411 亿位 π 的小数值，这是 17 亿位数学家耗费毕生精力进行手算的计算量。如果一个人计算则大约要 250 亿年。也就是说，如果采用最新的理论和计算机，对以前光凭人工无法求出答案的"疑问"，将有可能得到"答案"。因此，如今计算机已经成为各个领域不可或缺的强大工具。因此，金田康正说："挑战圆周率计算纪录对于检验计算机的性能和改进计算方法十分有益。"

事实上，不但 π 的研究要靠计算机，其他数学研究也是如此。例如，著名的"四色定理"就是在 1976 年用计算机完成了人工没有完成的证明。

（2）数学新成果的诞生，又促进了计算机的诞生和发展。1873 年，威廉·山克斯算出 708 位 π 值，由于没有计算机，所以直到 1946 年才发现有误。人工计算难以再打破 1949 年的 1 121 位纪录，迫使数学家们用计算机算 π。最后，一系列位数不断增多的 π 值又促使计算机必须改进和发展，以求得更多位数的 π 值。2010 年 9 月 π 值已达 2 000 万亿位，如要再破纪录，就必须改进计算机的各种参数。

(3) 计算 π 值的挑战刺激先进计算技术的研究和诞生，而这些先进计算技术又产生广泛的用途。例如，有效地计算线性卷积和 FFT 就起源于为加速 π 值计算的努力之中，而这些技术在科学和工程领域有着广泛的应用。

10.5 培养记忆力的一种良方

10.5.1 π 迷们的背 π 之路

1. 日新月异的纪录

记忆越来越多位数的 π 值，历来是培养、测试记忆力的一种良方——"国际上将背 π 作为检测和训练人的记忆广度、速度的最好方法之一。"

记忆方法之一是"机械记忆"，而"π 的数值被公认为是检验机械记忆最好的标准"。最早机械记忆多位 π 值的人已无从考查，但从马青在 1706 年将 π 算到 101 位可以推知，他或他之后的某位"π 迷"可能是最早记忆 100 位以上 π 值的人。

中国第一位背得小数点后 100 位 π 值的，可能是茅以升。他是在 19 岁上大学二年级时背得的，80 岁时还能背 100 多位。华罗庚也能背 100 位以上的 π 值。"皮肤白净，气质沉稳"的少年朱镕基，中学时代也能背 100 位圆周率。

……

当然，他们和下面的"世界级背 π 大师"相比，就不值一提了。

1958 年，一位 17 岁加拿大学生在蒙特利尔用了 3 小时，背出 8 750 位 π 值。1981 年 7 月 5 日，21 岁的印度小伙子马哈德万在曼加罗尔会议厅用时 219 分（一说 229 分）无差错地背出了 31 811 位。1995 年 2 月，23 岁的日本青年学生敬之后藤（又译后藤裕之）用了 9 小时多，背出了 42 195 位。

第10章 难理解却易明白——研究 π 的价值何在

进入21世纪破世界纪录的,有中国西北农林科技大学应用化学专业"大四"的学生吕超。经过24小时04分的艰苦鏖战,他从2005年11月19日下午到第二天14时56分,不间断无差错背 π 到小数点后67 890位。接下来,日本东京千叶县精神咨商师原口证(另译原口秋良)于2006年10月3日上午9时~4日1时28分,用去约16小时半(其间有间断)把 π 背到小数点后10万位。

据2009年6月的报道,乌克兰神经外科医生安德烈·斯柳萨楚克博士将 π 背诵到小数点后3 000万位,成为新的世界纪录。不过,笔者对此表示极大的怀疑:假设1秒钟背3位,1天24小时不间断能背259 200位,也要背近116天!

当然,也有用默写来表现"背功"的。2007年5月18日,河北荆州市沙市区的汤英在7小时14分52秒内正确默写出了小数点后20 088位 π 值,用来迎接2008年8月的北京奥运会。

2. 背 π 感悟

背诵多位 π 值,各有高招。例如,曾在爱丁堡大学任教授的新西兰数学家艾特坎曾一口气背出1 001位 π 值。马丁·加德纳在他的《追根究底》一书中说:"艾特坎不相信任何记忆技巧。他说,'记忆力就像一池清水,联想技巧只会把池水搅浑。'他背诵圆周率的方法,是将50个小数分为一组,再将这组数字分成10组5个数字,'再用一套独特的韵律朗诵。如果不经过这一番简化,再怎么背诵也徒劳无功。'"当然,这位艾特坎有这种方法和"独特的韵律",也许还和他是一位出色的作家、业余音乐家和运动员有关。

而加拿大"圆周率爱好者"伊凡斯·彼德森在描述加拿大数学家西蒙·普劳夫背诵圆周率时说:"他就像一个在沉思冥想的高僧。为了记忆这些数字,常常把自己关在房里——没有光线、噪声、咖啡和香烟。他说,'简直和苦行僧一样'。他默念着这些数字,让它们慢慢渗入脑海。"约1975年,西蒙·普劳夫能背诵4 396位 π 值,但只说记得4 096位。他少说300位的原因是喜欢4 096这个数——$4\ 096 = 2^{12}$。

显然，背诵多位 π 值并非易事。这正如巴斯曼所说："圆周率并不是一串随机数字。圆周率是一场旅行，一个经历。除非你能找出它浑然天成的节奏，否则背诵它就难了。"

10.5.2 质疑声之后的质疑

不过，对于背 π，一些人不以为然或者颇有微词。例如，巴斯曼就认为："背诵圆周率可能会导致一些危险的后果，甚至会造成难以愈合的精神伤害。头脑很清楚的人背诵圆周率毫无好处；它一发现你在做这种无聊事，就会展开猛烈的报复。如果你出现了一些症状，就快点停止吧。"而中国国内的异议之一是当年刘贝贝背 π。

1997 年 3 月 3 日，南京油泵嘴厂幼儿园的 5 岁女孩刘贝贝，用 390 秒钟背出了 1 400 位 π 值，当时许多媒体进行了报道。对刘贝贝背 π，1997 年 7 月 23 日，某报一篇题为"救救大人！"的文章质疑说："平心而论，除了说明记性好之外，又有何益何用！……我们的家长、老师和教育部门，都太注重死记硬背了，结果便出现了种种'高分低能'现象，读书成绩呱呱叫，走出校门却少有作为；只会拘泥于前人现成的知识，却缺少自己的发明与创新。"

对于这类背诵，某国家级大报 1998 年 2 月 6 日一篇题为《信息时代需要怎样的人才》的文章也认为："（会）占据大脑有限的空间以及学生们有限的时间……人的记忆能力是有限的……像背圆周率小数点后一百多位，也就是咱们中国人才会津津乐道于此毫无实际意义的记忆功夫……注重记忆、背诵是中国教育的传统，死记硬背则是中国人学习的最基本的方法……到了计算机飞速发展的今天，这种教育只能是一种无用功。"

对这类观点，限于篇幅，本书不作全面评述。仅就一些问题作简单的抛砖之议。

（1）"占用大脑有限空间"说和"占用有限时间"的说法不成立。虽然一个人的大脑中记忆单元——由有限的 140 多亿个脑细胞组成，然

第 10 章 难理解却易明白——研究 π 的价值何在

而可储存的信息、知识量却相当于美国国会图书馆 1 000 多万册藏书的 50 倍！而平均每人用到的脑的潜能，还不到 1/10！在《大脑与思维》杂志上发表文章的科学家认为，电脑的最大记忆容量是 10^{12} 个字节，比起人脑的最大记忆容量 $10^{8\,432}$ 个字节简直不值一提！曾荣获奥斯卡金像奖的美国电影《雨人》中"雨人"的原型——吉姆·皮克的记忆力就是一个典型例证。这位美国犹他州盐湖城的"智障天才"，精通从历史到文学的 15 门学科，能一字不漏地背诵 12 000 本书的内容。

皮克

因此，任何人都只开发出了其中的极少部分。而绝大部分"空间"仍然是空间，决不会出现"装不下"的问题。为了学习、记忆知识等花的时间是值得的，因为可以在明天获得十倍、百倍的回报。

（2）"机械记忆"、"死记硬背"与"高分低能"并没有必然联系或因果关系。能"死记硬背"100 位 π 值的茅以升、华罗庚、朱镕基并没因此而"低能"；"凭直觉"就能背出 π，e，$\sqrt{2}$ 的许多位的拉马努金并非"少有作为"。不止是中国文学家茅盾能"死记硬背"整本《红楼梦》。著名哲学史家、中国社会科学院研究员庞朴要求他的学生必须背诵 30 部篇以上有用的书或文章，他当年读私塾时就"背了好多书"而受益终生。欧拉能背诵前 100 个素数的前 6 次幂，所以能在双目失明后继续进行卓有成效的研究。

（3）背 π 并非"毫无意义"。许多要孩子背 π 的家长，并不是以孩子背多少位π值为最终目的，而是作为启发孩子记忆的脑力保健操或熔炼如钢意志的高温炉。笔者并不主张强行让青少年们都去背π而创造"吉尼斯"；但是，如果有一个青少年自愿且迷上背π，要去创造世界纪录，笔者一定为他击掌叫好！巴西"球王"贝利少年时用破布塞在袜子里当足球踢。在上述"背圆周率毫无意义"论者看来，肯定更加"毫无意义"，殊不知"冠军从这里起飞"。"书痴者文必工，艺痴者技必良"（《聊斋志异》作者蒲松龄），就是这个道理。

以下周婷婷的成功，就是这个道理的一个典型例证。

2001年11月时21岁的聋女周婷婷，从1988年6月起开始背π。起头的100位很快就背下来了，但背到400位时实在太枯燥了。她的父亲周弘巧妙地引导女儿，把每个数字与对应的字母相联系，再编出一个故事讲给婷婷听。父女使出了浑身的解数，想尽一切办法，终于，8天后婷婷成为世界上第一个能够背出π小数点后1 000位的"神童"，被载入吉尼斯世界纪录。周婷婷3岁半时才开口说话，11岁被评为全国十佳少年，16岁进入辽宁师范大学教育系特殊教育专业学习，成为中国第一位聋人少年大学生，17岁被评为全国最年轻的自强模范，到世界上最好的聋人大学——美国盖特劳大学读书。

……

这些成功者的经验之一是，注重让孩子通过感官来感知世界，并教育他们勤观察、善思考，按关键期与潜能开发的要点对孩子进行记忆、语言和数学发展基础训练，在"学中玩、玩中学"的过程中培养和增强记忆力。当然，凡事得讲因人而异。例如，假设孩子们不喜欢背π，觉得这种训练很枯燥，就容易对数字产生反感和恐惧，也可能转化为强迫记忆，使大脑对数字产生抑制，甚至会伤害大脑功能。

让孩子背π并非"毫无意义"的又一理由是，利于开发孩子在"敏感期"的记忆力并受益终生——如果在早期教育阶段错过了这种开发，将永远无法弥补而抱憾终生。"正是这种敏感期，使儿童用一种特有的强烈程度去接触外部世界。"意大利幼儿教育家、"蒙特梭利教育法"的创始人蒙特梭利说,"在这时期,他们对每一样事情都容易学会,对一切充满活力和激情。"她的观点,是"流行"至今的早期教育的依据之一。

(4) 聪明超群与记忆力密切相关。1901~1973年诺贝尔奖得主为411人,其中犹太人多达65位,占16%。美国耶鲁大学和瑞典哥特布瑞格大学的脑科学家,经过多年研究揭开了这些

蒙特梭利

犹太人聪明超群的谜底:与惊人的记忆力密切相关。美国记忆学专家斯坦娜在《脑力倍增法》一书中也认为,提高记忆是提高学习成绩的关键。

可见,现代人不能完全抛弃大脑记忆甚至其中的死记硬背,背圆周率并非毫无意义。

(5) 最后,背诵圆周率还是一些人的乐趣。美国电脑书籍作家达维德·布拉特纳就说:"背诵圆周率的唯一好处,大概就是能在鸡尾酒会上露一手绝活。但这有什么不对?有人问亚历山大·伏洛克,为什么要浪费这么多时间和精力去背诵圆周率?伏洛克回答:'当然啰,没有人需要用到167位圆周率。大多数人都认为背诵圆周率是件无聊事;但这也没有关系。谁说数学一定要有用?难道英语就只能用来订比萨饼吗?'"而美国学者格雷戈里·平尼则在《明尼亚波利斯-圣保罗影视新闻论坛报》上撰文说:"对喜欢炫耀记忆力的人来说,圆周率是最理想的记忆对象,因为它的数字排列完全没有规律。"

10.6 检验公式优劣的特殊手段

如果由一台电子计算机在相同条件下,先后用两个不同的公式算 π 到同样多的位数,假设前一公式用时少,后一公式用时多,那么我们说在这种条件下前一公式比后一公式算 π 更优。可见,计算 π 值可作检

验公式优劣的特殊手段。

算 π 的历史上不止一次出现过以上场面。雷恩奇和丹尼尔·山克斯，用同一台 IBM-7090 型机，先用斯托默公式把 π 算到小数点后 100 265 位，用了 523 分钟；然后用高斯公式算到相同位数，仅用时 481 分。由此看出，在这种条件下，高斯公式更好。

1991 年底，广东嘉士利饼业公司工程师李文军和广州万通电脑公司梁建平合作，在 IBM-PC 型微机上，用高斯的 $\frac{\pi}{4} = 3\arctan\frac{1}{4} + \arctan\frac{1}{20} + \arctan\frac{1}{1985}$ 算出前 20 位 π 值，用时 2 923 毫秒；而由同一微机用李文军的 $\frac{\pi}{4} = 4\arctan\frac{1}{5} - \arctan\frac{1}{240} - \arctan\frac{1}{57\,361}$ 算到相同位数，仅用时 2 905 毫秒。这说明李文军公式在该条件算 20 位 π 值时，比这个高斯公式优越。

10.7 数学需要时刻严密吗

数学，一直被人们视为最严密的科学。果真如此吗？

公元前 6 世纪，数学之父、古希腊哲学家泰勒斯发明了几何演绎法，使数学"从实验室走向书斋"，成为"严密"的科学。"第一次数学危机"得到解决后，人们不完全相信经验的可靠性了。但在克服"第二次数学危机"之后，人们又看到数学成为严密科学的希望。然而，至今还没有完全消除的"第三次数学危机"，使数学家们认识到任何所谓严密的形式体系，都不是天衣无缝的——数学至今仍然是一门"漏洞百出"的科学。

实际情况就是这样。当人们陶醉、推崇数学那"完美"推理的同时，却发现会引起谬误。中国古书《庄子·天下》篇说，哲学家惠施提出"一尺之棰，日取其半，万世不竭"，被誉为"原始的极限思想"。但经过简单计算就可以知道，一尺之棰只需经过两个月的"日取其

第 10 章 难理解却易明白——研究 π 的价值何在

半",便已达到 10^{-19} 米数量级——小于当今物理实验可达到的最小尺度 10^{-18} 米,而无法再"日取其半"了。这里,我们看到了因为追求纯数学"严密"推理而带来的失误。

古希腊哲学家柏拉图说:"数学是现实的核心。"任何脱离现实而企图"严密"的科学都将导致失误,在这个意义上,任何学科的"严密"都是相对的。对此,爱因斯坦说:"凡是涉及现实的数学定律都是不确定的;反之,不涉及现实的数学定律是确定的。"所以,理论和实际必须紧密结合——正如俄国数学家切比雪夫风趣的比喻:"使数学脱离科学的实际需要,就好比把母牛关起来,不让它接触公牛,其结果是使它不出成果。"而对于"方圆"这个具体问题,丘成桐则说:"完美的圆和正方形在自然界中是没有的。"

用 3.14 代替 π 求圆面积时,实际得到的已不是精确值了。但这无关紧要,只要在允许误差之内。事实上,准确值我们永远都不可能知道——任何实测都是近似值。

德国的红衣主教、数学家德·库萨把圆分成许多顶点在圆心、底边在圆周上的小"等腰三角形"(图 10-2),并将底边与圆心之间的"中心距"与周长相乘,那么这个乘积的一半就是圆面积。这一方法显然是"不准确的"——小扇形不是小三角形。但这一"不精确"的方法却得到正确的结果。这种方法形象直观,于是在当今小学数学课本中占有一席之地。约公元前 10 世纪的印度著名数学家戈涅西也用过上述"不精确"方法得出圆面积。

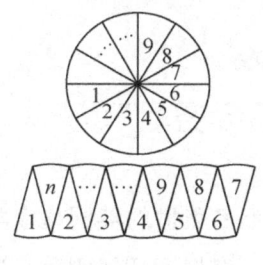

图 10-2

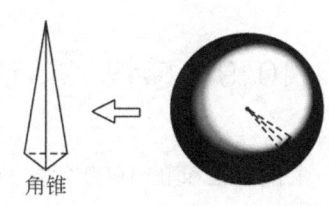

图 10-3 开普勒把球化为多个角锥

无独有偶，开普勒在他 1615 年的《测量酒桶体积的新方法》中，对圆和球也用这种方法处理（图 10-3）。在这里，我们再次看到数学方法的魅力以及"严密"与"不严密"之间奇妙的区别与联系。当我们在佩服数学家明察秋毫，把"＝"和"≈"区别得如此清楚之时，却"目中无符（号）"地随时将其混用——特别在应用学科中。

10.8 衡量一个国家的数学水平

π 的研究成果，在一定程度上反映出一个民族的数学水平，有人甚至认为它是标志科学发展的里程碑。例如，《数学史讲义》一书就指出："历史上一个国家所算得的圆周率的准确程度，可以作为衡量这个国家当时数学发展的水平的指标。"这部 4 卷本的书，记叙了从远古到 1799 年全部数学史，在 1880～1908 年间出版，前 3 卷为德国数学史家莫里茨·本尼迪克特·康托尔编写，第 4 卷由他任主编、集体编写。

史实雄辩地说明了这一点。算 π 巨人阿基米德时代，正是古希腊数学和科学的鼎盛时期。刘徽和祖冲之生活的 3 至 5 世纪，也正是中国数学和许多方面在世界领先的时代。15 世纪阿尔·卡西的 17 位 π 值，得益于他新造的计算月食和行星位置的计算器具，也是中世纪阿拉伯地区在世界科技、数学发展史上占有很重要地位的标志。从 1579 年法国数学家韦达首先给出 π 的解析式以后的几个世纪，是欧美数学和科技处于世界领先水平的时期。1949 年电子计算机算 π 标志着美国科技的领先地位和数学的较高水平。

10.9 感悟"认识自然不会穷尽"

在上一个世纪之交的 1900 年 4 月 27 日，英名盖世的英国皇家学会会长开尔文欣喜地宣告：物理学大厦已经建成。谁想到话音刚落，这座"大厦"就被量子论和相对论两大风暴摧毁得瓦砾遍地。同年，法国科

第 10 章 难理解却易明白——研究 π 的价值何在

学家庞加莱声称的"数学绝对的严格性已经达到"的结论,也被"第三次数学危机",特别是奥地利数理逻辑学家哥德尔的不完备性定理把"严格性"的基础彻底摧毁,使数学界目瞪口呆。无独有偶,在最近这个世纪之交,不少人认为基础科学已经达到"顶峰",以至引出杨振宁于 1999 年 6 月 2 日在北京师范大学对这种"顶峰"论的异议。无数事实表明,对自然界的认识不会穷尽——人类不必为自己的各种得意之作沾沾自喜。

哥德尔　　　　　　　佩鲁茨

人类对 π 性质的认识,虽然经历了整数、无理数、超越数的认识过程,但最终的认识尚未完成,也不知道什么时候能完成。这也和认识大自然的任何事物一样。用曾在英国剑桥大学工作的奥地利生化学家佩鲁茨的话说是:"科学是不能计划的。"佩鲁茨是大名鼎鼎的 DNA 双螺旋结构的发现者之一、1962 年诺贝尔医学或生理学奖得主、英国生化学家克里克的老师——同年诺贝尔化学奖得主。

在 π 的若干历史关头,人们普遍相信它的本质上有意义的每件事都被发现了,特别是不存在关于 π 的根本性的新公式。在 1971 年出版的贝克曼的《π 的历史》最后一章第 172 页,使人联想起这种情绪。然而才过了 5 年,"沙 - 波法"就被发现,这是令人"啼笑皆非的"。而进入 21 世纪以来,研究 π 也一直没有停止过。可见 π 的研究并未"到尽头"。看来人们还不熟悉居里夫人那富有哲理的调侃:"永远看不到已经完成的，只能看到没有完成的。"

德国数学家希尔伯特说："认识自然和生命是我们最崇高的任务。"这个任务异常艰巨，探索过程无穷无尽，但最终却是可知的。他在 1930 年接受哥尼斯堡荣誉市民称号的讲演中，针对一些人信奉的不可知论观点，满怀信心地宣称："我们必须知道，我们必将知道。"希尔伯特的豪言壮语，激励着我们去探索无穷无尽的自然，和无穷无尽的 π！

10.10 基础科研对急功近利说"不"

最能体现科学原创精神的中国国家自然科学奖的一等奖，在 1999～2010 年的 12 年期间（这期间每年颁发一次），竟有 8 次空缺——只有 2002，2003，2006，2009 年未空缺。早在 1997 年，中国科学院自然科学史研究所董光璧研究员对之前的几次空缺评论说，这种空缺表明中国科学水平在下降和中国科学事业的危机。其原因并不是中国科学家智力水平在下降，而是中国科学政策出了问题——主要是过于偏重科学的实用价值。现在中国经济不发达，要科学家为推动经济发展作出贡献无可非议，但以降低科学水平为代价争取经济增长未必明智。这样做，不但利用别国成熟技术的后发优势将会随着经济的增长而丧失，而且由于科学水平差距拉大，利用公共科学原理发展技术的机会也会落空。科学不只是人类适应生存的手段，更是人性本质力量的反映。发展科学是成就人性的一个极重要的方面。

为了发展经济搞科研无可厚非，但科学的目的并不止此。希腊数学家斯托比亚斯记载的故事说，一个学生才开始学习，就问学了几何之后将得到什么好处。欧几里得回答说："给他三个钱币，因为他想在学习中获利。"爱因斯坦那著名的"只有不依赖科学谋生，科学才美好"的观点，反映了同一种精神——古希腊人崇尚的科学精神。而这种精神造就了古希腊无与伦比的辉煌文明和至今仍振聋发聩的一大批伟人。科学

第10章 难理解却易明白——研究 π 的价值何在

精神的含义异常丰富：探索、怀疑、实证、理性是不可分割的四个方面。对 π 的研究同样适合。"再研究 π 已没有实际价值"和为"三个钱币"研究 π，则有悖于这种精神。

对此，名家早有论述。1830年7月2日，德国数学家雅可比在给法国数学家勒让德的信中说："傅里叶先生认为，数学的主旨是服务人类、解释自然现象；但像他这样的哲学家应当知道，科学的唯一目的是为了人类心智的荣耀，因此，一个关于数的问题与一个关于宇宙体系的问题具有同样的意义。"于是，虽然英国数学家亨利·约翰·斯蒂芬·史密斯说"纯数学从来都不是对任何人都有用处的"，但数学爱好者们依然坚信："前进的方向，在我的心上。"

基础科研有时并不一定立即显现"效益"，但这并非没有"后劲"。例如，在1854年"纸上谈兵"的黎曼几何中，发现了广义相对论的模型以及原子和"基本粒子"的结构，其中群论和希尔伯特空间起了重要的作用。如果没有20世纪80年代发现的巨磁电阻效应——一项荣获2007年诺贝尔物理学奖的发现，我们的电脑就不会有现在这样的海量存储，也没有MP4和MP5成为"随身听"。

……

对此，名家也各有话说。1986年，陈省身在香港中文大学作《什么是几何》的讲演中说：中国千余年来发展不快，在于中国数学太注重实践，而忽略了许多暂时没有应用的理论。而中国科学家钱学森关于"中国学校为什么培养不出杰出人才"的拷问，同样引发我们深思！

我们还有这种观点的"生活版"。"数学家可以和服装设计师相比较，不过他完全不考虑什么样的人适合穿他所设计的服装。确实，他的手艺原是为了满足这些人的穿衣需要的，不过，那是很久以前的事了；"美国数学家、线性规划的奠基人丹齐克在对纯理论推理令人惊讶的实用性作

丹齐克

比喻时有趣地说，"现在，偶尔遇见某人身材适合他设计的服装，好像他的服装就是为这身材做的，这时他就感到无限的惊奇和快乐。"

哥德巴赫猜想（"1+1"）很可能和陈景润的"1+2"一样，一时没有"经济效益"，但谁敢断言有朝一日不大放异彩呢？类似，又有谁能断定继续研究π出现的新成果，到时不光芒四射，甚至产生"经济效益"呢！

詹姆斯·罗伊·纽曼曾经说："数学最抽象无用的研究被人们发现以后，常常被其他部分所俘获，成了解决问题的工具。我想，这不是偶然的，就好像一个人戴了一顶高帽子去参加婚礼，后来在火灾时发现它居然可以当水桶用。"这确实是精彩的比喻。

坐落在哈佛大学校园的哈佛铜像

1620年11月11日，"五月花"号帆船由欧洲历经5 000千米的航程，抵达美国东北部海岸的普利茅斯海滩。此时有102人，第一年冬天就冻死了1/3，但英国传教士约翰·哈佛仍旧动员人们把捎带的图书捐出来办学。最终成就了"先有哈佛，后有美国"的那所举世景仰的哈佛大学……

"科学是不能计划的。"这是不能忽略基础科研的理由，也是不能贬低研究π的理由。

贬低研究π的人，贬低研究π的价值，这是不少人——包括一些名人的"时髦"。对此，我们也用时髦的话来回答："没有任何理由。"

"心若在，梦就在"。从2008年中国公众投票把哥德巴赫猜想选进前"10个公众关注的科技问题"可以看出，大家依旧非常关注基础科学——它的发展对于整个科学体系的作用，远不是"基础"一词可以概括的！

第 11 章 反伪打假无尽期
——谈圆算 π 也要讲科学

> 大自然把人们困在黑暗之中，迫使他们永远向往光明。
> ——德国诗人歌德

11.1 π 是有理数吗——伯熙瓦自摆"乌龙"

1999 年 1 月 17 日，中国某报未加按语刊登了《圆周率 π 可以除尽》的、摘自其他报刊的文章："1998 年 6 月，刚刚高中毕业，年仅 17 岁的加拿大少年伯熙瓦，在因特网上，动用电子邮件与世界上 25 台电脑连接，以二进位算法，计算出圆周除以直径的圆周率第 5 兆位的小数是零。如果按照十进位算法，则第 1 兆 2 千 5 百亿位数是零，也就是说，圆周率是可以除尽的有理数。"还说："1997 年 9 月，法国人贝拉尔曾创下了把圆周率计算到第 1 兆位小数的世界纪录，伯熙瓦不但打破了这个纪录，而且也打破了圆周率是除不尽的无理数的'真理'"。

此前的 1998~1999 年，互联网和许多报刊上也有大同小异的报道。例如，在 1998 年 8 月 30 日，中国台湾的《自由时报》就登载了一则发自渥太华的新闻，说圆周率"永远除不尽"的神话，已经被加拿大一个年仅 17 岁的天才少年伯熙瓦打破了，理由是："他利用二进位算法，发现圆周率的第五兆位小数值就是零。"

这些说法正确吗？

首先，"二进制的 5 兆位就是十进制的 1 兆 2 千 5 百亿位"显然是错误的。因为对同一数值用二进制表示的位数比用十进制表示的位数不可能更少。例如，用二进制表示"17"要用 5 位，即"10 001"；而用十进制表示则只用 2 位。

其次，π 值中某一位是零并不能证明 π 是有理数。事实上，π 的第 32 位小数就是零——不用到"第 5 兆位"去找。

"刘郎已恨蓬山远，更隔蓬山一万重。"伯熙瓦实在太离谱了。

《科技日报》1998 年 9 月 4 日《加拿大少年言称除尽圆周率，中国数学家视为无稽之谈》报道，中国科学院数学研究所研究员陆柱家和北京大学潘承彪教授，也表示了类似的看法。例如，陆柱家就认为，加拿大"天才少年"的"惊人发现"，要么是计算机的软件有问题，要么是硬件有误，否则不会有这个"令人瞠目结舌的结果"。

前述《自由时报》报道后，伯熙瓦发现媒体报道错误，便予以澄清——说自己踢进一个"乌龙球"。而《自由时报》也跟着在 1998 年 11 月 11 日登载了"更正"的新闻电文。这样，一场国内外各种新闻媒体因为"数学无知"而演出的闹剧，终于曲终人散，"飞鸟各投林"，落得个"白茫茫大地真干净"。

然而，这场闹剧却给我们许多思考。例如，为什么不少人并不能识别这些并不深奥的常识性的错误？为什么这类题材会引起轰动？

11.2 只有前 6 位相同——一个西部农民能完成"革命"吗

因为"数学无知"的闹剧，在伯熙瓦之后 4 年之后演绎了"中国大西北版"。

2002 年 10 月 22 日，中国西北部某报在《农民挑战祖冲之》一文中报道：只有小学文化程度的甘肃省临洮县牙下集镇农民汤晓（本书作者改的代名），以超乎寻常的毅力和惊人的意志，倾其 50 余年心血，将圆周率推算到小数点后 17 位数——3.141 594 323 489 432 03。他不仅"改变"了祖冲之圆周率 3.141 592 6 中的后两位，同时又在他的基础上

第11章 反伪打假无尽期——谈圆算 π 也要讲科学

增添了11位。"省城"有关人士及数学界的权威,曾多次对这一研究结果进行研讨。

于是,一个具有挑战性的问题出现了:自祖冲之后,尤其是国外数学界采取多种计算方式和思路对圆周率的计算已达到上千亿位,但所有的结果其前8位数和祖冲之的相同。这意味着,如果这个研究成果成立,那么包括祖冲之在内的所有对圆周率的探索成果是否将面临一次"革命"?

那么,汤晓的17位小数 π 值正确吗?某报那篇文章作者质疑的"革命"有可能到来吗?

我们知道,3年多之后的2005年3月28日,西北另一家报纸报道,汤晓"收到了中国科学院数学与系统科学研究院寄来的一封信","鼓励并希望他尽快将科研成果寄给有关数学专业刊物,以期尽快能得到评定"——包括他发明的"转数双尺轨"(他后

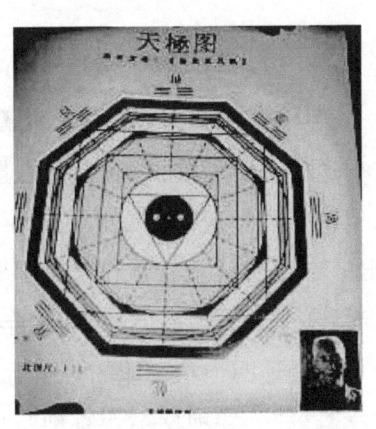

汤晓的"转数双尺轨"

来手工将 π 推算到小数点后107位的主要新工具)。但是,我们至今依然不知道"省城有关人士及数学界的权威"对他"挑战祖冲之"的"定论",在过去了多年之后作出来没有?不过,我们不必了解或需要这种"定论",也不必亲自检验他的计算。因为可以立即作出正确的判断:他的18位 π 值只有前6位即3.141 59正确,后面的数字全部是错的;而且,他的方法或计算中至少有部分错误。

"上帝忘了给我翅膀,我却用科学飞翔。"我们有了科学这个翅膀,就能在 π 的天空"飞翔":在1.1节中,我们证明了任何圆的周长和直径的比 π 都是同一个值,它的前18位是唯一的——3.141 592 653 589 793 23;逻辑学规律不允许汤晓的18位 π 值充当"第三者"。

媒体的"数学无知",是前面媒体报道伯熙瓦"乌龙球"的"克隆

版"。而这次某报盼望的"革命",只不过是永远的水月镜花。

据说,当时因"正确与否没有最终结论"而"有无以言状的痛苦"的汤晓,"50年来使用过的稿纸摞起来已达数米之高"。对此,我们既由衷地尊敬这位执著坚韧的老人,又真心为他"挑战祖冲之"的"科学愚昧"而惋惜悲哀!正是:出师未捷人已老,长使"英雄"泪满襟。

11.3 法律决定 π 值——不该发生的"笑话"

π难道还与法律有关吗?如果有,这真是新鲜事。

美国医学博士埃德温·古德曼——印第安纳州"荒凉镇"的一位乡村医生。他声称,"超自然力量教给他一种计算圆周率的最好方法",所以"顺利解决了过去100多年里最优秀的人才绞尽脑汁也无法解决的问题",由于"上帝亲自传授圆周率的计算方法,这正印证了圣经的预言"。于是,古德曼就在1888年,也就是在"化圆为方"被德国数学家林德曼证明为不可能的6年后,向这个州的众议院介绍了一个"新的数学真理"。并把这一"真理"发表在美国数学学会的官方刊物《美国数学月刊》上。他说,由于这个发现,这个州将会从王国那里得到好处——使印第安纳州得到富裕。

古德曼的"富裕说",使人想起了34年前的"美好蓝图"。约翰·戴维斯在1854年出版的《圆的测量》一书中说:"人们一旦了解了我的方法,就会发现它好处多多,因为化圆为方对未来世代(的各种问题)更加重要。要解决这些问题,必须解决化圆为方的方法。在未来50年中,我的方法将为人类带来巨大的革新——连我都无法憧憬未来的荣景。"古德曼真是有了一个比他先行的"知音"。

古德曼提的议案的第二部分有下列内容:发现第四个重要事实,即直径和圆周之比等于5/4与4之比。容易算出他的"数学真理"是 π = 3.2。不可思议的是,经过他长达9年的游说,使1897年1月18日该州下议会议员泰勒·雷科德,将"修改圆周率为3.2"提议为第246号

第11章 反伪打假无尽期——谈圆算 π 也要讲科学

法案。当然，这个法案可能出自古德曼之手，因为雷科德后来说，他根本就不知道法案的内容。

古德曼的议案被莫名其妙地交给运河委员会审查，接着又被交给沼泽地委员会。不久，沼泽地委员会又将法案交给教育委员会。不到一个星期，教委会便送回法案，并建议通过。

古德曼的议案里充满了难懂的数学术语，把每天要处理堆积如山的法案的众议院议员们搞懵了，没有任何一位州议员知道该法案的数学内容是怎么一回事。

π = 3.2：全票通过

1897 年 2 月 5 日，这个州的众议院以 67 比 0 的"比分"，毫无异议地一致通过了这个编为 246 号的议案，然后递交给参议院的一个委员会通过生效。法案竟然附带保证说，古德文的计算结果 3.2——化圆为方的结果是正确的，因为它还得到《美国数学月刊》的认可。

但可悲的是，这个法案并没有说明美国数学界最权威的这个月刊编辑曾指出，这是"应作者本人的要求"才发表的。月刊的处理态度也许并不令人意外，因为当时该州公共教育局长（教育督学）奋力支持，非常热衷极力促成该法案的通过。加之也可能该期正好剩有版面，或者还有古德曼的死缠烂磨。但不管真相怎样，可以肯定的是，月刊并不同意他的观点。

如果这个法案最后被通过，将允许该州任何人有权无偿地使用古德文的"发现",至于其他州使用,那就必须"掏腰包"了。

　　真是"无巧不成书"。法案通过当天,普渡大学的数学教授瓦尔多正好因为忙别的事造访委员会,看到了讨论的过程。他立刻拜会州议会,就此事提出质疑,在最后几分钟进行干涉。他后来写道,他当天婉言拒绝和这位"博学之士"古德曼会面,因为"他认识的疯子已经够多了"。看来,瓦尔多这次当了一回"真心英雄"——避免了"美利坚合众国"颜面尽失。

瓦尔多

　　严重的官僚主义使这一议案在"公文旅行"中,被误送到戒酒委员会,拖了好几天。一些报纸也对这件事进行嘲笑。例如,投票的第二天,当地的地方报纸《印第安纳波里斯日报》就披露了这个消息,并评论说这是有史以来印第安纳州议会所通过的最奇怪的法案。如果不是这些"阴差阳错",这个议案就成为法律了。

　　最后,州的上议会终于在1897年2月12日投票,被迫作出无限期搁置讨论的决议,至今仍未"解冻"。

　　不过,却有人用另一种方式"解冻"。2008年12月28日,美国《CRACKET》杂志网站载文,报道了科学史上7个"最荒唐"的法律纠纷,其中第三个就是"法定圆周率成笑谈"——100多年前的"246号议案"。

11.4　"π跟石头一起走,说好不回头"
——金字塔的神话

　　弗朗西斯·迈克尔·达特在他于1962年出版的《圆周率的正确值》中说:"我今年81岁……经过三天的苦思,我终于研究出圆周率的正确

第11章 反伪打假无尽期——谈圆算π也要讲科学

值。……其实答案就在这座埃及金字塔的结构中。她证明造物主使用的圆周率公式是3+（7.1/50）=3.142 000 0。……既然天使迈克尔也用这个值,我们也应该使用这个值。"这里提到的天使迈克尔,是《圣经》中的神。看来,这两位迈克尔,倒是天上人间遥相应,"心有灵犀一点通"。

吉萨的金字塔：胡夫金字塔较远,哈弗拉金字塔显得最高

当代日本学者仓桥秀附说,人们为了查明金字塔和行星之间对应关系而进行准确的体积比较时,偶然发现了一个意想不到的数值——计算球体的体积时使用的值4π/3。用金字塔的体积乘以4π/3,就会出现与行星的值准确对应的结果。

此外,金字塔最古老和最著名的神话之一是,底边周长之半与高之比是π。这最早是英国人阿格纽于1853年在伦敦公开的一封信。这封由他写自埃及亚历山大的信认为,胡夫金字塔、胡夫的父亲斯涅费努在美杜姆建成的金字塔,底边长与高之比都是11∶7（约π/2）,由此得知塔底周长与塔高的2倍之比为22/7——π的近似值。

……

这类神话的日积月累,引出了一句"金字塔名言"："时间什么都不害怕,只害怕金字塔。"

那么,这些说法对吗？

如果说某一座金字塔的某些参数经过一定运算后与π值接近,这是可能的。但这是一种巧合,绝无神秘可言。这种巧合在许多场合都能找到。例如，有一座高16层的楼房，每层单个房间的面积为15平方米，每层高为2.95米。那么，我们就说房子总高与每个房间的面积之比（2.95×16÷15＝3.14…）就是似近π值。你说这有什么神秘吗？

事实上，"这纯属生硬凑合，因为金字塔底与高并没有固定的比"，如果上述比值接近π值，纯系巧合。

丹尼肯

不过，生硬凑合的源头却不是更早的阿格纽——他没有掀起狂风巨澜，而是迟于他的瑞士人丹尼肯于1968年出版的《众神之车》。这本书写道："这座金字塔的底面积除以两倍塔高，刚好是著名的圆周率π＝3.141 59，这难道是巧合吗？"

丹尼肯的说法对吗？我们不妨以他的方法，用塔高146.5米和塔底边长230.5米来算一算：$230.5^2 \div (146.5 \times 2) = 181.331\cdots$。看，并没有得到他所说的3.141 59！真是："神才知道他是怎么算出来的。"更有趣的是，有人将他的"公式"颠倒来用，说"塔高的两倍除以塔底面积正好等于π"。那我们也来算一算：$146.5 \times 2 \div 230.5^2 = 0.005\cdots$。这也与π值相去甚远！

不过，把这种谬误完全归罪于丹尼肯也不公正，因为他是从100年前的"圣经金字塔学"中抄来的，只不过他抄也没有抄对。那么，"圣经金字塔学"是怎么回事呢？

1859年，英国一家杂志的主编约翰·泰勒出版了一本书《大金字塔为何而建和谁建的》。书中宣称，大金字塔是《圣经》中建造"方舟"的诺亚在圣谕下建造的粮仓，而π之谜正是圣迹的表现。这就是"圣经金字塔学"的来历。泰勒对这些"奇迹"百思不得其解，最后竟神经错乱了！

然而，泰勒"惊人的发现"并没有"一石激起千层浪"——他是"小人物"。接下来，"大人物"——木鱼笃笃、铜磬当当的敲打人就要粉墨登场了。

第11章 反伪打假无尽期——谈圆算 π 也要讲科学

敲打"木鱼"和"铜磬"的苏格兰爱丁堡大学天文学家——查尔斯·皮亚兹·史密斯教授出场了。在经过到埃及"实地考察"之后的1864年，他出版了《我们从大金字塔中获得的遗产》一书，牵强附会地列举了金字塔更多的数学和天文"奇迹"。例如，在大金字塔中，他测出了耶稣将于1911年第二次降生人间。这类"袖里乾坤、壶中日月"似的奇谈怪论，"吹皱一池春水"。

史密斯

然而，历史注定要给某些人抹上滑稽的油彩——最有讽刺意味的是一位"史密斯粉丝"的儿子"大逆不道"。原来，一位英国的化学工程师想要将史密斯的"理论""发扬光大"——让各种数据再精确一些。但他年老无力亲去埃及，就派儿子皮特里去重测大金字塔。这位年轻人在细测之后，发现史密斯不仅胡乱将金字塔数据和天文数据相联系，而且编造了一些数据。于是，皮特里"反戈一击"——成了"金字塔神秘学"的"大叛徒"。后来，活了89岁的皮特里也成了"塔迷"，并成为当时最著名的埃及学专家——当了英国的埃及学的第一任主席，还被称为"科学考古学之父"。

皮特里

不过，"事实胜于雄辩"并不能"放之四海而皆准"。正如皮特里在19世纪末出版的《考古学七十年》一书中评论那些"金字塔神秘学"追随者所说："告诉事实真相是没用的，因为对那些产生这类幻觉的人来说毫无效果。只能让他们跟信仰地球是平的人和认为理论比事实更可爱的其他类似的人待在一起。"因此，100多年后仍然有许多人对这类幻觉深信不疑，也就不奇怪了。

以上就是所谓"圣经金字塔学"，莫非是要人们"尊崇一天主于万有之上"而已。一个世纪过去了，"圣经金字塔学"早已破产，耶稣也没有"再次降世",但金字塔的神话流行依然。现在,是用科学终结这些神话的时候了——金字塔拒绝被神化。

在中国,丹尼肯的书和有关电影也同样产生了不小的影响。像当时联邦德国和意大利合拍的彩色片《向往未来》中就有丹尼肯的邪说。在我国放映时,发生过这样一件事:某地一次学生暑假作文竞赛中,得奖作品有一篇就名为《天外来客＝上帝》,而作者的年龄仅仅13岁。由此可见,丹尼肯的邪说对中国青少年的不良影响是多么惊人!

"用事后掌握的知识任意地去推断和求证过去的事情,本身是不符合逻辑的,"一本名为《创新启示录:超越性思维》的书这样写道,"因为它违反了逻辑学中的一条著名原则——'奥卡姆剃刀原则'。"奥卡姆是英国逻辑学家,"奥卡姆剃刀原则"就是"如无必要,勿增实体"。

把古代的事物现代化,把简单的事物复杂化,把巧合的事物规律化,进而将它们云遮雾障,披上"科学"的面纱。在崇尚科技、破除迷信的今天,仍有不少人对此"情有独钟",于是骗人和被骗就屡见不鲜了。

1993年初,美国麻省理工学院博物馆和《不可再现成果杂志》联合评选和颁发了第一届"可耻诺贝尔奖"。这项"大奖"的获得者之一,就是丹尼肯。发人深省的是,就在这一年,大名鼎鼎的《人民日报》(海外版)在4月8日第8版上,还有"金字塔底周长除以塔高的两倍正好是3.141 6"的内容。由此可见,要避免失误依然任重道远……

11.5 美缘为何"终虚话"
——倒霉的不仅是"白马王子"

一个是阆苑仙葩/一个是美玉无瑕/若说没奇缘/今生偏又遇着他/若说有奇缘/如何心事终虚话?

第11章 反伪打假无尽期——谈圆算 π 也要讲科学

在《红楼梦》第五回中，有一首描写林黛玉（阆苑仙葩）和贾宝玉（美玉无瑕）爱情的《枉凝眉》，这是其中的前半段。

下面也有一个"枉凝眉"——17 世纪外国"爱情版"的。

"化圆为方"问题受到人们的广泛关注，一直持续到十七八世纪。例如，1686 年 3 月 4 日出版的《博览》杂志曾经报道过这样一则消息："一位女士断然拒绝了一名条件很好的先生的求婚。原因很简单，因为他在给定的时间内，始终无法对化圆为方的问题提出新的见解。"

这位"白马王子"也太倒霉了——"生不逢时"。

这位"白雪公主"的要求也"太高"了，当时谁能解决化圆为方问题呢？

我们不知道这位"白雪公主"最终是否如愿以偿，找到"对化圆为方的问题提出新的见解"的"好条件先生"，最终喜结连理。不过，我们知道，这种"好条件先生"要大约两个世纪后才有——1882 年证明 π 是超越数的德国数学家林德曼，就是众多"好条件先生"中的一位超级"白马王子"！

可见，倒霉的并不仅仅是那位"白马王子"，还有这位"白雪公主"。因为她肯定也是"心事终虚话"——像那《枉凝眉》后半段唱的：一个枉自嗟呀／一个空劳牵挂／一个是水中月／一个是镜中花／想眼中能有多少泪珠儿／怎禁得秋流到冬／春流到夏！

这"可恶"的化圆为方啊，你"破坏"了一段美好的姻缘！

不过，这一切的"罪魁祸首"，却是这位"白雪公主"的"无知"——她不明白："科学是不能计划的。"

"无知"的举动虽然不能说是伪科学，但这位"白雪公主"的要求的"现代版"，却有急功近利或伪科学之嫌。1970 年，挟 1969 年"阿波罗"首登月球成功的"余威"，美国总统尼克松拨款 300 亿美元资助攻克癌症的研究，雄心勃勃地在就职演说中宣布了攻克癌症的"五年计划"，要为 1976 年"美利坚合众国"诞辰 200 周年献上厚礼。但结果是，以宣布失败而曲终人散。于是我们只好再次说，"科学是不能计划的"——谁要是为科学制定"计划",不是无知,就是伪科学。然而,在30多年以后的2007年,又有美国人预言"到2017年人类能够打败癌症"——这次是"十年展望"。不过,这种展望依然是无源之水;如果真的实现了,也不过是"撞在枪口上"而已。

"人无癖,不可与交,以其无深情也;人无疵,不可与交,以其无真气也。"这是长寿的明末清初著名散文家张岱(1597—1679),在《陶庵梦忆祁止祥癖》中揭示的交友真谛。这样,我们也应理解这位"白雪公主"的择偶标准——为与自己喜爱的有情人连理花开,能"红尘作伴,活得潇潇洒洒"而共度今生……

参 考 文 献

阿梁．1992．令人惊异的数字记忆家．科学与生活，(4)：44

阿西莫夫．1980．数的趣谈．洪丕柱等译．上海：上海科学技术出版社

白尚恕．1979．我国古代数学名著《九章算术》及其注释者刘徽．数学通报，(6)：28

白尚恕．1980．圆周率的名称及其符号．数学通报，(6)：27

北京矿业学院高等数学教研室．1976．数学手册（增订本）．北京：煤炭工业出版社

别莱利曼．1980．趣味几何学．第二版．符其珣译．北京：中国青年出版社

布拉特纳．2003．神奇的π．潘恩典译．汕头：汕头大学出版社

陈国成等．1982．幼狮数学大辞典．台北：幼狮文化事业公司

陈龙洋．2001．"π"趣史．世界博览，(5)：57～59

陈仁政．1990a．纯数学推理的失误．百科知识，(6)：51

陈仁政．1990b．漫谈两个著名超越数．数学通报，(1)：44

陈仁政．1991-05-08．计算机与数学谁促进了谁．中国电子报

陈仁政．1991．说不尽的π（上、下）．中小学数学，(4)：14，(5) 15

陈仁政．1994．生物与黄金分割．科学世界，(11)：35

陈仁政．2005a．好玩的数学·说不尽的π．北京：科学出版社

陈仁政．2005b．好玩的数学·不可思议的e．北京：科学出版社

陈震寰．1983-05-28．一个算了1500年的数．北京电子报

陈震寰．1985．计算机的应用．北京：科学普及出版社

储聘梁．1985．有趣的π．科学画报，(9)：31

德里．100个著名初等数学问题——历史和解．1982．罗保华等译校．上海：上海科学技术出版社

邓宗琦等．1990．数学家辞典．武汉：湖北教育出版社

丁永明. 1995. 圆周率和法律. 读者,(10): 45

杜瑞之,王青建,孙宏安,等. 1991. 简明数学史辞典. 济南:山东教育出版社

杜石然等. 1982. 中国科学技术史稿·上. 北京:科学出版社

方克. 1987. 中国的世界纪录·科技卷. 长沙:湖南教育出版社

盖莫夫. 1978. 从1到无穷大. 暴永宁译. 北京:科学出版社

龚升. 1964. 从刘徽割圆谈起. 北京:人民教育出版社

顾钢. 1992-01-04. 有着超凡记忆的人. 光明日报

郭书春. 1992-8-11. 中华古算 成就辉煌. 中国教育报

郭书春. 1992. 古代世界数学泰斗刘徽. 济南:山东科学技术出版社

杭斯伯格. 1985. 数学中的智巧. 李忠译. 北京:北京大学出版社

胡承明. 1992. 译自[苏]知识就是力量. 匈牙利数学家找到化圆为方的方法. 大自然探索,(1): 93

华罗庚. 1951. 旧珍宝,新光芒. 教师月报,(2): 23

华罗庚. 1964. 从祖冲之的圆周率谈起. 新一版. 北京:人民教育出版社

霍本格. 1979. 李靭等译. 数学奇境. 北京:科学出版社

简明不列颠百科全书编译组. 1985. 简明不列颠百科全书·5. 北京:中国大百科全书出版社

康子纯. 1980. 墓碑上的科学. 科学画报,(6): 26

柯朗等. 1985. 数学是什么. 左平等译. 北京:科学出版社

克莱因. 1979. 古今数学思想. 北京大学数学系数学史翻译组. 上海:上海科学技术出版社

堀场芳数. 1998. π的奥秘——从圆周率到统计. 朴玉芬译. 北京:科学出版社

乐朋. 1997-7-23. 救救大人. 成都晚报

李铭心,汪德营. 1991. 中学数学中的数学史. 海口:南海出版公司

李勤. 1986. 法国少年科技宫(发现宫)简介. 课堂内外,(6): 3

李天华,许济华. 1989. 数学奇观. 第二版. 武汉:湖北少年儿童出版社

李文汉. 1981. 科学的发现·(3)——六大数学难题的故事. 北京:中国少年儿童出版社

李文汉. 1989. 中外割圆术的异同. 中学生数学,(2): 11

李毓佩. 1990a. 科学的发现·(二)——圆面积之谜. 北京:中国少年儿童出

版社

李毓佩．1990b．神奇的数和形．石家庄：河北教育出版社

李约瑟．1978．中国科学技术史·第三卷．中国科学技术史翻译小组译．北京：科学出版社

李志昌．1957．数学史上关于π的计算公式的种种研究．数学通讯，(6)：1

梁衡．1996．数理化通俗演义．北京：北京师范大学出版社

梁绍鸿等．1958．初等数学复习与研究·平面几何．北京：人民教育出版社

梁宗巨．1992．数学历史典故．沈阳：辽宁教育出版社

林崇德等．1994a．中国少年儿童百科全书·科学、技术．第二版．杭州：浙江教育出版社

林崇德等．1994b．中国少年儿童百科全书·自然、环境．第二版．杭州：浙江教育出版社

刘长春．1990．π的几种无限表达式．中等数学，(6)：28

刘文玉．1997-7-29．圆周率演算获重大突破．南方日报

刘玉瑛等．1999．趣话中华科技五千年·数理化篇．北京：中国矿业大学出版社

流华．1989．神奇的数字记忆法．课堂内外（初中版），(4)：29

毛浩．1994-7-12．小学生柏乐创纪录背诵圆周率1400位．中国青年报

毛乾霖．1985．π对计算机的挑战．科学画报，(6)：16

茅以升．1917．中国圆周率略史．科学，3 (4)：411

莫由．1980．二十世纪的数学难题——希尔伯特的23个问题．科学画报，(4)：22

帕帕斯．1998．数学趣闻集锦．张远南等译．上海：上海教育出版社

钱宝琮．1955．圆周率3927/1250的作者究竟是谁？它是怎样得来的？数学通报，(5)：4

钱宝琮．1964．中国数学史．北京：科学出版社

乔．1991．无限简单连分数．中学生数学，(3)：12

让·迪厄多内．1999．当代数学 为了人类心智的荣耀．沈永欢译．上海：上海教育出版社

任其真．1990．1989年电子世界之最．电子世界，(1)：4

日本数学会．1984．数学百科辞典．科学出版社组织国内学者编译．北京：科学出版社

塞路蒙·波克纳．1992．数学在科学起源中的作用．李家良译．长沙：湖南教育出版社

单壿．1987．趣味数论．北京：中国青年出版社

邵品琮．1981．有理数与连分数．数学通报，(12)：27

史密斯ＤＥ等．1930．数论尺规作图及周率．郑太朴译．上海：商务印书馆

数学手册编写组．1979．数学手册．北京：人民教育出版社

斯科特．2002．数学史．侯德润、张兰译．桂林：广西师范大学出版社

四川日报记者．1995-4-11．小学生破全国背π纪录．四川日报

宋永亮，冉梦菊．1994．高中地理快速记忆法．天津：天津教育出版社

孙炽甫．1955．中国古代数学家关于圆周率研究的成就．数学通报，(5)：5

孙东民．1997-12-14．圣者医未病之病．人民日报

孙宏安．1998．圆周率计算简史．中学数学教学参考，(11)：48

孙铁勇．1978．π趣话．中学科技，(6)：3

坦普尔．1995．中国：发明与发现的国度——中国科学技术史精华．陈养正译．南昌：21世纪出版社

田崎仁．1981．中学生的科学的学习方法．李铸译．北京：中国农业机械出版社

同济大学数学教研室．1978．高等数学．北京：人民教育出版社

汪晓勤．2000．祖冲之圆周率在西方的历史境遇——纪念祖冲之逝世1500周年．自然杂志，(5)：300

王海秋．1995．论π．数学教师，(5)：45

王巧林，黄菁．1999．越来越快丛书·越算越快．南京：江苏少年儿童出版社

王申怀．1978．π的数值是怎样计算出来的．中学理科教学，(5)：25

王梓坤．1978．科学发现纵横谈．上海：上海人民出版社

王梓坤等．1991．常用数学公式大全．重庆：重庆出版社

吴深德．1982．有启发性的类比法．数学通报，(3)：19

吴深德．1993．欧拉出奇制胜的一招．中学数学教学参考，(12)：34

吴振奎．2000．圆周率π．中等数学，(5)：26

吴振奎．2003．数学的创造．上海：上海教育出版社

夏道行．1964．π和e．上海：上海教育出版社

夏圣亭．1980．不定方程浅说．天津：天津人民出版社

肖文.1980.国际数学界的最高奖——菲尔兹奖和国际数学家大会.科学画报，(8)：25

解恩泽.1987.简明自然科学史手册.济南：山东教育出版社

新华通讯社译名资料组.1985.英语姓名译名手册.第三版.北京：商务印书馆

徐品方.1985.科学家的墓志铭.青年世界，(2)：45

许康等.1991.数学与美.成都：四川教育出版社

许永杰.2001.有趣的记忆力.知识与生活，(3)：41

杨中和.1982.π的历史.自然辩证法通讯，(2)：51 和 (3)：57

伊夫斯.1986.数学史概论.欧阳绛译.太原：山西经济出版社

伊夫斯.1990.数学史上的里程碑.欧阳绛等译.北京：北京科学技术出版社

伊莱·马奥尔.2000.无穷之旅——关于无穷大的文化史.王前等译.上海：上海教育出版社

殷堰土.1997.富有奇趣的数——π.科学大观园，(6)：8

尹斌庸等.1985.古今数学趣话.成都：四川科学技术出版社

尹正祥.1989-4-13.圆周率的今昔.中国机电报（剪贴在科学史92）

玉山.1997.犹太人的"宇宙法则".读者，(7)：11

约翰逊等.1980.大家学数学.周焕山等译.北京：科学出版社

曾晓新.1990.数学的魅力.重庆：科学技术文献出版社重庆分社

张景中.2002.数学家的眼光.北京：中国少年儿童出版社

张绍东.1997.我国关于圆周率的研究.中学数学教学参考，(8~9合)：94

张文彦，支继军，张继先.1992.自然科学大事典.北京：科学技术文献出版社

张文忠.1983.数园撷英.北京：科学普及出版社

张远南.1990.数学故事丛书·偶然中的必然——概率的故事.上海：上海科学普及出版社

郑毓信.1981.π的年表.数学通报，(8)：28

中国大百科全书编委会.1988.中国大百科全书·数学.北京：中国大百科全书出版社

中国科学院自然科学史研究所.1983.钱宝琮科学史论文选集.北京：科学出版社

中学数学教师手册编写组.1985.中学数学教师手册.上海：上海教育出版社

朱贲馨.1993.巧用圆周率——数学家破案的故事.数学教学通讯，(6)：39

朱根逸. 1995. 古往今来话 π 值. 知识就是力量, (5): 34

朱学志等. 1990. 数学的历史、思想和方法. 哈尔滨: 哈尔滨出版社

Bailey D H, et al. 1997. 圆周率的探索. 王天明等译. 数学译林, (3): 205

Borwein J M, et al. 1993. Ramanujan, 模方程, π 的逼近或如何算出 π 的 10 亿位.
　　许依群等译. 数学译林, (2): 106

Phillips G M. 1985. 阿基米德, 数学分析学者. 王连芬译. 数学通报, (3): 42

Schepler H C. 1950. The chronology of pi. Mathematics Magazine, (Jan. -Feb. \ March.
　　-April. \ May. June): 165~170, 216~228, 279~283

后　　记

　　为本丛书寻找信息、查抄资料、提供资料、编著书稿、誊写书稿、绘图、审核校对的，还有陈梅、陈雪、陈仕达、郭汉卿、黎渝、陈仁仲、李昌敏、陈立、陈楠、李开贵、梁聪、宋贵清、涂海、王东、杨素君、赵贤菊、席波、李骥、任洁等作者。此外，张景中、李敏、郭书春、宁挺、梁宗巨、张奠宙、查有良、吴振奎、丘和、曾润生、王青建、邹大海、彭定才、潘宁、毛雷尔（原德国驻华大使馆工作人员）等专家、学者和其他人士，对本书的写作、出版、提供资料等工作，分别进行了指教、帮助和支持。在此，对以上和未提到的、也提供帮助的其他人员均表示衷心的感谢。

　　由于本丛书参考的文献较多，所以许多参考文献未能列出，在此，谨向这些文献的作者表示感谢和歉意。此外，有少量图片的原始作者没有找到，请这些图片的原始作者与我联系。

陈仁政

2011 年 4 月 30 日